面向可持续生态系统管理的生态空间保护和监管

王 静 等 著

U0262691

科学出版社

北 京

内 容 简 介

本书面向可持续生态系统管理，提出了"本底调查测度—多维认知—科学识别—价值重塑—规划调控—政策引导—技术支撑"，从理论到实践的生态空间保护和监管研究范式。以全国、沿海地区、典型城市等不同尺度区域为研究对象，针对人类活动影响调控、生态系统功能提升、社会经济与生态保护效能复合等可持续生态系统管理目标，从自然系统和社会经济系统多维度出发，针对生态空间类型与功能指标遥感信息提取、生态空间格局与人类活动影响、生态系统服务供需及其相互关系、生态系统网络与优先保护区域识别、生态空间保护的经济与环境效应、生态空间用途管制与分区保护研究等重点问题展开论述，为可持续生态系统管理提供理论方法和技术支撑。

本书适用于地理学、生态学、资源与环境科学、遥感与地理信息科学等领域的研究人员和学生阅读，也可供国土空间规划与生态修复、自然资源保护、生态与环境保护等相关部门科研人员和工作人员参考。

审图号：GS(2022)829 号

图书在版编目（CIP）数据

面向可持续生态系统管理的生态空间保护和监管/王静等著. —北京：科学出版社，2022.3
ISBN 978-7-03-071448-0

Ⅰ.①面… Ⅱ.①王… Ⅲ.①生态环境–环境管理–研究–中国
Ⅳ.①X321.2

中国版本图书馆 CIP 数据核字（2022）第 023729 号

责任编辑：石　珺　李嘉佳 / 责任校对：张小霞
责任印制：吴兆东 / 封面设计：蓝正设计

科 学 出 版 社 出版
北京东黄城根北街 16 号
邮政编码：100717
http://www.sciencep.com
北京中科印刷有限公司 印刷
科学出版社发行　　各地新华书店经销
*
2022 年 3 月第　一　版　　开本：787×1092 1/16
2022 年 3 月第一次印刷　　印张：17 3/4
字数：418 000
定价：158.00 元
（如有印装质量问题，我社负责调换）

前　　言

　　生态系统是人类生活和经济发展的重要基础，为人类提供生态系统产品和服务，生态系统保护对实现全球可持续发展至关重要。全球城市化背景下，人口增长，城镇空间扩张，人类活动快速改变生态系统，由此引发水污染、大气污染、生态系统退化等系列生态环境问题，极大地影响了生态系统可持续发展。目前已有75%的陆地生态系统发生变化，湿地面积减少和原始森林覆盖损失。世界城市人口比例的快速增加，加剧了人类活动对全球生态系统的影响，给生态系统保护带来巨大压力。联合国开发计划署发布的2020年《人类发展报告》强调了人类必须把环境因素作为衡量发展与进步的维度之一，与自然和谐共处将成为人类发展的下一个课题，生态系统保护和监管亟待重视。

　　生态空间是指在不同空间尺度上，具备较强的生态系统服务功能，对维护关键生态过程具有重要意义的土地利用类型，即能够直接或间接改良区域生态环境、改善区域人地关系（如维护生物多样性、保护和改善环境质量、减缓干旱和洪涝灾害、调节气候等多种生态功能）的用地类型。生态空间类型包括湿地、滩涂、天然水域、林地、草地、荒漠、沙漠、裸地、冰川及永久积雪地等，以及城市绿地、人工水域、防护林等。在生态文明理念下，生态空间保护和监管涵盖"山水林田湖草"生命共同体之下的土地、矿藏、水流、森林、山岭、草原、荒地、海域、滩涂各类自然资源，保护和监管对象从自然要素转向自然-社会-生态要素，尺度从局地生态系统健康改善转向多尺度生态安全格局塑造，目标从生态系统结构与功能优化转向人类生态福祉提升等。目前，有关生态空间保护研究在诸多理论、方法及认识论上亟需深入探讨。

　　本书在已有研究基础上，将科学问题研究与理论方法研究有机结合，探索面向可持续生态系统管理的生态空间保护和监管理论方法体系及科学研究范式。面向可持续生态系统管理，提出了"本底调查测度—多维认知—科学识别—价值重塑—规划调控—政策引导—技术支撑"，从理论到实践的生态空间保护和监管研究范式。以全国、沿海地区、典型城市等不同尺度区域为研究对象，针对人类活动影响调控、生态系统功能提升、社会经济与生态保护效能复合等可持续生态系统管理目标，从自然系统和社会经济系统多维度出发，针对生态空间类型与功能指标遥感信息提取、生态空间格局与人类活动影响、生态系统服务供需及其相互关系、生态系统网络与优先保护区域识别、生态空间保护的经济与环境效应、生态空间用途管制与分区保护研究等重点问题展开论述，为可持续生态系统管理提供理论方法和技术支撑。丰富国土空间规划与生态系统管理研究的理论实践，为解决我国资源、环境、社会、经济领域的一些重大问题提供支撑。

　　本书的内容安排是以面向可持续生态系统管理的生态空间保护和监管研究范式的"本底调查测度—多维认知—科学识别—价值重塑—规划调控—政策引导—技术支撑"为主线。第一章从理论研究范式层面，基于生态系统管理理论及相关支撑理论，关注中观–宏观尺度的生态空间保护和监管，研究提出面向可持续生态系统管理的生态空间保护和监管研究逻辑框架。第二章以沿海滩涂为研究对象，基于多源遥感数据，从生态系统本底调查维度开展生态空间类型、结构、功能的遥感信息提取与精细化探测研究。第三章从深化理解和测度人类活动对生态空间结构与功能影响机制的科学问题入手，研究揭示不同时空尺度生态空间演变规律，以及人类活动和区域政策对生态空间演变的影响及其对生态空间功能的影响。第四章从多维认知探究生态空间功能与提供人类福祉的相互关系的科学问题入手，基于生态系统和社会系统综合视角，研究揭示不同时空尺度生态系统服务供给与需求格局的演变规律及其相互关系，探讨人类活动等社会经济要素对生态服务供需格局演变的影响机制与相互作用。第五章从生态系统整体性、均衡性保护修复出发，关注不同尺度生态安全格局与生态空间优先保护修复区域科学识别，研究提出不同尺度生态系统网络构建方法与优先保护区域精细化识别方法和解决策略。第六章从生态空间保护和监管的效用与价值重塑维度，重点研究探讨生态退耕对区域经济增长影响、生态系统保护对城市经济增长影响，以及生态空间保护对大气 $PM_{2.5}$ 去除作用和影响，探讨分析生态空间保护的经济与环境效应。第七章从生态空间保护和监管的规划调控与政策引导维度，面向生态系统管理理论方法和实践，重点关注县、市级尺度生态保护红线划定和生态空间用途管制分区研究，以及全国（区域）尺度生态空间保护分区研究。遵循生态空间保护和监管研究范式的逻辑框架，各章既相互独立又有机联系，构成面向可持续生态系统管理的生态空间保护和监管的理论方法体系。

本书汇集了作者主持的国家自然科学基金项目（41871203，41330750）研究成果。本书的基础是近年来作者及其团队合作研究的心得和成果，部分内容是首次出版。全书由王静、林逸凡统一整理撰写，由王静和刘晶晶修正与校对。各章参编人员：第一章为王静；第二章为杜英坤、程航、王静；第三章为王静、翟天林、林逸凡；第四章为翟天林、王静；第五章为方莹、黄隆杨、翟天林；第六章为林逸凡、刘晶晶、李泽慧、袁昕怡；第七章为王静、方莹。在项目完成和本书写作过程中，得到了北京师范大学、武汉大学和本领域专家及同行们的大力支持、悉心指导和热心帮助，在此一并表示最衷心的感谢。在本书的出版过程中，得到了科学出版社的大力支持，对朱丽分社长、石珺编辑的辛勤工作，我们表示衷心的谢意。

未来生态空间保护和监管研究更加关注生态空间保护及人与自然的相互作用研究、生态空间保护的区域与社会差异及其感知研究、生态空间保护的健康和福祉研究，以及兼顾效率与公平的生态空间规划及空间治理研究等，并与全球环境变化和地球系统科学等研究相结合，面向可持续生态系统管理的生态空间保护和监管理论方法及科学问题探究均需进一步深入。本书研究仍有不少局限，对有些问题未能涉及或未能深入。更重要的是，所涉及的有关问题多带探索性质，其理论方法和科学问题探究有待进一步完善，书中不足和疏漏在所难免，敬请读者见谅，并恳望读者不吝赐教。

王　静

2021 年 10 月

目　　录

第一章 面向可持续生态系统管理的生态空间保护和监管研究范式

国土空间是人类生产、生活和社会经济活动以及生态文明建设的重要空间载体,作为地理空间单元的国土空间是一个自然–社会–经济复合的生态系统。国土空间可分为生态空间、生产空间、生活空间等。近年来,从全球生态系统的视角研究土地利用变化对人类活动改变地球表层系统及其过程的各种反馈作用成为生态系统管理研究的重点。作为地理空间单元的土地系统,从宏观到微观尺度,不同层级生态系统的同质性逐渐增强。Bailey 将土地作为一个生态系统来看(Bailey,1983;Bailey et al.,1985),Zonneveld(1989)提出了土地系统的不同等级水平:生态地境(eco-tope)、土地片(land facet)、土地系统(land system)、主景观(main landscape)。多数学者认为在不同空间尺度对维护关键生态过程具有重要意义的生态系统(土地单元)及空间部位为生态空间。与生态空间密切相关的概念包括生态用地、绿色空间、绿地等。地理、生态及资源环境学科偏重使用生态空间、生态用地,侧重表达地表空间的性质、功能和结构等;城市规划、生物学、林学学科偏重使用绿色空间和绿地,侧重表达生态空间的物理特性和可塑性。本书提到的生态空间与生态用地属于同一概念,是指具有自然属性、以提供生态系统服务或生态产品为主体功能的国土空间,包括森林、草原、湿地、河流、湖泊、滩涂、岸线、海洋、荒地、荒漠、戈壁、冰川、高山冻原、无居民海岛等。本书所界定的生态空间内涵,即在不同空间尺度上,对维护关键生态过程具有重要意义,以提供生态系统服务或生态产品为主体功能的土地单元组合(或土地利用类型组合)及其空间部位。作为地理空间单元的生态空间,从宏观到微观尺度,不同层级同质性逐渐增强。以服务于自然资源管理和政策实施为目标,生态空间分类的最小单元是自然、气候、植被特征相似和功能相似的土地空间单元。生态空间是以保护和稳定区域生态系统为目标,直接或间接发挥生态环境调节(防风固沙、保持水土、净化空气、美化环境)和生物支持(提供良好的栖息环境、维持生物多样性)等生态服务功能且其自身具有一定的自我调节、修复、维持和发展能力的土地单元类型。

人类活动的加剧改变着国土空间,极大地影响了生态系统可持续发展。生物多样性和生态系统服务政府间科学政策平台(IPBES)2019 年全球评估报告指出,当前全球面临着"史无前例"的自然衰退和"加速"的物种灭绝率,大规模生态系统恢复是减缓气候变化和遏制物种灭绝的关键,联合国宣布 2021~2030 年为"联合国生态系统恢复十年"(IPBES,2019;Strassburg et al.,2020),生态空间保护和监管亟待重视。在生态文明理念下,生态空间保护和监管涵盖"山水林田湖草"生命共同体之下的土地、矿藏、水流、森林、山岭、草原、荒地、海域、滩涂各类自然资源,保护和监管对象从自然要素转向自然–社会–生态要素，尺度从局地生态系统健康改善转向多尺度生态安全格局塑造，目标从生态系统结构与功能优化转向人类生态福祉提升等。目前有关生态空间保护的研究存在诸多理论与方法及认识论的探讨。本章基于生态系统管理的内涵、原则和指南，借鉴国内外研究趋势，在已有研究基础上，基于生态系统管理理论及相关支撑理论，关注中观–宏观尺度的生态空间保护和监管，探索面向可持续生态系统管理的生态空间保护和监管研究范式，构建"本底调查测度–多维认知–科学识别–价值重塑–规划调控–政策引导–技术支撑"，从理论到实践的研究范式，为系统性、整体性生态空间保护和监管提供思路和方法。

第一节　生态系统管理内涵

以生态环境保护为优先目标的资源利用是世界发达国家对资源高消耗性经济社会活动方式重新审视后的发展途径，强调生态系统管理的综合性和复合型，遵循经济发展、资源开发与生态系统保护动态平衡的理性发展理念是未来发展趋势。

一、生态系统管理

生态系统管理是对全球生态、环境和资源危机的一种响应，也是自然资源管理的一种整体性途径。20世纪后半期以来，在世界经济高速发展过程中，生态危机对人类社会发展构成了极大威胁；同时，随着全球经济一体化和环境问题国际化进程的加速，宏观生态学的研究热点转向了如何科学管理地球生态系统，建立全球经济新秩序，维持生物圈的良好结构、功能和全球经济的可持续发展，生态系统管理概念逐步发展。生态系统管理概念的提出是科学家对全球规模生态危机的一种响应。生态系统管理最早起源于1932年美国生态学会的植物与动物委员会提出的"综合自然圣地计划"。1980年世界自然资源保护大纲问世，提出建立全球自然保护区网络的建议，1988年出版的《公园和野生地生态系统管理》成为生态系统管理研究的开端（Agee and Johnson，1988）。20世纪80年代后期，Keiter（1998）提出利用生态系统理论和方法管理土地的思想，美国农业部（USDA）提出关于自然森林系统管理新设想（Under，1994），美国政策分析学家Caldwell等（1994）提倡将生态系统作为土地管理政策制定框架。早期有关生态系统管理概念存在三类相关观点：一类是生态学家提出的，核心是强调保持生态系统的结构和功能的稳定性、整体性与持续性，使其达到社会所期望的状态；一类是资源管理机构（美国林务局、美国林学会、美国国家环境保护局以及世界自然保护联盟等）提出的强调管理目的和资源管理的方法（USDOI BLM，1993）；还有一类是专业社团和非政府组织提出的强调生态、经济和社会目标的协调管理，力求实现生态系统服务的多功能性。1991年美国科学发展协会年会"以生态系统为基础的多目标管理"的资源管理专题发表了两份生态系统管理发展的重大倡议，即美国生态学会（ESA）提出的"可持续生物圈建议"（SBI）和美国农业部提出的关于自然森林系统管理的新设想，提出通过对生态系统进行基础研究来合理管理自然资源，以保持地球生物圈的持续性。Ludwig等（1993）指出应该把人类活动的动机和响应作为生态系统研究与系统管理的组成部分；1996 年 ESA 发表了"关于生态系统管理的科学基础的报告"，全面地论述了生态系统管理的定义和生态学基础、人在生态系统管理中的作用、生态系统管理原则和基本科学观点以及行动步骤等科学命题。20 世纪 90 年代中后期我国学者傅伯杰、王如松、于贵瑞、赵士洞、任海等对生态系统管理的概念和理论框架也进行了大量理论与实践探索（傅伯杰，1985，2010；赵士洞和汪业勖，1997；任海等，2000；于贵瑞，2001a；王如松等，2004）。生态系统管理是在探索人类与自然和谐发展过程中逐渐形成与发展的一种新的管理思想，它基于对生态系统组成、结构和功能的理解，将人类的经济活动和文化多样性看作重要的生态过程融合到生态系统中，以恢复或维持生态系统的完整性和持续性为核心。

生态系统管理的内涵即按照生态系统规律处理人地关系，把生态学的理论和方法应用于资源管理之中，以保持生态系统结构和功能的可持续性，促进社会经济与生态环境的和谐（Millenium Ecosystem Assessment，2003，2005；Chapin et al.，2009）。适应性管理是广为倡导的生态系统管理方式。生态系统管理核心是对生态系统类型、结构、功能（服务）的综合管理，重点是维护和恢复生态系统的健康，提升生态系统功能，优化不同尺度生态系统类型、功能（服务）及其结构空间配置，以提高土地利用的多功能性和生态系统的可持续性，旨在将科学与政策和决策联系起来形成互动系统，为实现区域自然–社会–经济复合生态系统可持续目标服务。

2000 年召开的《生物多样性公约》第五次缔约方大会上，生态系统管理的 12 条基本原则及相关的基本原理被正式提出（Convention on Biological Diversity，2000）。Wiken（2003）归纳和修改提出生态系统管理的 10 条原则（汪思龙和赵士洞，2004）。

原则 1：加强陆地、水域以及生物资源管理等机构和部门之间的合作与协调。

原则 2：寻求生态系统保护与生物资源可持续利用之间的适度平衡，以及在这些方面的公平和公正的利益共享。

原则 3：确保生态系统的产品和服务功能的可持续供应。

原则 4：维持生态系统的结构和功能，保证生态系统的产品和服务的可持续供应。

原则 5：生态系统管理活动应主要由具体实施管理措施的基层单位来完成。

原则 6：管理决策应建立在有效利用有关信息（包括本地的知识和经验、传统办法和创新措施，各个学科所提供的知识）的基础上。

原则 7：生态系统管理必须考虑相关的经济价值、困难和机遇，包括消除降低生物多样性价值的市场因素；推广促进生物多样性保护及其可持续利用的措施；尽可能地在实施管理活动的范围内，由管理活动带来的经济效益治理其产生的种种环境问题。

原则 8：生态系统管理应在与管理目标相适应的时间和空间尺度上进行，但同时要考虑到该管理活动对附近地域或相邻生态系统的影响。

原则 9：生态系统管理应设定长期目标，充分认识每一个生态系统过程所持续的时间及其所产生的后果和影响。

原则 10：充分认识生态系统的内在动力学特征及其不确定性，适时调整生态系统的管理对策和措施。

在生态系统管理应用过程中，应重视人类活动对生态系统的干扰，以及生态系统为人类持续提供服务的能力。基于这一思想，2000 年召开的《生物多样性公约》第五次缔约方会议制定了生态系统管理的 5 项行动指南，进一步明确了生态系统管理的科学内涵和实施办法，生态系统管理秉承可持续发展的理念。

二、生态系统管理研究展望

从国际上看，自 20 世纪 90 年代以来，一些政府和国际组织先后提出并实施了一系列与生态系统管理研究密切相关的科学研究计划，如国际地圈–生物圈计划（IGBP）、全球环境变化的人文因素计划（IHDP）、国际生物多样性科学研究规划（DIVERSITAS）、世界气候研究计划（WCRP）、千年生态系统评估（Millennium Ecosystem Assessment，MEA）、美国地质调查局（USGS）生态系统区域研究、联合国环境规划署（UNEP）的 IPBES 计划（旨将生态领域的科学与政策和决策联系起来形成互动系统为生态保护服务），以及 2010 年开始的全球土地计划（GLP）、城市化与全球环境变化（UGEC）和 2011 年发起的未来地球（Future Earth）研究计划等（蔡运龙等，2009）。上述科学研究计划核心研究均涉及生态系统与人类社会之间的相互关系、生态系统管理、生态系统途径等研究，强调从人类–环境耦合系统理解土地变化，关注全球化和人口变化对土地利用决策的影响、土地变化对生态系统结构和功能的影响、土地变化如何影响人类–环境耦合系统的脆弱性和恢复力，以及土地系统的可持续决策和管理机制等，将生态系统管理研究作为城市化与全球变化研究的重要基础。在重大科学研究计划的推动下，全球变化和人类共同作用下的环境与生态的可持续性已成为服务于人类社会可持续发展的关键，全球化主题已从单纯的经济视角转向政治经济视角、转向对城市的关注并与可持续相联系，今后必将转向多尺度或全球尺度生态系统可持续发展及其相关重大科学问题的定量化研究方面。多尺度或全球尺度生态系统可持续管理将会成为生态系统管理研究的重要发展方向。

国际上有关生态系统管理研究仍属于新兴研究方向，仍需进一步深入。有关研究主要集中在特定类型生态系统管理情景分析、生态系统结构功能研究到过程服务的研究、人地耦合系统综合风险评估及其适应研究等方面并已取得明显进展。目前，我国有关生态系统管理的基础应用研究仍集中在生态系统服务价值、生态安全评价、生态系统健康评价、生态系统风险评价等方面，土地变化研究为可持续生态系统管理研究提供了理论和方法论基础，在全球变化背景下生态系统可持续管理研究处于起步阶段（冷疏影，2016）。生态系统管理研究强调自然科学与社会科学的沟通与合作，强调整体性、综合性研究。其研究单元从以行政单元为基础转变为以自然生态系统单元为基础，管理对象不仅是生态系统本身，更重要的是管理人类的活动，强调生态系统结构、过程和服务功能以及社会与经济的可持续性。生态系统管理研究的重点是测度人类活动对生态系统过程的影响，以及研究全球变化下的社会–经济复合生态系统的响应、土地资源可持续利用（蔡运龙等，2009）和基于生态系统服务的生态补偿机制等（于贵瑞，2001a；傅伯杰，2010；冷疏影，2016）。

三、生态系统管理与社会经济发展
和生态文明建设的相互关系

　　生态文明是人类社会文明的一种形式，以人地关系和谐为主旨，以可持续发展为依据，在生产生活过程中注重维系自然生态系统的和谐，保持人与自然的和谐，追求自然–生态–经济–社会系统的关系和谐。1962 年，美国环境生物学家蕾切尔·卡逊（Rachel Carson）发表了《寂静的春天》一书，深刻揭示出工业繁荣背后人与自然的冲突，对传统的"向自然宣战"和"征服自然"等理念提出了挑战，敲响了工业社会环境危机的警钟，标志着人类环境意识的新觉醒。1972 年罗马俱乐部发表《增长的极限》，提出自然资源与环境是有限的。同年，联合国发表《人类环境宣言》，公布了 26 项指导人类环境保护的原则。1987 年世界环境与发展委员会发表《我们共同的未来》，阐明可持续发展的含义。1992 年在巴西里约热内卢举行的联合国环境与发展大会发表《环境与发展宣言》和《21 世纪议程》，环境与发展成为全球共识和各国政治承诺。2002 年在约翰内斯堡举行的联合国可持续发展问题世界首脑会议上，为落实实施可持续发展战略，通过了《可持续问题世界首脑会议执行计划》。人类文明从原始文明、农业文明、工业文明到进入生态文明，人与自然的关系从被动适应自然的原始和谐与改造自然阶段，演变发展为适应自然及人与自然和谐共处的关系，人类的发展也从被动生存阶段进入可持续发展阶段。在不同的发展阶段，人类的生产方式和社会组织方式发生了巨大转变，土地是国土空间的载体，对土地的认识和国土空间利用的认识更加深入和广泛。农业文明时代，人类对自然资源的利用方式较粗放，实行耕种和驯养的土地利用方式，将土地作为自然条件和一种资源，土地的用途得到认识；工业文明时代，人类集约高效开发/利用自然资源，土地不仅是资源，同时也是资本，土地的用途和土地的生产能力（土地质量）得到认识；进入生态文明时代，人类对自然资源持续利用和保护，土地具有多种属性，同时也成为一种生态资产，人类不仅充分认识到国土空间的用途和生产能力，也认识到国土空间的生态、生产、生活等多种功能。

　　生态系统管理与社会经济发展和生态文明建设具有辩证关系。在一定制度、政策与技术水平下，资源禀赋、土地供给与生态安全是构成区域生产空间、生活空间和生态空间的基础。增加劳动力、资本和技术投入，可提高资源利用效率，将对区域生态安全具有影响。国土空间作为人类生活生产的载体，可利用资源的有限性使自然资源成为一种稀缺资源，对社会经济的可持续发展构成一定的制约。由于自然资源供给的有限性和质量的固定性，在一定技术水平下，随着城镇化和工业化的发展，投资水平与社会消费结构的变化造成资源需求结构变化，导致区域生产空间、生活空间和生态空间结构迅速变化。

　　生产空间、生活空间和生态空间结构变化及技术变迁与一定的土地制度和政策（包括产权制度、经营管理制度、规划与生态保护政策等）互为条件。城镇化和工业化水平提高导致资源稀缺性增强、生态安全压力增大，会激励人类进行技术进步和创新，技术进步和创新可扩大提高资源利用效率与生态保护效率，克服资源稀缺性的制约。但新技术的使用和实现需要一定制度和政策作为保障，技术创新将促进制度和政策的调整和变迁。人类思想意识、价值观和认知水平决定着制度与政策，人与自然和谐发展的观念意识及价值观是决定生态空间可持续管理政策制定和制度建设的重要影响因素之一。

第二节　生态空间保护和监管研究回顾与展望

本节主要围绕生态空间类型与功能测度、生态空间与人和环境的相互作用、生态空间保护和修复、生态空间规划与管理四个方面，开展生态空间保护和监管研究回顾与展望研究。

一、生态空间类型与功能测度

国外有关生态空间研究的文献一般使用绿色空间（green space）（Ngom et al.，2016），对绿色空间的关注是由公众健康问题引发的。1898 年 Howard 提出了著名的田园城市理论，勾勒了城镇空间和生态空间结合的理想模式，开启城市生态规划模式探索热潮（Howard，1898）。国外有关绿色空间定义主要有三类不同观点：第一类是认为绿色空间包含所有绿色植被覆盖的土地类型（含农地等）（Neuenschwander et al.，2014）；第二类是将绿色空间定义为有植被覆盖的具有自然、享乐功能的开敞空间（Ngom et al.，2016），强调绿色空间的开放性；第三类是将自然环境分为"绿色空间"和"蓝色空间"，前者往往包括有植被覆盖的开敞区域（如公园、体育场）和保护地（如森林），也可以是后院花园、农场或任何其他以植被覆盖为主导的空间，而后者主要是指水体空间（如湖泊、海洋、河流等），但很少包括人造特性的构筑物（如水喷泉和雕塑）（Nutsford et al.，2016）。国外实证研究一般聚焦于公众可获得（available）的绿色空间（Dai，2011）。据 Google 图书所收录的 1920～2015 年用词出现频次统计，"绿色空间"出现频次在 1990 年后出现较大增长，这从一个侧面也表明国外对生态空间研究的热度在 1990 年后大幅度增加。

国内有关生态用地的概念始于 2000 年国务院发布的《全国生态环境保护纲要》。根据该纲要，生态用地是具有重要生态功能的草地、林地和湿地等。该纲要还指出大中城市要确保一定比例的公共绿地和生态用地。生态用地概念提出后，迅速引起相关学者的关注和研究，其一致认为区域和城市中保留一定的生态用地对维持生态系统平衡、改善城市人居环境、促进人类社会可持续发展具有重要作用。作为地理空间单元的生态空间，从宏观到微观尺度，不同层级同质性逐渐增强。

有关生态空间演变与机制研究，国外侧重于城市绿地衰减研究。由于全球性紧凑型城市发展，城市绿地逐渐减少，快速扩张的城市其绿色空间面临巨大开发压力。例如，河内（越南）、马什哈德（伊朗）、卡拉奇（巴基斯坦）、达卡（孟加拉国）等城市绿地迅速消失和破碎，巴基斯坦卡拉奇城市绿地碎片化（Qureshi et al.，2010a），市中心地区建筑发展导致绿地急剧下降（Jim，2005）。澳大利亚、欧洲城市的填充式开发，造成城市绿地大量减少（Pauleit et al.，2005），花园和树木覆盖率降低。Kabisch 和 Haase（2013）研究了 202 个欧洲城市 1990～2006 年的绿地变化，西欧城市绿地面积在 2000～2006 年呈总体上升趋势，但东欧城市有所下降，与家庭数量增加密切相关。城市绿地面积与城市规模呈正相关，但人口密度与人均城市绿地之间缺乏关系，Fuller 和 Gaston（2009）分析发现紧凑型城市人均绿地面积较低。中国和欧洲的城市绿地增加可能与城市面积增加和绿化措施有关（Zhou and Wang，2011；Tan et al.，2013），但在城市边缘未开发区域绿地急剧减少（Xu et al.，2011）。Zhao 等（2013）分析了 286 个中国城市，发现绿化率较高的城市在近期发展过程中也保持了这一趋势，同一地理区域的城市绿地覆盖率与人均地区生产总值呈正相关趋势。1991～2006 年，英国城市绿地先增加后减少（Dallimer et al.，2011），绿色空间的衰减与紧凑型城市发展政策有关。美国或澳大利亚案例研究表明同一个城市内不同区域的城市绿地变化趋势取决于人口密度、居住区域的修建时间或居民的社会经济状态。国内外研究对生态空间数量、结构变化研究较多，但对绿地质量变化研究较少（Kabisch and Haase，2013），Wilson 和 Huges（2011）分析了英国 1997～2010 年城市绿地政策与绿地质量下降的关系，Gupta 等（2012）提出了涵盖数量和质量的"城市邻里绿色指数"，在空间层面关注与绿色空间的距离。其对印度德里的研究表明不同密度的邻区绿色空间质量和数量具有显著差异（Gupta et al.，2012）。

国内外研究也非常重视生态空间的生态产品供给和生态功能测度研究。城市绿色空间有益于城市居民，同时也为野生动物提供了重要的栖息地，多重绿色空间突出了娱乐、社会互动、美学、文化遗产等生态系统服务和生态功能的关系（Mell，2009），生态系统服务对城市地区的生物多样性保护也至关重要（Goddard et al.，2010；Nielsen et al.，2014）。M'Ikiugu 等（2012）的研究表明不同类型绿色基础设施的结构功能并不等同，不同类型的绿色基础设施提供不同程度的生态、环境和社会经济物品与服务。一些绿色基础设施功能具有相对较高的值，而另一些附加值相对较低，与当地的条件和多依赖的绿色基础设施密切相关。因此，未来的研究应在不同地区测度绿色基础设施功能的相对价值。此外，城市居住环境中的绿色区域可以改善空气污染和城市热岛效应（Kabisch and Haase，2014；Kabisch et al.，2015），也是研究者研究的热点。

二、生态空间与人和环境的相互作用

近年来可持续发展和生态系统管理理念逐渐成为国内外城市生态空间发展的指导思想（Elmqvist et al.，2013；王静等，2015；Wang et al.，2018），生态空间与公众健康关系（Dadvand et al.，2012）、生态空间利用与社会支持（Maas et al.，2009）、生态空间可达性与生物多样性（Carrus et al.，2015）、感知自然性（Peschardt and Stigsdotter，2013）等，均是国内外研究的热点内容。生态空间对居民的福祉作用与机理研究不断拓展和深化，生态空间感知、使用行为及其影响因素研究较为深入，以居民需求和健康福祉为核心的人与环境的相互作用是国外城市生态空间研究的热点。从社会公平或环境正义等角度，研究生态产品的公共服务和生态资源的可获取性越来越受到关注（Xiao et al.，2017；Mullin et al.，2018）。综合考虑人类活动行为、感受与自然交互作用的生态空间社会环境公平性测度成为研究的发展方向。同时，国外的研究也高度重视生态空间保护的经济与社会文化影响及其机理，包括研究探讨生态空间保护对房产价值的影响，生态空间保护的社会文化影响。此外，生态空间利用可促进社会群体的互动，加强社会文化联系，推动社会文化的融合（Seeland et al.，2009），而生态空间的供给和质量、游憩使用、可达性、感知绿色是影响这种社会效应形成的因素（Kemperman and Timmermans，2014；王甫园等，2017）。

有关城市生态空间保护的区域与社会差异及其感知研究主要集中在发达国家。发展中国家研究较少的主要原因是大部分城市人口较为贫困，缺乏对城市生态空间规划的经验和兴趣（Galluzzi et al.，2010；Gangopadhyay and Balooni，2012）。不同国家对城市生态空间的使用和意愿具有区域差异（Ernstson et al.，2010），与交通成本、公园及城市或城郊地区的娱乐设施可得性有关，低收入群体难以支付远离城市的生态空间费用，更愿意去城市内可通过公共交通工具到达的地区（Qureshi et al.，2013）。对发达国家的研究则显示高于平均水平的收入群体的居民愿意为获取、保存和维护城市生态空间付费，表明生态空间的使用和获取是由社会经济因素驱动的（Chen and Jim，2010；Majumdar et al.，2011）。

有关生态空间保护的健康与福祉研究，主要集中于城市绿地对当地居民或游客健康的影响（Wolch et al.，2014），总体认为城市绿地有利于城市居民的生活质量提高和城市可持续发展。一些研究发现城市绿地对健康的积极影响（Hansmann et al.，2007；Ward et al.，2012）。Richardson 等（2013）研究发现绿地的增加可降低男性心血管疾病和呼吸系统疾病死亡率，而其他研究无法确定绿地可用性与健康状况差之间的关系，一些研究评估了城市绿地可用性与死亡率之间的关系（Villeneuve et al.，2012）。

三、生态空间保护和修复

生态修复是遵循人与自然和谐共生理念，协助已遭受退化、损伤或破坏的生态系统恢复的过程，是缓解人类社会和生态系统之间矛盾的重要途径。生态修复起源于 20 世纪初欧美国家，国际上早期研究集中于生态修复内涵和目标的描述（Jordan et al.，1990）。21 世纪初，国际恢复生态学会（SER）指出生态修复是一个旨在加速恢复生态系统健康（功能过程）、完整性（物种组成和群落结构）和持续性（对干扰的抵抗和恢复力）的有目的性的行为，并提出了修复生态系统达到健康应具备的属性，不少学者和机构针对上述目标开展了讨论与研究（Mcdonald et al.，2016）。我国以往小尺度生态修复研究侧重于解决生态系统破坏、受损问题，聚焦于水资源、土地资源等单一要素或水土流失等单一生态问题（曹宇等，2019），宏观、中观尺度的生态修复研究集中于区域生态建设和修复工程的实施与工程效果评估。目前主流的生态修复研究均基于系统论视角，从维护生态系统整体性保护出发，强调基于自然的解决方法（nature based solution，NBS）（IUCN，2009），使破碎、退化、受损生态系统的关键区域恢复到原有结构和功能，以保证生态功能完整性和生态过程的持续性。围绕这一目标，国外学者在不同地域尺度下开展了大量的研究。例如，Weber 等（2006）通过构建生态风险系数对美国马里兰州的生态枢纽和生态廊道进行了风险评估，确定生态基础设施中的高风险区域，并将其作为生态保护和修复的优先区域；Cunha 和 Magalhães（2019）识别了葡萄牙全国生态网络中最敏感的区域以及景观破碎化严重的区域，并将其作为自然基础解决方案中的关键部分，以恢复退化的生态系统和预防环境风险。

随着"山水林田湖草"生命共同体理念提出，生态修复被纳入自然资源部职责，生态修复受到高度关注且逐渐聚焦于生态系统系统性、整体性、均衡性保护和修复（傅伯杰，2021）。众多学者系统性阐述了生态修复的内涵并提出实现途径（彭建等，2020），但针对系统性、全局性和整体性的国土空间生态修复研究实践案例相对较少，且主要集中在单一尺度（方莹等，2020），在认识和指导国土空间整体性保护和修复方面仍有待深入。随着 NBS 生态修复理念的提出，基于生态学理念构建生态空间保护修复格局，识别生态系统保护关键区域并提升生态系统整体功能，符合国际主流生态系统修复理念。生态安全格局是对区域生态空间进行国土空间格局优化的空间配置方案，对维护景观格局整体性、维护区域生态安全具有重要意义（Peng et al.，2018）。景观生态恢复与重建是构建生态安全格局的关键，基于生态安全格局识别生态空间优先保护修复区域更具系统性和生态学价值。当前，生态安全格局研究已形成"源地-阻力面-生态廊道"的研究范式（Peng et al.，2019），亦有学者将生态断裂点、生态"夹点"纳入此领域研究中，如何科学地识别源地、修正阻力面、确定廊道范围是近年来研究重点，其研究成果主要应用于城市规划、城市增长边界划定、城市绿色基础设施网络构建与生态保护红线划定等。生态廊道表征了源地间生物流通的通道，生态"夹点"刻画了廊道中不可替代的关键区域，生态断裂点、生态障碍点是生态廊道中阻碍生物流动的区域（McRae et al.，2012，2008），均是生态空间优先保护修复区域。基于生态廊道、生态"夹点"、生态断裂点和生态障碍点的识别方法，开展生态空间保护修复重点区域诊断和识别的研究在国内逐渐兴起。例如，方莹等（2020）基于生态风险模型、最小累积阻力模型以及景观格局指数，确定了烟台市生态安全格局中的断裂区和生态系统中的破碎区，并将其作为关键修复区域。目前有关生态空间保护修复的理论和方法体系正在不断完善，基于自然-社会-经济多维度认知不同尺度生态空间保护和修复策略，以及多区域、多尺度生态空间保护和修复协同实践将是未来的研究趋势。

四、生态空间规划与管理

欧美等发达国家关注城市生态空间开发和恢复（Elmqvist et al.，2013），发展中国家城市发展规划重点关注住宅开发，大部分快速增长的城市生态空间大幅减少（Jim，2013；Qureshi et al.，2010a，2010b），而我国北京、上海、广州和杭州等快速发展的大城市生态空间增加。目前城市发展多为紧凑型模式，紧凑型发展城市最大环境问题是发展新的生态空间（Jim，2004）。如何解决紧凑型城市发展的生态空间供给，成为生态空间规划的挑战。关注生态空间质量和可达性比规模更重要（Ståhle，2008），提供易可达性的城市公共绿地已成为紧凑型城市的一个主要目标（Ståhle，2008；Jim，2013）。

在生态空间规划方法研究方面，一些学者通过构建生态空间区域之间的核心区域、缓冲区和连接走廊（如绿色廊道），增加生态空间的连通性或开展生态网络规划等优化生态空间（Jim，2013；Oh et al.，2011）。在城市用地发展紧张的背景下，生态空间的连通战略提供了从中心到外围大型连通通道，体现了可及性、连通性、连接中心城区与周边/乡村景观的优势。同时，生态空间具有多种生态系统服务功能，并与人类健康和福祉具有重要联系，生态系统服务供给对城市规划的影响逐渐受到重视，考虑生态空间的生态系统服务，可促进城市生态空间规划方法提升（Niemel et al.，2010）。

国外有关生态空间管理的研究主要关注健康（health）、利益（benefits）、体育活动（physical activity）、感知（perception）、影响（impacts）、恢复（restoration）、生物多样性（biodiversity）等，相关研究更多地体现了人本主义特色以及对生态空间的管理和调控。公平理念指引下生态空间格局及其优化研究，生态空间治理方法与理论研究占有重要地位。基于公平性理念研究城市生态空间格局及其优化机理，重视基于社区尺度的生态空间景观格局、质量分布、可达性格局，揭示生态空间居民享用的社会平等状态，反映了以人为本的研究导向。例如，Gupta 等（2012）发展了邻近绿色指数，指出城市公共生态空间分布受区位、人口聚居地的种族和社会经济地位（Dai，2011）、生态空间的形态与布局（Ngom et al.，2016）的影响，针对兼顾效率与公平的生态空间规划和空间治理将是未来研究的重点。

综上，国外大量研究聚焦于城市生态空间的感知与利用、生态空间的经济与社会文化效应、生态空间的治理、生态空间格局与规划。国内有关生态空间的研究起步较晚，总体上可以归纳为生态空间需求规模测算（欧维新等，2014；张林波等，2008）、生态系统服务评估（谢高地等，2010；彭建等，2015；李双成等，2011；Wang et al.，2018a）、生态空间格局及其演变（王静等，2015；Wang et al.，2018a）、生态空间规划与管控（周锐等，2014；王静等，2017；Wang et al.，2018b），基本上形成规模量化-价值评估-空间布局-规划管控的研究模式（王甫园等，2017）。国内对人类活动行为与生态空间的交互研究关注不够，对生态空间格局的社会环境公平性探索仍较薄弱，全面理解生态空间服务功能与人类活动行为变化过程及其相互作用机理至关重要。随着大数据技术研究深入，亟须利用大数据技术，加强生态空间与人和环境相互作用的研究，推进生态空间格局优化和社会环境公平，实现兼顾效率与公平的生态空间规划和空间治理。

第三节　生态空间保护与监管研究范式

综合以上国内外研究进展，本研究在已有研究基础上，探索面向可持续生态系统管理的生态空间保护和监管方法体系，构建"本底调查测度—多维认知—科学识别—价值重塑—规划调控—政策引导—技术支撑"从科学到决策的面向可持续生态系统管理的生态空间保护和监管研究范式，为可持续生态空间保护和监管提供新思路和方法。

一、生态空间保护和监管研究的理论支撑

在生态文明背景下，国土空间规划从开发型规划转型为开发保护并重型规划，国土空间优化与生态空间保护成为关注重点。生态空间保护和监管研究的重点是强调生态系统的整体性、系统性、均衡性，其目标是维护生态系统的健康，保证生态系统为人类提

供持续的产品和服务，以生态系统保护和修复打造美丽生态国土，减少并解决现在和未来人类活动与自然之间的矛盾冲突，保障国土空间开发、利用、保护与经济发展的可持续性，生态空间保护和监管走向可持续生态系统管理成为必然。面向可持续生态系统管理的生态空间保护和监管是新时期绿色理念下生态文明战略实施的主要内容，不同空间尺度的生态空间保护重点和策略方法不同，从区域生态系统整体性、系统性和持续性保护和监管角度出发，构建多尺度生态网络和生态安全格局，从疏通经络、全局整治的角度全要素修复生态景观的断裂处及其不完整处，修复退化的生态空间，关注中观-宏观尺度的生态空间优先保护修复区域和多尺度联动保护修复，有效提升生态空间保护修复效率。

面向可持续生态系统管理的生态空间保护和监管的重点是立足资源环境禀赋，从生态系统和社会系统视角科学测度生态空间类型、功能、服务、居民感知及其社会环境公平性，构建生态安全格局，诊断识别区域生态安全格局中生态网络断裂、退化和不健康的生态系统以及生态产品供需失衡、生态功能错配的地理单元，科学认知生态空间保护修复关键区域；重塑生态空间的生态、经济、社会价值，调控人类活动的影响，实施规划和政策引导与工程布局，保护自然生态系统，复合社会经济与生态保护效能，引导人口、产业集聚和环境可持续发展，实现可持续生态系统管理。

面向可持续生态系统管理的生态空间保护和监管研究，在科学认知和测度、价值重塑和政策引导等各个方向均需要多种理论支撑，包括可持续发展理论、协同理论、系统理论、控制理论，以及地球系统科学理论、地理学理论、景观生态学理论、生态经济理论、数理统计理论、信息理论等，上述理论为生态空间保护和监管研究的理论基础（图 1-1）。

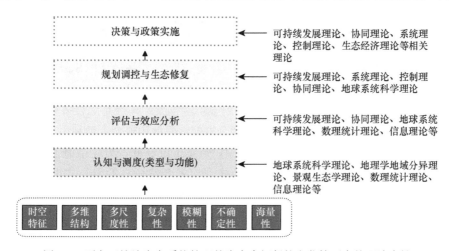

图 1-1　面向可持续生态系统管理的生态空间保护和监管研究的理论支撑

同时，作为自然-社会-经济复合生态系统，生态系统管理理论、土地利用多功能理论、生态系统服务价值理论、公共产品理论、外部性理论需在研究中进一步发展和探索。

（一）生态系统管理理论

生态系统的适应性管理、整体性保护、系统性管理是生态系统管理理论的核心。中观尺度的区域或流域，镶嵌着多种地域单元，将宏观（全球）与微观（生态系统）生态问题紧密联系，并与社会经济影响相互关联，是生态空间保护和监管研究的关键尺度（表 1-1）。生态空间保护核心是对生态系统类型、结构、功能与服务的综合管理。

表 1-1　生态空间保护和监管类型

类型	管理对象	系统复杂性	管理强度	管理目标
集约管理型	城市生态系统 农田生态系统 人工草地生态系统 城市绿地生态系统	弱	强	维持人类生活和生存空间与产品供给
适度管理型	天然草地生态系统 森林生态系统			维持自然资源可持续性，维持生态系统服务的可持续性
低度管理型	河流生态系统 湖泊生态系统 湿地生态系统 荒漠生态系统 自然保护区生态系统 野生动植物保护区生态系统			维持生物及其生存空间、多样性，维持自然生态过程的整体性和美学价值
干预调节型	区域生态系统 海洋生态系统 全球生态系统	强	弱	维持地球各圈层过程的完整性，维持区域、国家和人类社会可持续发展

（二）土地利用多功能理论

生态空间的载体是土地，土地的功能即土地提供产品和服务的能力（Kienast et al.，2009），多种功能性是土地利用具有的本质属性。土地的功能重点刻画土地利用提供产品和服务及满足人类社会需求的程度，两个主体即作为载体的土地和人类的需求。土地利用多功能研究包括三类主要研究框架（刘超等，2016），一类是由欧盟第六框架项目"可持续性影响评估：欧洲多功能土地利用的环境、社会、经济效应"（Sustainability Impact Assessment：Tools for Environmental Social and Effects of Multifunctional Land Use in Europe Regions，SENSOR）提出的土地利用多功能框架；一类是综合多种模型的集成分析框架，主要是基于线性加和模型构建的聚合框架，衡量和聚合土地利用功能，用于政策方案对土地利用的多功能性影响的事先评估（Paracchini et al.，2011）；还有一类是土地利用多功能研究参与式框架，建立了基于多准则和多变量分析的参与式框架（Callo and Denich，2014）。权衡与协同土地利用多功能是生态空间保护和监管研究重点关注的问题。

（三）生态系统服务价值理论

生态系统服务与人类相互关系具有递进关系（图 1-2），生态系统的生物物理结构或过程是生态系统功能的基础，生态功能是生态系统服务的来源，对人类可利用的生态系统服务具有价值。生态系统功能如土壤形成对生态系统至关重要，作为生态系统服务的"中间产品"（Boyd and Banzhaf，2007），但不一定直接被人类利用（Fisher et al.，2009）。例如，湿地等提供的生态功能是洪水调节服务的来源，能够对人类产生惠益，因而人类对湿地保护有较高的支付意愿。避免生态系统服务供需不匹配、生态功能错位，权衡和协同生态系统服务产品供需与生态系统服务价值是生态空间保护和监管研究重点关注的问题。

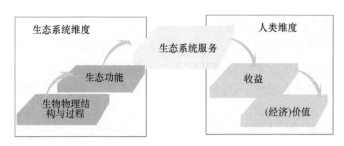

图 1-2　生态系统服务与人类相互关系的递进模型
（Haines and Potschin，2010；de Groot et al.，2002）

（四）公共产品理论

广义的生态型公共产品具有非排他性和非竞争性，包括自然型、物质型和制度型：自然型生态公共产品包括清新的空气、干净的水、土壤、森林资源等；物质型生态公共产品包括基本的污水处理、垃圾回收污染处理设施等；制度型生态公共产品包括基本的生态保护制度、环境法律法规等。狭义的生态型公共产品存在消费上的竞争性，如公园，当进入人数过多时就产生拥挤效应。如何最优配置生态空间公共产品，如何重构生态空间公共价值，是可持续生态空间保护与管理需要深入研究的理论之一。公共产品理论中具有代表性的模型即庇古模型，假定每个人从公共产品的消费中受益，但随着消费增加，其效用是递减的；同时，个人必须为享受公共产品而纳税（付费），纳税（付费）又给个体带来负效用。

（五）外部性理论

生态空间作为公共产品，其保护和利用具有外部性。当一种用途地块的土地所有者所采取的利用方式或决策对其他相邻用途类型的地块造成损害，可能造成空气污染、噪声或水土流失等后果，而不予以赔偿其损失，即具有负外部性。外部性无法有效通过市场价格机制反映出来，如何构建生态空间保护利用的外部性环境成本函数，通过经济手段或政府进行干预调控，引导资源合理配置，是可持续生态空间保护与管理需要深入研究重点。

二、面向可持续生态系统管理的生态空间保护和监管逻辑框架与研究范式

面向可持续生态系统管理的生态空间保护和监管的主要目标是维护生态系统的健康、生产力和恢复力，保证生态系统为人类提供所需的产品和服务，保护重要的自然生态空间，修复退化的生态空间，提升生态空间的功能，促进国土空间各类要素配置合理和区域协调，减少并解决现在和未来人类活动与自然之间的矛盾冲突，保障国土空间开发、利用、保护与经济发展的可持续性。

生态空间保护和监管研究范式是以目标和问题为双导向，以区域生态安全格局整体保护为前提，以重焕蓝色海洋、连通生态廊道、筑牢生态屏障、彰显绿色宜居、优化生态格局为目标，构建"本底调查测度—多维认知—科学识别—价值重塑—规划调控—政

策引导—技术支撑"从科学到决策的逻辑框架（图 1-3）。即立足资源环境禀赋，基于多源遥感数据和现代信息技术手段，从生态系统和社会系统维度科学测度生态空间类型、功能与服务及其居民需求、感知与相互联系，诊断识别区域生态安全格局中生态网络断裂、不健康和退化的生态系统，以及生态产品供需失衡、生态功能错配的空间单元，科学认知生态空间保护修复关键区域；基于公共产品理论重塑生态空间的生态、经济、社会价值，开展规划和决策的政策引导，构建生态安全格局，实施生态空间保护和修复策略，保护自然生态系统，调控人类活动影响，复合社会经济与生态保护效能，引导人口、产业集聚和环境可持续发展，实现可持续生态系统管理。

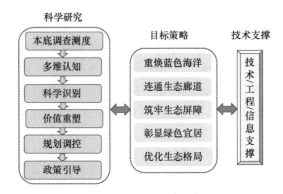

图 1-3　面向可持续生态系统管理的生态空间保护和监管逻辑框架

面向可持续生态系统管理的生态空间保护和监管研究范式如图 1-4 所示。

（一）多维多尺度生态空间本底调查与测度

基于信息理论，通过航空航天遥感、地面调查、大数据等现代化信息技术手段，以各类自然资源调查和专项调查为基础，立足资源环境禀赋，从生态系统维度定量测度生态空间类型、结构、功能和生态系统服务，开展多源遥感数据的生态空间类型–结构–功能综合监测与精细化探测；开展生态空间隐形变化探测，如森林砍伐、土壤流失、生物破坏引起的变化等。同时，通过社会调查等多元数据和社会经济分析，从社会系统维度涵盖需求方居民的需求，定量测度居民对生态系统服务需求、生态空间的居民感知和相互联系，以及生态空间利用的社会环境公平性。

（二）生态空间保护和修复的科学认知与识别

生态空间保护和修复的对象是"山水林田湖草"生命共同体，基于生态系统管理理论、生态系统服务价值理论、外部性理论等，采用综合分析评价、GIS 空间分析、模型分析等现代信息技术，从宏观–中观尺度科学认知生态空间保护和修复关键区域，综合测度生态空间的自然人文要素权衡与协调。综合生态系统和社会系统的多维认知，测度人类活动对生态系统的影响，从区域生态系统整体性、系统性角度研究构建多尺度生态网络和区域生态安全格局，从经络疏通、全局整治的角度诊断与识别退化的生态系统、生态网络断裂、生态系统健康与风险、生态系统服务产品供需失衡、人类活动对自然生态系统扰动与冲突，以及生态空间配置不合理的负外部环境效应，识别生态空间利用方式冲突、结构与功能错配等。在中观–微观尺度，关注退化湿地、河湖岸线、海岸带、森林、草原等功能退化和连通性退化的科学认知与识别。

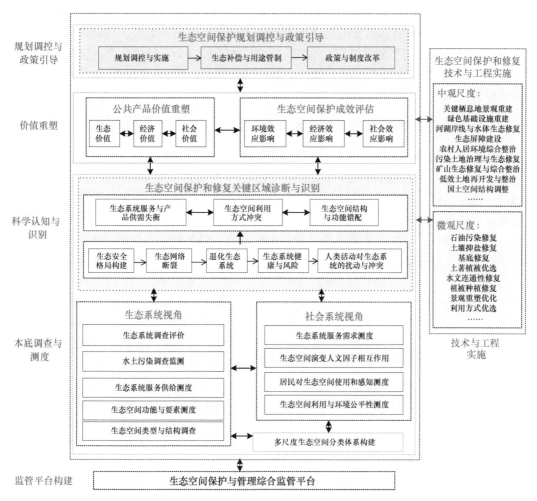

图 1-4　面向可持续生态系统管理的生态空间保护和监管研究范式

（三）生态空间的价值重塑

针对生态空间公共产品特性，应基于公共产品理论、土地利用多功能理论、生态系统服务价值理论等，重点开展生态系统服务的距离衰减理论、生态空间利用效用价值理论、生态产品价值管理理论等研究，生态产品的价值转换与定量化模型测算方法研究，基于空间信息技术研究其生态、经济和社会价值的空间制图与定量化表达，开展生态价值、经济价值和社会价值的重塑研究；并关注生态空间保护和修复的大气环境效应、区域气候效应、土壤环境效应、土地退化效应研究等，以及生态空间保护的经济效应研究，测度生态空间保护对区域经济增长和区域活力的作用，并重点开展生态空间保护和修复的成效评估。

（四）生态空间保护的规划调控与政策引导

规划编制与政策实施是生态空间保护和监管从科学研究到决策的关键。重点开展生态空间保护规划方法研究，以及多目标生态空间保护规划的政策仿真和预警调控研究；研究制订生态空间用途管制规则，研究如何调控人类活动以减少对自然生态系统的影响，将政策作为工具，研究调控生态空间保护的成本和收益，对生态系统保护和修复的受益者、实施者、水资源保护的上下游利益方等进行经济利益调节，研究不同区域生态空间保护的补偿政策与激励机制；并关注区域生态系统安全保障的社会人文要素调控与管理研究，研究生态空间保护适应策略与制度改革措施，以及"绿水青山就是金山银山"实现机制。

（五）生态空间保护和修复的技术与工程实施

在生态空间保护规划引导下，实施生态空间保护和修复技术与工程。针对不同类型区域，开展关键生物栖息地生态景观重建、人口密集区和产业集聚区绿色基础设施重建、河湖岸线与水体生态修复、生态屏障建设与关键生态景观重建、污染土地综合治理与生态修复等关键技术和工程实施技术研发。针对不同类型修复工程项目区，开展低成本环保、对土壤破坏小的植被优势树种选种与生物修复等具体的生态修复技术研究。

（六）生态空间保护和管理综合监管平台构建

构建生态空间保护和管理综合监管平台，是生态空间保护和监管研究从科学到决策的基础。以基础地理、遥感、各类自然资源调查等多源数据为基础，针对多源、多类型、多尺度生态空间信息，开展网格–地块–行政管理单元–自然地理区等多尺度信息的空间化、空间关联等数据整合技术研究，以及研究构建生态空间保护和监管的多级时空网络与数据库；通过航空航天遥感、地面调查技术、分布式处理与网络技术形成数据采集、数据处理以及信息共享服务体系，获取本底数据和更新数据，研究构建多尺度生态空间保护和管理综合监管平台。

参 考 文 献

蔡运龙, 李双成, 方修琦. 2009. 自然地理学研究前沿. 地理学报, 64(11): 1363-1374.
曹宇, 王嘉怡, 李国煜. 2019. 国土空间生态修复: 概念思辨与理论认知. 中国土地科学, 33(7): 1-10.
方莹, 王静, 黄隆杨, 等. 2020. 基于生态安全格局的国土空间生态保护修复关键区域诊断与识别——以烟台市为例. 自然资源学报, 35(1): 190-203.
傅伯杰. 1985. 土地生态系统的特征及其研究的主要方面. 生态学杂志, 4(1): 35-38.
傅伯杰. 2010. 我国生态系统研究的发展趋势与优先领域. 地理研究, 29(3): 383-396.
傅伯杰. 2021. 国土空间生态修复亟待把握的几个要点. 中国科学院院刊, 36(1): 64-69.
冷疏影. 2016. 地理科学三十年: 从经典到前沿. 北京: 商务印书馆.
李双成, 刘金龙, 张才玉, 等. 2011. 生态系统服务研究动态及地理学研究范式. 地理学报, 66(12): 1618-1630.
刘超, 许月卿, 孙丕苓, 等. 2016. 土地利用多功能性研究进展与展望. 地理科学进展, 35(9): 1087-1099.
欧维新, 赵丽宁, 李冉. 2014. 协调生态环境压力的区域生态用地需求模拟: 以江苏省为例. 水土保持研究, 21(4): 274-278.
彭建, 吕丹娜, 董建权, 等. 2020. 过程耦合与空间集成: 国土空间生态修复的景观生态学认知. 自然资源学报, 35(1): 3-13.

彭建, 汪安, 刘焱序, 等. 2015. 城市生态用地需求测算研究进展与展望. 地理学报, 70(2): 333-346.

任海, 邬建国, 彭少麟, 等. 2000. 生态系统管理的概念及其要素. 应用生态学报, 11 (3) : 455-458.

汪思龙, 赵士洞. 2004. 生态系统途径—生态系统管理的一种新理念. 应用生态学报, 5(12): 2364-2368.

王甫园, 王开泳, 陈田, 等. 2017. 城市生态空间研究进展与展望. 地理科学进展, 36(2): 207-218.

王静, 等. 2015. 土地生态管护研究范式及其应用. 北京: 地质出版社.

王静, 王雯, 祁元, 等. 2017. 中国生态用地分类体系及其 1996-2012 年时空分布. 地理研究, 36(3): 453-470.

王如松, 胡聃, 王祥荣, 等. 2004. 城市生态服务. 北京: 气象出版社.

谢高地, 曹淑艳, 鲁春霞, 等. 2010. 中国的生态服务消费与生态债务研究. 自然资源学报, 25(1): 43-51.

于贵瑞. 2001a. 略论生态系统管理的科学问题与发展方向. 资源科学, 23(6), 1-4.

于贵瑞. 2001b. 生态系统管理学的概念框架及其生态学基础. 应用生态学报, 12(5): 787-794.

张林波, 李伟涛, 王维, 等. 2008. 基于 GIS 的城市最小生态用地空间分析模型研究: 以深圳市为例. 自然资源学报, 23(1): 69-78.

赵士洞, 汪业勖. 1997. 生态系统管理的基本问题. 生态学杂志, 16(4): 35-38.

周锐, 苏海龙, 钱欣, 等. 2014. 城市生态用地的安全格局规划探索. 城市发展研究, 21(6): 21-27.

Agee J, Johnson D. 1988. Ecosystem Management for Parks and Wilderness. Seattle: University of Washington Press.

Bailey R G. 1983. Delineation of ecosystem regions. Environmental Management, 7(4): 365-373.

Bailey R G, Zoltai S C, Wiken E B. 1985. Ecological regionalization in Canada and the United States. Geoforum, 16(3): 265-275.

Boyd J, Banzhaf S. 2007. What are ecosystem services? the need for standardized environmental accounting units. Ecological Economics, 63(2-3): 616-626.

Caldwell L K, Wilkinson C F, Shannon M A. 1994. Making ecosystem policy: three decades of change. Journal of Forestry, 92(4): 7-10.

Callo C D, Denich M. 2014. A participatory framework to assess multifunctional land-use systems with multi-criteria and multivariate analyses: a case study on agrobiodiversity of agroforestry systems in Tomé Açú, Brazil. Change and Adaptation in Socio-Ecological Systems, 1(1): 40-50.

Carrus G, Scopelliti M, Lafortezza R, et al. 2015. Go greener, feel better? The positive effects of biodiversity on the wellbeing of individuals visiting urban and peri-urban green areas. Landscape and Urban Planning, 134: 221-228.

Chapin F S, Carpenter S R, Kofinas G P, et al. 2009. Ecosystem stewardship: sustainability strategies for a rapidly changing planet. Trends in Ecology and Evolution, 25(4): 241-249.

Chen W Y, Jim C Y. 2010. Resident motivations and willingness-to-pay for urban biodiversity conservation in Guangzhou (China). Environmental Management, 45(5): 1052-1064.

Convention on Biological Diversity. 2000. Decision V/6: The Ecosystem Approach. Montreal: CBD Secretariat.

Cunha N S, Magalhães M R. 2019. Methodology for mapping the national ecological network to mainland Portugal: A planning tool towards a green infrastructure. Ecological Indicators, 104: 802-818.

Dadvand P, Nazelle A D, Figueras F, et al. 2012. Green space, health inequality and pregnancy. Environment International, 40: 110-115.

Dai D. 2011. Racial/ethnic and socioeconomic disparities in urban green space accessibility: where to intervene? Landscape Urban Planning. 102: 234-244.

Dallimer M, Tang Z, Bibby P R, et al. 2011. Temporal changes in greenspace in a highly urbanized region. Biology Letters, 7: 763-766.

de Groot R S, Wilson M A, Boumans R M J. 2002. A typology for the classification, description and valuation of ecosystem functions, goods and services. Ecological Economics, 41(3): 393-408.

Elmqvist T, Fragkias M, Goodness J, et al. 2013. Urbanization, Biodiversity and Ecosystem Services: Challenges and Opportunities: a Global Assessment. Berlin: Springer Press.

Ernstson H, Barthel S, Andersson E. 2010. Scale-crossing brokers and network governance of urban ecosystem services: the case of Stockholm. Ecology & Society, 15(4): 634.

Fisher B, Turner R K, Morling P. 2009. Defining and classifying ecosystem services for decision making. Ecological Economics, 68(3): 643-653.

Fuller R A, Gaston K J. 2009. The scaling of green space coverage in European cities. Biology Letters, 5: 352-355.

Galluzzi G, Eyzaguirre P, Negri V. 2010. Home gardens: neglected hotspots of agro-biodiversity and cultural diversity. Biodivers Conserv, 19(13): 3635-3654.

Gangopadhyay K, Balooni K. 2012. Technological infusion and the change in private, urban green spaces. Urban For Urban Green, 11(2): 205-210.

Goddard M A, Dougill A J, Benton T G. 2010. Scaling up from gardens: biodiversity conservation in urban environments. Trends in Ecology & Evolution, 25: 90-98.

Gupta K, Kumar P, Pathan S K, et al. 2012. Urban neighborhood green index—a measure of green spaces in urban areas. Landscape & Urban Planning, 105: 325-335.

Haines Y R, Potschin M. 2010. The links between biodiversity, ecosystem services and human well-being// Raffaelli D G, Frid C L J. Ecosystem Ecology: A New Synthesis. Cambridge: Cambridge University Press.

Hansmann R, Hug S M, Seeland K. 2007. Restoration and stress relief through physical activities in forests and parks. Urban Forestry & Urban Greening, 6(4): 213-225.

Howard E. 1898. To-Tomorrow: A Peaceful Path to Real Reform. London: Swan Sonnenschein & Co.

IPBES. 2019. Global Assessment Report on Biodiversity and Ecosystem Services of the Intergovernmental Science-Policy Platform on Biodiversity and Ecosystem Services Bonn: IPBES Secretariat.

IUCN. 2009. No Time to Lose: Make Full Use of Nature-Based Solutions in the Post-2012 Climate Change Regime. Gland: IUCN.

Jim C Y. 2004. Evaluation of heritage trees for conservation and management in Guangzhou city (China). Environment Management, 33(1): 74-86.

Jim C Y. 2005. Monitoring the performance and decline of heritage trees in urban Hong Kong. Journal of Environmental Management, 74: 161-172.

Jim C Y. 2013. Sustainable urban greening strategies for compact cities in developing and developed economies. Urban Ecosystem, 16: 741-761.

Jordan W R, Gilpin M E, Aber J D. 1990. Restoration Ecology: A Synthetic Approach to Ecological Research. Cambridge: Cambridge University Press.

Kabisch N, Haase D. 2013. Green spaces of European cities revisited for 1990-2006. Landscape & Urban Planning, 110: 113-122.

Kabisch N, Haase D. 2014. Green justice or just green provision of urban green spaces in Berlin. Landscape Urban Planning, 122: 129-139.

Kabisch N, Quereshi S, Haase D. 2015. Human-environment interactions in urban green spaces—a systematic review of contemporary issues and prospects for future research. Environmental Impact Assessment Review, 50: 25-34.

Keiter R. 1998. Ecosystems and the law: Toward an integrated approach. Ecological Applications, 8(2): 332-341.

Kemperman A, Timmermans H. 2014. Green spaces in the direct living environment and social contacts of the aging population. Landscape and Urban Planning, 129: 44-54.

Kienast F, Bolliger J, Potschin M, et al. 2009. Assessing landscape functions with broad- scale environmental data: Insights gained from a prototype development for Europe. Environmental Management, 44(6): 1099-1120.

Ludwig D, Hilborn R, Walters C. 1993. Uncertainty, resource exploitation, and conservation: lessons from history. Science, 260(5104): 17-19.

M'Ikiugu M M, Wang Q N, Kinoshita I. 2012. Green Infrastructure Gauge: A tool for evaluating green infrastructure inclusion in existing and future urban areas. Procedia - Social and Behavioral Sciences, 68: 815-825.

Maas J, van Dillen S M E, Verheij R A, et al. 2009. Social contacts as a possible mechanism behind the relation between green space and health. Health and Place, 15(2): 586-595.

Majumdar S, Deng J, Zhang Y, et al. 2011. Using contingent valuation to estimate the willingness of tourists to pay for urban forests: a study in Savannah, Georgia. Urban For Urban Green, 10(4): 275-280.

Mcdonald T, Gann G D, Jonson J, et al. 2016. International Standards for the Practice of Ecological Restoration – Including Principles and Key Concepts. Washington DC: Society for Ecological Restoration.

McRae B H, Dickson B G, Keitt T H, et al. 2008. Using circuit theory to model connectivity in ecology, evolution, and conservation. Ecology, 89: 2712-2724.

McRae B H, Hall S A, Beier P, et al. 2012. Where to restore ecological connectivity? Detecting barriers and quantifying restoration benefits. PloS One, 7(12): e52604.

Mell C. 2009. Can green infrastructure promote urban sustainability? Engineering Sustainability, 162: 23-34.

Millenium Ecosystem Assessment. 2003. Ecosystems and Human Well-Being. A Framework for Assessment. Washington DC: Island Press.

Millennium Ecosystem Assessment. 2005. MA Conceptual Framework. Ecosystems and Human Well-being: Current State and Trends, Vol. 1. Washington DC: Island Press.

Mullin K, Mitchell G, Nawaz N R, et al. 2018. Natural capital and the poor in England: towards an environmental justice analysis of ecosystem services in a high income country. Landscape and Urban Planning, 176: 10-21.

Neuenschwander N, Hayek U W, Grêt-Regamey A. 2014. Integrating an urban green space typology into procedural 3D visualization for collaborative planning. Computers, Environment and Urban Systems, 48: 99-110.

Ngom R, Gosselin P, Blais C. 2016. Reduction of disparities in access to green spaces: Their geographic insertion and recreational functions matter. Applied Geography, 66: 35-51.

Nielsen A B, Van den Bosch M, Maruthaveeran S, et al. 2014. Species richness in urban parks and its drivers: a review of empirical evidence. Urban Ecosystems, 17: 305-327.

Niemel J, Saarela S R, Sderman T, et al. 2010. Using the ecosystem services approach for better planning and conservation of urban green spaces: a Finland case study. Biodiversity & Conservation, 19(11): 3225-3243.

Nutsford D, Pearson A L, Kingham S, et al. 2016. Residential exposure to visible blue space (but not green space) associated with lower psychological distress in a capital city. Health and Place, 39: 70-78.

Oh K, Lee D, Park C. 2011. Urban ecological network planning for sustainable landscape management. Journal of Urban Technology, 18: 39-59.

Paracchini M L, Pacini C, Jones M L M, et al. 2011. An aggregation framework to link indicators associated with multifunctional land use to the stakeholder evaluation of policy options. Ecological Indicators, 11(1): 71-80.

Pauleit S, Ennos R, Golding Y. 2005. Modelling the environmental impacts of urban land use and land cover change—a study in Merseyside, UK. Landscape & Urban Planning, 71: 295-310.

Peng J, Pan Y J, Liu Y X, et al. 2018. Linking ecological degradation risk to identify ecological security patterns in a rapidly urbanizing landscape. Habitat International, 7(71): 110-124.

Peng J, Zhao S Q, Dong JQ, et al. 2019. Applying ant colony algorithm to identify ecological security patterns in megacities. Environmental Modelling & Software, 7(117): 214-222.

Peschardt K K, Stigsdotter U K. 2013. Associations between park characteristics and perceived restorativeness of small public urban green spaces. Landscape and Urban Planning, 112: 26-39.

Qureshi S, Breuste J H, Jim C Y. 2013. Differential community and the perception of urban green spaces and their contents in the megacity of Karachi, Pakistan. Urban Ecosystems. 16(4): 853-870.

Qureshi S, Breuste J H, Lindley S J. 2010a. Green space functionality along an urban gradient in Karachi, Pakistan: a socio-ecological study. Human Ecology, 38(2): 283-294.

Qureshi S, Hasan K S J, Breuste J H. 2010b. Ecological disturbances due to high cutback in the green infrastructure of Karachi: analyses of public perception about associated health problems. Urban Forestry & Urban Greening, 9(3): 187-198.

Richardson E, Pearce J, Mitchell R, et al. 2013. Role of physical activity in the relationship between urban green space and health. Public Health, 127(4): 318-324.

Seeland K, Dübendorfer S, Hansmann R. 2009. Making friends in Zurich's urban forests and parks: the role of public green space for social inclusion of youths from different cultures. Forest Policy & Economics, 11: 10-17.

Ståhle A. 2008. Compact Sprawl: Exploring Public Open Space and Contradictions in Urban Density, vol. 6. Stockholm: Royal Institute of Technology.

Strassburg B B N, Iribarrem A, Beyer H L, et al. 2020. Global priority areas for ecosystem restoration. Nature, 586: 724-729.

Tan P Y, Wang J, Sia A. 2013. Perspectives on five decades of the urban greening of Singapore. Cities, 32: 24-32.

Under D G. 1994. The USDA forest service perspective on ecosystem management. //Symposium on Ecosystem Management and North eastern Area Association of State Foresters Meeting. Burlington: United States Government Printing Office.

USDOI BLM. 1993. Final supplemental environmental impact statement for management of habitat for late2successional and old growth related species within range of the northern spotted Owl. Washington. D C: U. S. Forest Service and Bureau of Land Management.

Verburg P H, Overmars K P. 2009. Combining top-down and bottom- up dynamics in land use modeling: Exploring the future of abandoned farmlands in Europe with the Dyna-CLUE model. Landscape Ecology, 24(9): 1167-1181.

Villeneuve P J, Jerrett M, Su J G, et al. 2012. A cohort study relating urban green space with mortality in Ontario, Canada. Environmental Research, 115: 51-58.

Wang J, Lin Y, Glendinning A, et al. 2018b. Land-use changes and land policies evolution in China's urbanization processes. Land Use Policy, 75: 375-387.

Wang J, Lin Y, Zhai T, et al. 2018a. The role of human activity in decreasing ecologically sound land use in China. Land Degradation & Development, 29(3): 446-460.

Ward T C, Roe J, Aspinall P, et al. 2012. More green space is linked to less stress in deprived communities: evidence from salivary cortisol patterns. Landscape & Urban Planning, 105(3): 221-229.

Weber T, Sloan A, Wolf J. 2006. Maryland's Green Infrastructure Assessment: development of a comprehensive approach to land conservation. Landscape, 77: 94-110.

Wiken E B. 2003. Monitoring the conservation of grassland habitats, Prairie Ecozone, Canada. Environmental Monitoring and Assessment, 88(1-3): 343-364.

Wiken E B, Ironside G. 1977. The development of ecological (biophysical) land classification in Canada. Landscape Planning, 4: 273-275.

Wilson O, Huges O. 2011. Urban green space policy and discourse in England under New Labour from 1997 to 2010. Planning Practice & Research, 26: 207-228.

Wolch J R, Byrne J, Newell J P. 2014. Urban green space, public health, and environmental justice: the challenge of making cities 'just green enough'. Landscape and Urban Planning, 125: 234-244.

Xiao Y, Wang Z, Li Z, et al. 2017. An assessment of urban park access in Shanghai–Implications for the social equity in urban China. Landscape and Urban Planning, 157: 383-393.

Xu X, Duan X, Sun H, et al. 2011. Green space changes and planning in the capital region of China. Environmental Management, 47: 456-467.

Zhao J, Chen S, Jiang B, et al. 2013. Temporal trend of green space coverage in China and its relationship with urbanization over the last two decades. Science of the Total Environment, 442: 455-465.

Zhou X, Wang Y C. 2011. Spatial–temporal dynamics of urban green space in response to rapid urbanization and greening policies. Landscape and Urban Planning, 100: 268-277.

Zonneveld I S. 1989. The land unit—A fundamental concept in landscape ecology and its applications. Landscape Ecology, 3: 67-86.

第二章 生态空间类型与功能遥感信息提取

第一节 研究背景与现状

生态空间是指在不同空间尺度上，具备较强的生态系统服务功能，对维护关键生态过程具有重要意义的土地利用类型，即能够直接或间接改良区域生态环境、改善区域人地关系（如维护生物多样性、保护和改善环境质量、减缓干旱和洪涝灾害、调节气候等多种生态功能）的用地类型。生态空间类型包括湿地、滩涂、天然水域、林地、草地、荒漠、沙漠、裸地、冰川及永久积雪地等，以及城市绿地、人工水域、防护林等。

滩涂是生态空间的主要类型之一，包括沿海滩涂、湖滩和河滩等。沿海滩涂广义上是指在沿海由于大潮高位与低位间的潮浸地带。沿海滩涂属于湿地生态系统，从生物群落方面看，既有水生物种又有陆生物种，具有较高的生态多样性和物种多样性，是介于陆地生态系统和水生生态系统之间的过渡生态系统。沿海滩涂具有丰富的土地资源、生物资源、矿产资源和旅游资源。此外，它还承担着涵养水源、调节气候、净化空气、保护野生生物、增加景观类型和提供游憩场所等众多生态功能，对于保护生物多样性、维持区域生态平衡起着举足轻重的作用，是指示区域生态环境质量好坏的"晴雨表"，日益受到人们的重视。滩涂植被作为沿海滩涂的重要组成部分，是滩涂湿地保持活性的保障，物质能量循环的纽带，沿海滩涂发挥多种生态功能的基石。滩涂植被种类繁多，有水生、沼生、盐生以及一些中生的草本植物。其中，芦苇、盐地碱蓬和互花米草是典型的滩涂植被类型，在沿海滩涂广泛分布。滩涂植被没有陆地森林生态系统中的植被那样高大挺拔、生物量显著，滩涂植被的茎秆相对细短，植被冠层高度较低。在植被群落方面，滩涂植被在沿海滩涂生态环境中相互竞争、相互依存、交错丛生、共同进化与演变，既有高密度的植被群落，又有稀疏的植被群落。滩涂植被状况是认识和评价滩涂湿地生态系统生态功能的重要方面。滩涂植被的类型、分布、面积是描述区域植被状况的主要方面；植被地上生物量（后简称为生物量）表示某一时刻单位面积内植被地上部分的质量，是量化植被长势状况的重要指标。滩涂植被的优势类型、空间分布状况、覆盖面积大小和生物量高低，决定着滩涂湿地生态系统的生态功能和健康状况。

遥感技术在信息获取方面具有非接触、手段灵活的优势，还兼备了探测范围广、更新周期短、获取信息快捷、数据类型多样等特点，是植被信息提取的主要手段。利用遥感技术实现植被精细分类的理论依据是，相同类型的植被在植被多方面特性（如植被光谱、植株结构、植被群落等）中存在共性，同时，不同类型的植被在植被多方面特性中存在差异，以此区分不同植被类型。利用遥感技术实现植被生物量估算的理论依据是滩涂植被多方面特性（如植被光谱、植株结构、植被群落等）会随生物量的高低而改变，植被特征与生物量之间存在某种潜在关联关系。而遥感技术可以应用各类传感仪器，对植被各方面特性信息进行探测（如光学传感器，可探测植被光谱特性），建立植被特性到植被类型的定性分类规则，进而实现植被精细分类，建立植被特性到生物量的定量映射关系，从而实现植被生物量的估算。

在以往植被遥感精细分类和生物量遥感估算研究中，研究对象主要集中于陆地森林生态系统，面向高大挺拔、生物量显著的森林植被类型，对沿海滩涂湿地生态系统中低矮的、生物量不显著的滩涂植被关注较少。滩涂植被在植株结构（冠层低、生物量小）、群落结构（疏密不一、交错丛生）和生长环境（海陆交界、土壤水体）等方面的特殊性，使得遥感技术在实现滩涂植被的精细分类和生物量估算中存在挑战。例如，滩涂植被遥感探测的光学信息，在群落高密度区易有光谱饱和风险，在低密度区易掺杂陆地土壤背景信息和湿地水体信息，时而出现近红外波段反射率低、植被指数呈现负值、"同谱异物"和"异物同谱"等复杂现象。随着遥感技术的不断进步，尤其是近些年来，航空遥感技术的快速发展和逐渐成熟，很大程度上补充了遥感数据在精细尺度下的数据种类，同时，也大大地提高了遥感数据在精细尺度下的可获取性和可利用性，机载高分辨率高光谱数据等新兴的航空遥感数据得以逐步应用，为实现复杂滩涂湿地生态系统下滩涂植被的遥感精细探测提供了可能。

本章以沿海滩涂为研究对象，基于多源遥感数据，从生态系统维度开展生态空间类型、结构、功能的遥感信息提取与精细化探测研究。针对我国沿海滩涂典型区盐地碱蓬、互花米草和芦苇等典型滩涂植被，基于高分辨率高光谱数据、小光斑激光雷达数据等新兴的机载遥感数据并融合多源数据和知识，开展典型滩涂植被精细分类和生物量快速估算方法研究，并进行植被有机碳估算研究，为沿海滩涂生态空间类型和功能测度提供技术支撑与数据支持。

第二节　基于高分辨率高光谱数据和小光斑激光雷达数据的滩涂植被精细分类方法研究

在滩涂植被遥感精细分类研究中，学者们常通过提高空间分辨率提升单个像元内信息的纯度。如今，基于高分辨率多光谱数据的滩涂植被精细分类方法是滩涂植被精细分类的常规方法。为弥补单一数据特征的局限性，研究者还依据各类滩涂植被在植被结构特性、植被群落特性方面的差异，利用激光雷达、合成孔径雷达技术等遥感技术提取了滩涂植被的结构特征和群落特征，辅助高空间分辨率多光谱特征开展滩涂植被精细分类。目前，依据各类滩涂植被在精细光谱维度中的高光谱特性差异，利用精细高光谱特征开展滩涂植被精细分类的研究较少，对典型滩涂植被在精细空间和精细光谱下分类特征研究较为薄弱，融合滩涂植被精细高光谱特征和植被结构特征的分类方法有待发展，植被精细高光谱特征和结构特征对复杂滩涂湿地生态系统低矮滩涂植被的精细分类效用有待评价。

鉴于此，本节借助高分辨率高光谱数据、小光斑激光雷达数据等新兴的机载遥感数据，研究基于高分辨率高光谱数据和小光斑激光雷达数据的滩涂植被精细分类方法，拟凭借滩涂植被在精细高光谱方面和结构方面的类间差异，实现滩涂植被的精细分类。研究中，首先分析盐地碱蓬、互花米草和芦苇的高分辨率高光谱特性，面向滩涂植被精细分类，基于高分辨率高光谱数据提取滩涂植被高分辨率高光谱特征，基于小光斑激光雷达数据提取表征植被冠层高度的结构特征，融合高分辨率高光谱特征和结构特征，利用最大似然分类算法搭建从植被特征到植被类型的分类规则，构建滩涂植被精细分类模型，实现滩涂植被精细分类。此外，基于机载高分辨率高光谱数据、小光斑激光雷达数据、星载高分辨率多光谱数据等多源遥感数据，进一步发展基于高分辨率多光谱数据的滩涂植被精细分类方法（常规方法）、基于小光斑激光雷达数据和高分辨率多光谱数据的滩涂植被精细分类方法、基于高分辨率高光谱数据的滩涂植被精细分类方法，组建不同遥感数据下滩涂植被精细分类方法的对比实验。基于多源遥感数据提取的滩涂植被高分辨率多光谱特征、高分辨率高光谱特征和植被结构特征，利用最大似然分类算法，构建了仅高分辨率多光谱特征、融合高分辨率多光谱特征和结构特征、仅高分辨率高光谱特征、融合高分辨率高光谱特征和结构特征 4 种不同类型特征组合下的滩涂植被精细分类模型，以进一步揭示高分辨率高光谱特征、高分辨率多光谱特征和植被结构特征在滩涂植被精细分类建模中的效用，也侧面地评价高分辨率高光谱数据、小光斑激光雷达数据等新兴的机载遥感数据以及星载高分辨率多光谱数据在复杂滩涂湿地生态系统低矮滩涂植被精细分类中的潜力。本章还拟改进分类精度评价方法，发展基于类别面积加权的精度评价方法，以消除类别验证点数量对各类植被精度评价结果的偏倚。

一、滩涂植被遥感精细分类特征提取

面向滩涂植被精细分类，利用实地调研法和文献法，对盐地碱蓬、互花米草和芦苇 3 种沿海滩涂典型植被进行初步研究。研究发现，其在外观颜色、植被高度、群落结构、空间位置等方面具有各自的特征，其中，从区分滩涂植被类型的角度看，植被外观颜色和植被冠层高度方面的特征差异最为明显。在实地调研和遥感影像获取期间，沿海滩涂的盐地碱蓬属于植株的成熟期，外观呈红褐色，植株地上高度较矮，交错生长；芦苇植株地上部分茎秆直立，在 3 种植被中地上平均高度最为显著，外观颜色在垂直空间里有分层现象，植株下部的叶呈绿色，上部的穗呈灰白色；互花米草植株生长紧凑，叶鞘长势茂密，外观总体呈现浅绿色，植株地上高度介于芦苇和盐地碱蓬之间。盐地碱蓬、互花米草和芦苇在植株外观颜色、地上高度等方面的特征差异，会进一步在植被冠层光谱反射率信息、植被冠层纹理信息和植被冠层结构信息等方面体现出来。因此，盐地碱蓬、互花米草和芦苇在植被冠层光谱反射率、植被冠层纹理和植被冠层结构等方面的植被特征差异，可以作为滩涂植被精细识别与分类的敏感特征。

（一）高分辨率多光谱特征提取

基于高分辨率多光谱数据的分类方法是目前滩涂植被精细分类中常用的方法，该方法是基于滩涂植被的高分辨率多光谱特征搭建精细分类模型。植被指数是提取高分辨率多光谱分类特征的常用手段。本节参照以往的研究，基于 SPOT6 高分辨率多光谱数据，利用多种植被指数提取了高分辨率多光谱分类特征，为后续建立基于高分辨率多光谱特征的滩涂植被精细分类模型，实现基于高分辨率多光谱数据的滩涂植被分类方法作铺垫。

高分辨率多光谱数据可以精细地描绘地物的轮廓形状、空间位置、纹理图案，蕴含着细致的地表信息。植被指数提取通过不同遥感光谱波段间的线性或非线性组合突出显示植被的光谱特性，其被视为增强遥感影像中的植被信息、弱化非植被信息的有效方法。植被指数是植被冠层光谱反射率信息、纹理信息无量纲的直接表达，是叶面积指数、植被盖度、叶绿素含量、绿色生物量以及被吸收的光合有效辐射等植被理化特征的综合表现。

植被指数有明显的地域性和时效性，受植被本身、环境、大气等条件的影响，目前，针对不同的研究环境已发展了多种多样的植被指数。植被指数按照发展阶段可以分为 3 类：第 1 类植被指数是基于经验方法，由波段线性组合或比值发展而来，以差值植被指数（difference vegetation index，DVI）、比值植被指数（ratio vegetation index，RVI）为代表；第 2 类植被指数是基于物理模型，综合考虑电磁波辐射、土壤背景和植被覆盖状况，通过数学推导与逻辑经验，在原有植被指数的基础上发展而来，如归一化植被指数（normalized difference vegetation index，NDVI）、土壤亮度调整植被指数（soil adjusted vegetation index，SAVI）等；第 3 类是为了突出目标信息，降低光谱因子对某些干扰因子的敏感度而对第 2 类植被指数进行改进的修正型植被指数，如优化土壤调节植被指数（optimized soil adjusted vegetation index，OSAVI）、修改型土壤调整植被指数（modified soil adjusted vegetation index，MSAVI）等。

本研究在上述 3 种植被指数类型中，选取了具有代表性且在过去研究中被广泛利用的 13 个植被指数，开展基于植被指数的高分辨率多光谱特征提取。它们对表征植被冠层反射率和植被冠层纹理信息具有各自的特性和优势，这 13 个植被指数如下：RVI 通常也称为绿度，它是绿色植物的灵敏指示参数，绿色健康植被覆盖地区的 RVI 远大于 1，而无植被覆盖的地面（如裸地、水体、植被枯死或严重虫害的地面）的 RVI 在 1 附近，它特别适用于植被生长旺盛、具有高覆盖度的植被监测；NDVI 对绿色植物的生长状态和空间分布密度特别敏感，能反映出植物冠层的背景影响，如土壤、潮湿地面、雪、枯叶、粗糙度等，但研究也普遍认为，NDVI 对高植被区具有较低的灵敏度，受土壤背景的影响较大，因此，其优势在于可监测作物生长早期或植被覆盖度较低的区域；绿度归一化植被指数（green normalized difference vegetation index，GNDVI）可理解为 NDVI 的改进，它在降低土壤背景影响方面的能力相对较强，可反映植被的健康状况，经常在植被病害监测研究中得到应用；修改型土壤调整植被指数（modified soil adjusted vegetation index，MSAVI）和 SAVI 的设计目的是解释背景的光学特征变化，并修正 NDVI 对土壤背景的敏感性，SAVI 的限制性在于仅在土壤线参数 $a=1$，$b=0$ 的状态下才适用，适合于提取植被覆盖度变化较小区域的下垫面的植被信息；增强型植被指数（enhanced vegetation index，EVI）对冠层变化、冠层类型和结构以及植物外貌的反应更为灵敏，EVI 可能与胁迫和干旱相关的变化有关；DVI 又称作农业植被指数，它的优势是很好地反映植被覆盖度的变化，当植被覆盖度在 15%～25% 时，DVI 随生物量的增加而增加，植被覆盖度大于 80% 时，DVI 对植被的灵敏度有所下降；重归一化植被指数（renormalized difference vegetation index，RDVI）具备 DVI 和 NDVI 的优点，适用于高低不等的植被覆盖状况，具备探测稀疏植被覆盖度的能力；三角植被指数（triangular vegetation index，TVI）通过增加波段信息构建基于多波段的植被指数，是植被信息多波段的综合表达，也是当前遥感研究中构建新型植被指数的重要方向；大气阻抗植被指数（atmospherically resistant vegetation index，ARVI）和可视化大气阻抗指数（visible atmospherically resistant index，VARI）的设计重点是用来减轻光照差异和大气效应，前者使用蓝波段校正大气散射的影响（如气溶胶），后者重点削弱大气散射在可见光中的影响，进而达到突出处于光谱中蓝波段和可见光部分植被信息的目的；类似地，全球环境监测指数（global environment monitoring index，GEMI）对大气进行校正，减小了植被指数因大气条件变化而变化，其较大的动态范围使其能适合从稀疏植被到茂密森林的监测；优化土壤调节植被指数（optimized soil adjusted vegetation index，OSAVI）有较好的抗土壤干扰的能力，但是这种能力在不同叶面积指数下的变化较大。上述 13 个植被指数是研究中广泛应用的常规植被指数，计算公式和参考文献详见表 2-1。

表 2-1　常规植被指数及对应公式

中文名称	英文名称	英文简称	公式	参考文献
比值植被指数	ratio vegetation index	RVI	$R_{\text{nir}}/R_{\text{red}}$	（Pearson and Miller，1972）
归一化植被指数	normalized difference vegetation index	NDVI	$\dfrac{R_{\text{nir}} - R_{\text{red}}}{R_{\text{nir}} + R_{\text{red}}}$	（Rouse，1973）
绿度归一化植被指数	green normalized difference vegetation index	GNDVI	$\dfrac{R_{\text{nir}} - R_{\text{green}}}{R_{\text{nir}} + R_{\text{green}}}$	（Gitelson et al.，1996）
差值植被指数	difference vegetation index	DVI	$R_{\text{nir}} - R_{\text{red}}$	（Jordan，1969）
重归一化差值植被指数	renormalized difference vegetation index	RDVI	$\sqrt{\text{NDVI} \times \text{DVI}}$	（Roujean and Breon，1995）
增强型植被指数	enhanced vegetation index	EVI	$\dfrac{G(R_{\text{nir}} - R_{\text{red}})}{R_{\text{nir}} + C_1 R_{\text{red}} - C_2 R_{\text{blue}} + L}$	（Liu and Huete，1995）
三角植被指数	triangular vegetation index	TVI	$60(R_{\text{nir}} - R_{\text{green}}) - 100(R_{\text{red}} - R_{\text{green}})$	（Broge and Leblanc，2001）
可视化大气阻抗指数	visible atmospherically resistant index	VARI	$\dfrac{R_{\text{green}} - R_{\text{red}}}{R_{\text{green}} + R_{\text{red}} - R_{\text{blue}}}$	（Gitelson et al.，2002）
大气阻抗植被指数	atmospherically resistant vegetation index	ARVI	$\dfrac{R_{\text{nir}} - 1.7R_{\text{red}} + 0.7R_{\text{blue}}}{R_{\text{nir}} + 1.7R_{\text{red}} - 0.7R_{\text{blue}}}$	（Kaufman and Tanre，1992）
全球环境监测指数	global environment monitoring index	GEMI	$a(1 - 0.25a) - \dfrac{R_{\text{red}} - 0.125}{1 - R_{\text{red}}}$; $a = \dfrac{2(R_{\text{nir}}^2 - R_{\text{red}}^2) + 1.5R_{\text{nir}} + 0.5R_{\text{red}}}{R_{\text{red}} + R_{\text{nir}} + 0.5}$	（Pinty and Verstraete，1992）
优化土壤调节植被指数	optimized soil adjusted vegetation index	OSAVI	$\dfrac{1.16(R_{\text{nir}} - R_{\text{red}})}{R_{\text{nir}} + R_{\text{red}} + 0.16}$	（Rondeaux et al.，1996）

中文名称	英文名称	英文简称	公式	参考文献
修改型土壤调整植被指数	modified soil adjusted vegetation index	MSAVI	$\dfrac{2R_{nir}+1-\sqrt{(2R_{nir}+1)^2-8(R_{nir}-R_{red})}}{2}$	（Qi et al.，1994）
土壤亮度调整植被指数	soil adjusted vegetation index	SAVI	$\dfrac{1.5(R_{nir}-R_{red})}{R_{nir}+R_{red}+0.5}$	（Huete，1988）

（二）高分辨率高光谱特征提取

利用各类滩涂植被在精细光谱维度中的高光谱特性差异开展滩涂植被精细分类研究，首先要提取高光谱分类特征。本研究基于机载高分辨率高光谱数据提取了盐地碱蓬、互花米草和芦苇的精细高光谱曲线，识别出可用于精细分类的高分辨率高光谱特征，并参照高分辨率多光谱数据，基于高分辨率高光谱数据的窄波段提取了对应植被指数高分辨率高光谱特征，为后续建立基于高分辨率高光谱特征的滩涂植被精细分类模型，实现基于高分辨率高光谱数据及融合小光斑激光雷达数据的滩涂植被分类方法作铺垫。

高分辨率高光谱数据兼顾了高分辨率多光谱数据在捕捉地物丰富纹理信息方面的优势，具有较高的空间分辨率，此外，它又具备精细的波谱信息，具有更高的光谱分辨率。更具体地说，在地物空间维度，本研究所选用的高分辨率多光谱数据和高分辨率高光谱数据具有相同的空间分辨率，可获取相同精细级别的地物空间信息、纹理信息、形状信息等空间平面信息，二者的差异在于高分辨率高光谱数据在地物的光谱维度，有更高的光谱分辨率、更长的波谱范围。本研究采集的高分辨率高光谱数据以 10 nm 的步长记录地物在光谱维度的变化。因此，在基于高分辨率高光谱数据开展精细分类特征挖掘时，除了可通过植被指数提取精细分类特征以外，还可以直接基于 3 种滩涂植被类型间精细的、持续的波谱变化差异提取精细分类高光谱特征。

首先，基于高分辨率高光谱数据的红波段、绿波段、蓝波段和近红外波段光谱区间的中心波段，参照表 2-1 提取基于高分辨率高光谱数据的 13 种（窄波段）植被指数。基于高分辨率多光谱数据提取植被指数，高分辨率多光谱数据的红波段、绿波段、蓝波段和近红外波段 4 个波段相当于高分辨率高光谱数据中对应波谱区间内所有波段的压缩，将各波谱区间内的所有波段信息压缩为一个波段进行表达，可以理解为波谱区间内所有波段加权均值后的综合显示，但随之也损失了各种植被类型在每个波谱区间内精细的光谱反射率变化特征，只保留了加权均值后的单波段反射率信息。

此外，基于高分辨率高光谱数据在精细光谱方面的优势，进行盐地碱蓬、互花米草和芦苇的高分辨率高光谱特征分析，挖掘面向精细分类的滩涂植被类型间高分辨率高光谱特征。基于滩涂植被的野外采样点，提取样点对应的高分辨率高光谱曲线，进行异常光谱检验和均值处理，以滩涂植被类型为单位得到盐地碱蓬、互花米草和芦苇 3 种滩涂植被类型的高分辨率高光谱曲线，如图 2-1 所示。值得注意的是，上述 13 种常规植被指数的提取本质上仅用到了高分辨率高光谱数据众多波段中的 4 个独立波段，换句话说，仅基于蓝波段光谱区间的中心波段（R_{452nm}）、绿波段光谱区间的中心波段（R_{534nm}）、红波段光谱区间的中心波段（R_{694nm}）和近红外波段光谱区间的中心波段（R_{865nm}）共 4 个高分辨率高光谱波段进行植被指数计算。而其他高光谱波段，如350～640 nm，可用于精细分类的潜在高分辨率高光谱特征尚未得到充分地挖掘和有效地利用。鉴于此，基于高分辨率高光谱数据进一步开展不同滩涂植被高光谱信息的分析和精细分类特征挖掘。

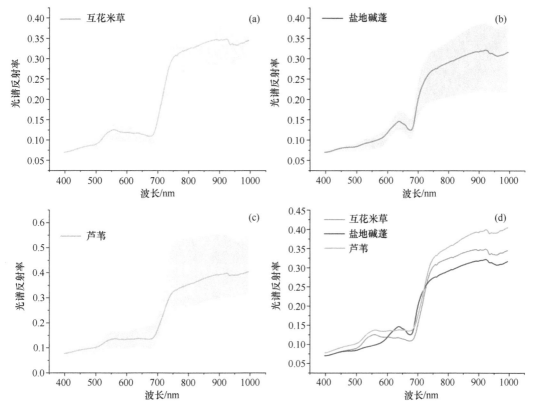

图 2-1　基于机载高分辨率高光谱数据提取的滩涂植被高光谱曲线图
图中浅色面区域是所有类别样点的高光谱曲线波动范围；实线则是所有类别样点高分辨率高光谱曲线的均值曲线，
代表不同滩涂植被类型的高分辨率高光谱曲线

由图 2-1 所示，盐地碱蓬、互花米草和芦苇 3 类滩涂植被的光谱反射率在 800 nm（R_{800nm}）和 897 nm（R_{897nm}）处有相对明显的差异，尤其是盐地碱蓬与其他 2 类滩涂植被之间，此处的光谱反射率可以直接作为区分盐地碱蓬和其他 2 类滩涂植被的高分辨率高光谱特征。在波长 543～637 nm，盐地碱蓬的高光谱曲线逐渐上升，相反，互花米草和芦苇的高光谱曲线逐渐下降，3 类滩涂植被光谱反射率在 543 nm 和 637 nm 处的差值（$R_{637nm-543nm}$）也可作为区分盐地碱蓬与另 2 种滩涂植被的高分辨率高光谱特征。此外，在波长 543～666 nm，盐地碱蓬的高光谱曲线总体呈上升趋势，互花米草和芦苇的高光谱曲线都有下降趋势，但互花米草的下降趋势更为明显，芦苇的高光谱曲线总体上呈现出相对平稳的走势，因此，光谱反射率在 637 nm 和 666 nm 处的比率（$R_{637nm/666nm}$）指示高光谱曲线的走向，可以作为区分 3 类滩涂植被的高分辨率高光谱特征。

综上所述，面向滩涂植被精细分类，基于高分辨率高光谱数据共提取 17 个高分辨率高光谱特征，除 13 个植被指数特征外，还包括上述基于高分辨率高光谱曲线提取 4 个高分辨率高光谱特征（R_{800nm}、R_{897nm}、$R_{637nm-543nm}$、$R_{637nm/666nm}$），如图 2-2 所示。

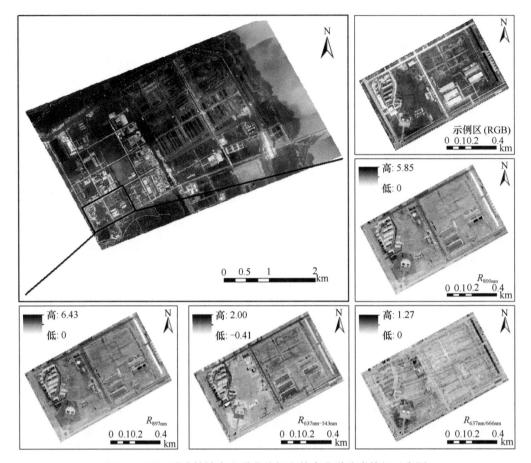

图 2-2 基于滩涂植被高光谱曲线提取的高光谱分类特征示意图

（三）植被结构特征提取

植被冠层高度是滩涂植被精细分类中常用的植被结构特征，借助各类滩涂植被间在冠层高度方面的差异进行辅助分类。通过实地调研发现，盐地碱蓬、互花米草和芦苇虽然同属低矮的沿海滩涂植被类型，植被的冠层高度明显低于森林植被等高大的植被类型，但是在不同沿海滩涂植被类型间，它们的群落结构特征尤其是冠层高度依然存在较大的差异。经过对 3 类滩涂植被实地采集样点的地上高度分别取均值，得到盐地碱蓬、互花米草和芦苇的地上平均高度分为 0.62 m，0.95 m 和 1.44 m。植被的冠层高度可以作为 3 类滩涂植被类型间潜在有效的精细分类特征。

激光探测与测距（light detection and ranging，LiDAR）技术是新一代主动遥感技术，通过发射受控激光光束获得感兴趣目标的三维空间信息。本研究利用机载激光雷达传感器，面向滩涂植被获取小光斑激光雷达数据，该数据是地物三维空间的点云数据。借助物理模型、多种滤波算法、空间内插和栅格化技术可反算出数字高程模型（digital elevation model，DEM）和数字表面模型（digital surface model，DSM），这两种地理模型分别描述了对应影像像元的地面三维坐标和地物表面三维坐标。因此，2 个模型高程信息叠加可生成地表物体的净高度，被称为冠层高度模型（canopy height model，CHM）。

　　本研究将该模型应用于沿海滩涂生态系统中，面向典型滩涂植被构建冠层高度模型，在实际环境中表征植被的地上高度。研究中，利用新型布料滤波（cloth simulation filter，CSF）算法（Zhang et al.，2016）将地面点云数据从总体点云数据中分离出来。该算法的优势是可以设定算法的运行环境，对平坦区域点云的滤波效果较好，根据研究区地形地貌的实际情况，本研究将算法运行环境设置为"FLAT"（平坦）。此外，布料分辨率是滤波过程中的重要参数，根据前人经验和本研究区的多次试验，布料分辨率设置为 0.8，最大迭代次数和分类阈值分别设置为 500 和 0.5，滤波效果理想。反距离加权空间内插技术是最常用的空间内插方法之一，该算法的主要思想是以采样点与未采样的距离为主要权重进行空间内插计算，而且距离与空间内插权重成反比。换句话说，对某一未采样点来说，距离最近的若干样点对其贡献最大，距离较远的对其贡献较小。在本研究中，利用布料滤波算法得到研究区地面点云数据，随后利用反距离加权空间内插技术，基于地面点云数据，构建数字高程模型，基于原始点云数据生成数字表面模型，二者进行叠加进行作差处理，得到植被冠层高度模型，如图 2-3 所示。

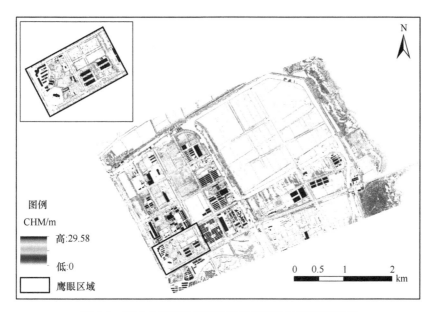

图 2-3　基于小光斑激光雷达数据提取的冠层高度特征

　　综上所述，根据不同遥感数据类型的特点，面向滩涂植被精细分类，分别提取了不同的植被特征，汇总至表 2-2 中。

表 2-2　滩涂植被遥感精细分类特征汇总

类型	遥感数据		提取的遥感精细分类特征
1	高分辨率高光谱数据	高分辨率高光谱特征	基于高分辨率高光谱曲线提取的高分辨率高光谱特征（4 个）
			基于植被指数提取的高分辨率高光谱特征（13 个）
2	高分辨率多光谱数据	高分辨率多光谱特征	基于植被指数提取的高分辨率多光谱特征（13 个）
3	小光斑激光雷达数据	植被结构特征	植被冠层高度（1 个）

二、滩涂植被遥感精细分类模型构建

（一）最大似然分类算法

本研究基于最大似然分类（maximum likelihood classifier）算法构建面向滩涂植被的精细分类模型。该模型通过 ENVI 5.1.1 平台搭建。最大似然分类算法是遥感领域常用的监督分类算法，该算法在贝叶斯准则下构建，因此，也被称为贝叶斯分类算法。该算法是基于数据服从正态分布的假设构造的。事实上，尽管遥感影像中各类地物在形状、空间位置和光谱特征等方面存在差异，但是各类地物的主要特征在影像上都符合一定的正态分布规律，因此，最大似然分类算法在众多分类研究中常表现稳定的效果。

在基于最大似然分类算法构建分类模型时，该模型假设训练样本的特征近似服从正态分布，随后，利用训练样本学习各类地物特征的多种参数，如均值、方差、协方差（该参数主要考虑了特征在空间中的大小和方向）等，构建分类器的先验知识（总体先验概率密度函数）。最后，利用贝叶斯判别法则，计算每个像元对每一类监督分类类别的归属概率，并根据最大归属概率逐像元进行判别［式（2-1）］，将像元划分到最大归属概率类别中：

$$F_i(x) = P(x / t_i) P(t_i) \qquad (2-1)$$

式中，$F_i(x)$ 为 t_i 的判别函数，代表特征 x 对 t_i 的归属概率 $P(x/t_i)$ 的大小；t_i 为第 i 类地物类别；$P(x/t_i)$ 为 t_i 的概率分布，也称作 t_i 的似然概率；$P(t_i)$ 为 t_i 的先验概率。最大似然模型中可设置归属概率阈值，阈值范围为 0～1，该阈值的含义是当计算出的像元概率低于设置的阈值时，则对该像素不进行分类。本研究中将该阈值参数设置为缺省状态，即按照归属概率最大的类别对像元进行分类。该方法的优点在于计算速度较快、操作便捷，可与先验知识有较好的链接，具有较强的参数解释能力、较高的分类精度等。

（二）不同类型特征组合的精细分类模型

本研究借助机载高分辨率高光谱数据、小光斑激光雷达数据等新兴的遥感数据，提出了基于高分辨率高光谱数据和小光斑激光雷达数据的滩涂植被精细分类方法，即融合高分辨率高光谱数据提取的高分辨率高光谱特征和小光斑激光雷达数据提取的结构特征（植被冠层高度），利用最大似然分类算法构建滩涂植被精细分类模型，实现盐地碱蓬、互花米草和芦苇在精细像元尺度下的遥感精细分类。

此外，本研究进一步在 4 种遥感数据组合下设置滩涂植被精细分类对比实验，构建基于不同类型特征组合的滩涂植被精细分类模型（表 2-3），以揭示滩涂植被的高分辨率高光谱特征、结构特征、高分辨率多光谱特征在复杂滩涂湿地生态系统滩涂植被像元尺度精细分类中的效用，对比基于多种遥感数据的滩涂植被精细分类方法，反映机载高分辨率高光谱数据、小光斑激光雷达数据等新兴遥感数据和星载的高分辨率多光谱数据对滩涂湿地生态系统滩涂植被的精细识别能力。

表 2-3　基于不同类型特征组合的滩涂植被精细分类模型构建

类型	遥感数据	遥感精细分类建模特征	建模算法	备注
（a）	基于高分辨率多光谱数据的分类方法	仅高分辨率多光谱特征		常规方法
（b）	基于高分辨率多光谱数据和小光斑激光雷达数据的分类方法	融合高分辨率多光谱特征和结构特征	最大似然算法	对比方法
（c）	基于高分辨率高光谱数据的分类方法	仅高分辨率高光谱特征		对比方法
（d）	基于高分辨率高光谱数据和小光斑激光雷达数据的分类方法	融合高分辨率高光谱特征和结构特征		本研究方法

注：用于滩涂植被遥感精细分类的各类型特征见表 2-2。

研究中，基于机载高分辨率高光谱数据、星载高分辨率多光谱数据，并结合高分辨率正射影像、同期谷歌地球（Google Earth）影像等，利用目视解译方法，在实验区共选取了 200 个滩涂植被类型样点作为精细分类模型构建的训练样点，提取对应的高分辨率高光谱特征、高分辨率多光谱特征和结构特征（表 2-2），利用最大似然分类算法，在 4 种不同分类特征组合下构建滩涂植被精细分类模型，得到多种滩涂精细分类方法下的分类结果。

（三）滩涂植被精细分类精度评价方法改进

分类精度验证是对分类结果可靠性和准确性的评价。尽管现有的分类精度评价指标和方法都已相对成熟，但众所周知，在分类精度评价的实际操作中，研究者的主观思想和研究区的客观限制，势必会影响分类精度评价结果，进而有损精度评价的有效性和权威性。

研究区分类精度的高低水平通常基于类别验证点来验证，因此类别验证的采样至关重要，它直接影响分类精度评价结果。不合理的类别验证样点数量会使各类地物的分类精度评价存在偏倚，导致精度评价结果不在一个量级，进而使各类别的精度评价结果没有可比性。例如，在同一个研究区内，面积 100 km² 的 a 类地物和面积 1 km² 的 b 类地物，都基于 100 个类别验证点进行精度评价，如果仅基于验证点进行精度评价，不考虑类别面积，尽管 2 类地物都有相同的精度评价结果（假设 2 类地物皆 100%分类正确），但由于类别面积不同，精度评价不在一个量级。不合理的类别验证样点数量导致了精度评价存在偏倚，有损精度评价的客观性。

分层采样法是常用的样点采集方法，可用于类别验证样点的采集。按照各类地物的实际面积占比，在每一类别上分别采集对应数量的类别验证样点，可消除类别验证样点个数对不同面积占比类别精度评价的偏倚。但是，各类地物的类别验证点个数通常很难满足上述理论比例，主要有两方面因素。一方面，在实际操作中，类别验证样点的采集通常是在进行影像分类实验之前，在研究前期进行实地野外调查时，进行各类样点采集。由于各类地物的实际面积占比不易预估，精细分类验证样点在各类地物中的实地采集数量没有准确的比例参照，通常情况下，常规做法就是在研究区条件允许的情况进行尽可能多地广泛采集。另一方面，类别验证样点的实地采集经常受到研究区实地条件的限制，本研究在沿海滩涂地区开展，滩涂植被分布的区域多是沼泽、泥滩，研究区较低的道路通达性给类别验证样点的实地采集带来了不便。相似地，在荒漠、热带雨林等环境恶劣区域，其类别验证样点也不易获取。这种情况下，研究者通常基于更高分辨率的遥感影像添补分类精度评价的类别验证样点，但多数情况下，同区域、同期、更高分辨率的影像不易获得。

在此背景下，提出基于类别面积加权的精度评价方法以消除类别验证样点数量对不同面积类别精度评价的影响，使得精度评价指标具有客观性和可对比性。该方法的中心思想是，在类别验证样点（经实地调查采集）数量不变且全部用于分类精度评价的情况下，根据研究区滩涂植被分类后各类别的面积比例，对各类地物的类别验证样点在分类精度评价中的权重进行修正，确切地说，在分类精度评价的误差矩阵中，将类别验证样点数量及转移数量，转变为基于类别面积加权后无量纲的值，以消除验证样点数量在精度评价中的潜在影响，使得精度评价指标具有客观性和可对比性。

在分类精度评价中，通常基于误差矩阵对实地采集的类别验证点进行统计分析和指标计算，以表征整个研究区的分类精度状况（表 2-4）。经典的分类精度评价指标有 Kappa 系数、总体精度、用户精度、生产者精度。Kappa 系数用于一致性检验，用于研究区总体分类状况的衡量。总体精度，是总体上描述区域被正确分类的比例，表述了随机选一个点被正确分类的概率。用户精度，表示从分类结果中任取一个样本，其所具有的类型与地面实际类型相同的条件概率。生产者精度，表征从参考数据中任取一个随机样本，在分类图上的分类结果与其相一致的条件概率。

表 2-4　基于类别验证样点的误差矩阵示例

		参考类别				总计/行
		1	2	…	q	
分类类别	1	n_{11}	n_{12}	…	n_{1q}	$n_{1\cdot}$
	2	n_{21}	n_{22}	…	n_{2q}	$n_{2\cdot}$
	⋮	⋮	⋮		⋮	⋮
	q	n_{q1}	n_{q2}	…	n_{qq}	$n_{q\cdot}$
总计/列		$n_{\cdot1}$	$n_{\cdot2}$		$n_{\cdot q}$	n

表 2-4 中，n 为类别验证样点的个数；q 为分类类别数。$n_{q\cdot}$ 为行总计，代表类别 q 的类别验证样点总数；$n_{\cdot q}$ 为列总计，代表类别验证样点中分为类别 q 的验证点数量。假设分类图总共有 N 个像元，$N_{i\cdot}$ 为分为类别 i 的像元数。基于分层验证的 Kappa 系数常表示为

$$\text{Kappa} = \frac{N\sum_{i=1}^{q}\left(N_{i\cdot}/n_{i\cdot}\right)n_{ii} - \sum_{i=1}^{q}N_{i\cdot}\sum_{i=1}^{q}\left(N_{i\cdot}/n_{i\cdot}\right)n_{\cdot i}}{N^2 - \sum_{i=1}^{q}N_{i\cdot}\sum_{i=1}^{q}\left(N_{i\cdot}/n_{i\cdot}\right)n_{\cdot i}} \qquad (2\text{-}2)$$

类别面积权重（W_i）是改进精度评价方法的关键。通过给每一层（类）的验证样点赋予不同的精度评价权重，可以将分类类别的面积比例信息加入精度评价的分层评价当中，以解释不同类别内验证样点的采样密度。可以简单地理解为，将分类误差矩阵中的

验证样点数量，通过类别面积加权，变为单位面积内分类验证样点数量。总面积为 A_{tot}，类别 i 的分类面积为 $A_{m,i}$，i 类别的分类面积的比例可表达为 $W_i = A_{m,i}/A_{tot}$。基于此，可对类别验证样点误差矩阵中的每一个元素赋予面积权重，类别验证样点误差矩阵（表 2-5）转化为类别面积加权后的类别验证样点误差矩阵。

表 2-5　基于类别面积加权的分类误差矩阵示例

		参考类别				总计/行
		1	2	⋯	q	
分类类别	1	$\hat{P}_{11}$	$\hat{P}_{12}$	⋯	$\hat{P}_{1q}$	$\hat{P}_{1\cdot}$
	2	$\hat{P}_{21}$	$\hat{P}_{22}$	⋯	$\hat{P}_{2q}$	$\hat{P}_{2\cdot}$
	⋮	⋮	⋮		⋮	⋮
	q	$\hat{P}_{q1}$	$\hat{P}_{q2}$	⋯	$\hat{P}_{qq}$	$\hat{P}_{q\cdot}$
总计/列		$\hat{P}_{\cdot1}$	$\hat{P}_{\cdot2}$	⋯	$\hat{P}_{\cdot q}$	1

$\hat{P}_{ij} = W_i \dfrac{n_{ij}}{n_{i\cdot}}$，$n_{ij}$ 对应表 2-4 中第 i 行、第 j 列的元素。基于类别面积加权用户精度、生产者精度和总体精度的定义公式即分别修正为

$$\hat{U}_i = \hat{p}_{ii} / \hat{p}_{i\cdot} \qquad (2\text{-}3)$$

$$\hat{P}_j = \hat{p}_{jj} / \hat{p}_{\cdot j} \qquad (2\text{-}4)$$

$$\hat{O} = \sum_{j=1}^{q} \hat{p}_{jj} \qquad (2\text{-}5)$$

三、结果分析与讨论

本研究提出了基于高分辨率高光谱数据和小光斑激光雷达数据的精细分类方法。通过融合高分辨率高光谱数据提取的精细分类高分辨率高光谱特征和小光斑激光雷达数据提取的精细分类结构特征，利用最大似然分类算法，构建了滩涂植被精细分类模型，实现了盐地碱蓬、互花米草和芦苇在精细像元尺度下的遥感精细分类。

为进一步揭示植被高分辨率高光谱特征和植被结构特征在复杂滩涂湿地生态系统滩涂植被像元尺度精细分类建模中的效用，本研究还基于 3 种遥感数据组合——高分辨率多光谱数据、高分辨率多光谱数据和小光斑激光雷达数据、高分辨率高光谱数据，构建基于不同特征类型组合下精细分类模型，对研究区互花米草、盐地碱蓬和芦苇 3 类典型滩涂植被进行分类，结果如图 2-4 所示。

图 2-4 表明，基于不同遥感数据的 4 种滩涂植被精细分类结果，在空间分布方面总体上是一致的。互花米草集中分布于潮间带滩涂区域，其是沿海滩涂的海陆交接处，与少部分盐地碱蓬和芦苇交错生长；盐地碱蓬分布较广，主要分布于滩涂的潮上带滩涂区域，处于沿海滩涂的内陆；芦苇散布于研究区，在潮间带滩涂区域与互花米草、盐地碱蓬交错丛生，在潮上带滩涂区域主要分布在道路边、河湖边。在覆盖面积方面，盐地碱

蓬的占地面积最大,另两种滩涂植被类型面积相对较少,基于各类像元个数和像元面积,计算出互花米草、盐地碱蓬和芦苇的平均分类面积分别为 $8.32 \times 10^5\,\mathrm{m}^2$、$5.93 \times 10^6\,\mathrm{m}^2$ 和 $1.79 \times 10^6\,\mathrm{m}^2$。

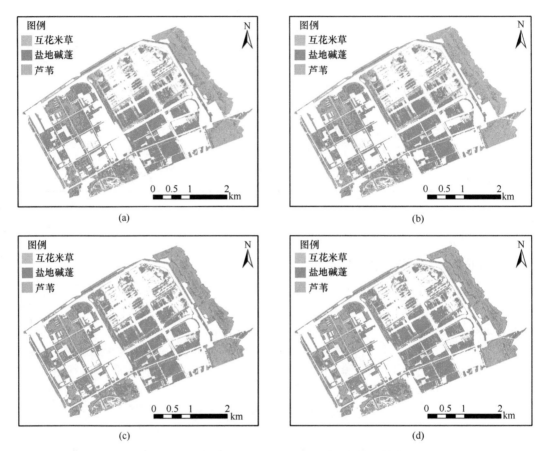

图 2-4　基于不同类型特征组合的滩涂植被精细分类结果
滩涂植被精细分类模型构建分别基于(a)高分辨率多光谱特征,(b)高分辨率多光谱特征+植被结构特征,
(c)高分辨率高光谱特征和(d)高分辨率高光谱特征+植被结构特征

经过野外实地调查,在研究区共收集了 91 个类别验证样点,连同野外采集的生物量样点,一并用于滩涂植被分类的精度评价,共包括互花米草 34 个,盐地碱蓬 69 个,芦苇 62 个。利用通过类别面积加权改进的精度评价方法,基于 Kappa 系数、用户分类精度、生产者分类精度和总体分类精度 4 种精度评价指标,对不同类型特征组合下滩涂植被精细分类结果进行精度验证。类别验证样点的误差矩阵如表 2-6 所示,基于类别面积加权的类别验证样点误差矩阵如表 2-7 所示。

表 2-6 和表 2-7 表明,基于高分辨率高光谱数据和小光斑激光雷达数据的滩涂植被精细分类方法产生了精度最高的精细分类结果,Kappa 系数 0.73,总体精度 86.48%,结果优于基于高分辨率多光谱数据的精细分类方法(常规方法)。滩涂植被精细分类模型随着精细光谱特征和结构特征的增加和引入,其精细分类精度逐渐提高。

表 2-6 基于滩涂植被类别验证样点的误差矩阵

精细分类建模特征	植被类型	盐地碱蓬/个	芦苇/个	互花米草/个	总计/个	类型面积/m²	面积权重	Kappa 系数
高分辨率多光谱特征	盐地碱蓬	59	7	3	69	5.81×10^6	0.68	
	芦苇	9	51	2	62	1.86×10^6	0.22	0.70
	互花米草	4	2	28	34	8.85×10^5	0.10	
	总计	72	60	33	165	8.56×10^6	1	
高分辨率多光谱特征+植被结构特征	盐地碱蓬	60	6	3	69	6.01×10^6	0.70	
	芦苇	8	53	1	62	1.60×10^6	0.19	0.72
	互花米草	5	1	28	34	9.40×10^5	0.11	
	总计	73	60	32	165	8.56×10^6	1	
高分辨率高光谱特征	盐地碱蓬	60	7	2	69	5.99×10^6	0.70	
	芦苇	9	52	1	62	1.97×10^6	0.23	0.71
	互花米草	3	2	29	34	5.90×10^5	0.07	
	总计	72	61	32	165	8.56×10^6	1	
高分辨率高光谱特征+植被结构特征	盐地碱蓬	60	6	3	69	5.93×10^6	0.69	
	芦苇	8	53	1	62	1.71×10^6	0.20	0.73
	互花米草	3	2	29	34	9.12×10^5	0.11	
	总计	71	61	33	165	8.56×10^6	1	

注：行数据为精细分类类别；列数据为分类参考类别。类型面积基于像元个数和像元大小计算得出；面积权重（W_i）为精细分类后，被识别成类别 i 的面积占比，由类别 i 的面积（$Area_i$）/植被区域总面积（$Area_{tot}$）计算得出，下同。

表 2-7 基于滩涂植被分类类别面积加权的类别验证样点误差矩阵

精细分类建模特征	植被类型	盐地碱蓬	芦苇	互花米草	总计	用户精度/%	生产者精度/%	总体精度/%
高分辨率多光谱特征	盐地碱蓬	0.58	0.07	0.03	0.68	85.51	92.98	
	芦苇	0.03	0.18	0.01	0.22	82.26	70.52	84.47
	互花米草	0.01	0.01	0.09	0.10	82.35	70.00	
	总计	0.63	0.26	0.13	1.00			
高分辨率多光谱特征+植被结构特征	盐地碱蓬	0.61	0.06	0.03	0.70	86.96	91.81	
	芦苇	0.02	0.16	0.01	0.19	85.48	71.35	86.18
	互花米草	0.02	0.00	0.09	0.11	82.35	72.91	
	总计	0.65	0.22	0.12	1.00			
高分辨率高光谱特征	盐地碱蓬	0.61	0.07	0.02	0.70	86.96	93.89	
	芦苇	0.03	0.19	0.00	0.23	83.87	72.05	86.13
	互花米草	0.01	0.00	0.06	0.07	85.29	71.01	
	总计	0.65	0.26	0.08	1.00			
高分辨率高光谱特征+植被结构特征	盐地碱蓬	0.60	0.06	0.03	0.69	86.96	94.47	
	芦苇	0.03	0.17	0.00	0.20	85.48	72.02	86.48
	互花米草	0.01	0.01	0.09	0.11	85.29	73.16	
	总计	0.64	0.24	0.12	1.00			

注：行数据为精细分类类别；列数据为分类参考类别。

在光谱特征方面，相对于高分辨率多光谱数据，蕴含精细光谱特征的高分辨率高光谱数据对 Kappa 系数和总体精度分别提高了 0.01 和 1.66%。进一步看，3 类滩涂植被精细分类的用户精度和生产者精度也都有提高，对盐地碱蓬的提取精度分别提高 1.45%和0.91%，对芦苇的提取精度分别提高 1.61%和 1.53%，对互花米草的提取精度分别提高2.94%和1.01%。

在结构特征方面，结构特征的引入提高了仅光谱特征建模的精细分类精度。相对于仅高分辨率多光谱数据，结构特征的引入使分类结果的 Kappa 系数和总体精度分别上升了 0.02 和 1.71%，同样地，相对于仅高分辨率高光谱数据，分类结果的 Kappa 系数和总体精度分别上升了 0.02 和 0.35%。这个发现与 Zhang（2014）在佛罗里达大沼泽地的植被制图研究中、Liu 和 Bo（2015）在作物种类分类研究中以及 Rapinel 等（2015）在湿地生境制图研究中所得到的研究结果一致。更进一步看，小光斑激光雷达数据的引入对盐地碱蓬精细识别的提高水平要明显弱于对互花米草和芦苇精细识别的提高水平。经分析，这种现象主要归因于以下两种潜在原因，一方面，仅基于高分辨率高光谱数据或高分辨率多光谱数据对盐地碱蓬的精细识别即可达到相对高的精度水平，用户精度和生产者精度分别为86.96%和93.89%（基于高分辨率高光谱特征建模），85.51%和92.98%（基于高分辨率多光谱特征建模），因此，小光斑激光雷达数据额外提供的植被结构特征对盐地碱蓬精细识别精度的提高空间有限。另一方面，高分辨率高光谱数据和高分辨率多光谱数据对互花米草和芦苇的提取精度要低于对盐地碱蓬的提取精度，这归因于互花米草和芦苇在植被光谱方面有一定的相似性，然而，互花米草和芦苇的平均高度较高，类别间存在高度差异，因此，本研究中，将植被冠层高度作为植被结构特征对互花米草和芦苇精细识别精度的提高体现出更加明显的效果。

值得一提的是，相对于高分辨率多光谱数据的精细分类结果，高分辨率高光谱数据具有更多的、更精细的高光谱特征，但是它没有像预想那样能显著地提高 Kappa 系数和总体精度，仅分别提高了 0.01 和 1.66%。这个现象暗示，追求高精度的精细分类结果，高空间分辨率是主导条件。在以往的研究中，其他研究者也曾得到过类似的结论。例如，利用德国 RapidEye 影像在异质海岸景观中进行土地覆盖分类（Adam et al.，2014），以及基于 WorldView-2 高分辨率多光谱影像的淡水沼泽物种空间分布识别（Carle et al.，2014）。而且，对提高基于高分辨率多光谱数据的分类精度而言，基于高分辨率高光谱数据提取的精细高光谱特征（Kappa 系数和总体精度分别提高了 0.01 和 1.66%）不如结构特征的引入（Kappa 系数和总体精度分别提高了 0.02 和 1.71%）更有效。

从 3 种滩涂植被的提取精度看，不论基于哪种分类特征组合，盐地碱蓬的提取精度（包括生产者精度和用户精度）高于其他 2 种滩涂植被的提取精度。相对互花米草和芦苇，盐地碱蓬更高的精细识别精度归因于它具有更容易识别的光谱特性，尤其是在 800 nm处、897 nm 处以及 543～637 nm 的光谱反射率差异，以及 637～666 nm 不同的光谱反射率变化趋势。

融合高分辨率高光谱数据和小光斑激光雷达数据提取的多源植被特征，得到了精细分类的最高 Kappa 系数（0.73）和总体精度（86.48%），此外，盐地碱蓬和互花米草的用户精度和生产者精度达到了最高水平，芦苇提取用户精度也达到了最高水平，生产者精度（72.02%）与基于高分辨率高光谱数据提供提取精度基本一致（72.05%）。尽管如此，4 种类型特征组合下的滩涂植被分类精度差异并不显著，因此，高分辨率多光谱数据的优势不能被忽视。仅基于高分辨率多光谱数据的多光谱特征即可实现 3 种典型滩涂植被较高精度的精细识别与分类，总体分类精度为 84.47%，Kappa 系数为 0.70。而且，相对于高分辨率高光谱数据和小光斑激光雷达数据而言，高分辨率多光谱数据具有更高的可获得性、更低的获取成本和更便捷的处理步骤。因此，面向典型滩涂植被的精细分类，在高分辨率高光谱数据和小光斑激光雷达数据不易获取的滩涂区域，高分辨率多光谱数据是一个很好的替代数据。

第三节 面向均质植被响应单元的滩涂植被生物量多尺度遥感估算方法研究

单一像元尺度下的植被生物量估算结果通常很难满足实际需求。植被生物量多尺度下的估算结果，是认识植被在多个尺度下景观格局的前提，是沿海滩涂开展多尺度生态管护的基础，为多维度生态质量的系统研究及评估提供数据支持。此外，通过生物量多尺度下的对比研究，还可寻求区域生物量估算最佳研究尺度，以提高估算精度，改善生物量估算结果。目前，生物量遥感估算研究主要是基于各自的数据在单一尺度下开展，生物量多尺度遥感估算方法研究较为薄弱。

在以往生物量多尺度遥感估算方法中，基于多个空间分辨率多套遥感数据实现多尺度下的生物量估算是最为常用的方法。也有学者基于单一空间分辨率的遥感数据，借助空间重采样、数据融合算法得到多个空间分辨率下的数据集，开展多尺度下的生物量估算。还有研究者利用模型修正算法，将在精细尺度下构建的生物量估算模型，修正到其他空间分辨率的数据，得到多个空间分辨率下的生物量估算结果。上述生物量多尺度估算方法，在相近时段、多空间分辨率、多套遥感数据的可获得性，修正模型的可推广性，转换尺度的灵活性，以及实际操作的便捷性等方面存在局限。现有的方法本质上均是基于多空间分辨率表征多尺度，生物量多尺度下的估算结果由一个个大小不同的矩形像元呈现，不利于判读和决策。土地管理者、生态环境研究者往往对由多个像素组成的、具有实际意义的景观更感兴趣（Zhang et al.，2018a）。

鉴于此，本研究提出面向均质植被响应单元的生物量多尺度遥感估算方法。研究面向滩涂植被生物量，基于多源遥感数据和地学知识，提取直接反映植被生物量大小和间接影响植被生物量大小的光谱因子、结构因子、地理因子，利用多尺度分割技术，构建多尺度下的均质植被响应单元；基于均质植被响应单元的光谱、结构、地理因子变量，利用随机森林机器学习算法，搭建面向均质植被响应单元的生物量多尺度估算模型，实现多尺度下植被生物量的快速估算。此外，本章进一步通过建模因子、建模算法和建模尺度等对比实验，评价了光谱因子、结构因子、地理因子，线性参数回归算法、非线性非参数回归算法以及尺度大小等因素在生物量多尺度估算中的效用；借助建模变量重要性分值评价建模中每个因子变量的贡献，以进一步确定研究区生物量估算的最佳研究尺度、最优模型配置和最大贡献因子。

一、多源数据收集

本研究深入实地开展调研，分析了研究区滩涂植被的生长环境，向当地农户探讨了影响滩涂植被生长的关键因素，与当地政府相关部门的工作人员了解当地的经济、农业、土地利用、气温、降水等状况。经实地调研发现，地形地貌、气候、土壤水分、土壤盐度、群落结构以及人类活动是该地区滩涂植被生长的主要影响因素。

基于此，在实地调研期间，不仅通过航飞获取了高分辨率高光谱数据、小光斑激光雷达数据等新兴的遥感数据，还在当地政府部门的帮助下，收集了一些辅助数据，主要包括当地的土地利用数据、土壤类型数据、降水数据、温度数据、统计年鉴等相关文档材料，作为后续多源因子提取的数据铺垫。

二、均质植被响应单元的提出

面向滩涂植被生物量遥感估算，基于可直接反映植被生物量大小和间接影响植被生物量大小的光谱因子、结构因子、地理因子，提出了均质植被响应单元（homogeneous vegetation response unit，HVRU），其作为生物量估算的基本单位。均质植被响应单元是地学特征、遥感影像特征和植被特征相对一致或相似的单元，对应着一块具有实际意义的地理区域，该区域在植被类型、群落结构、地形地貌、土壤特性、土地利用，以及遥感影像光谱特征具有相似的属性，具有地学和景观意义。

提取直接反映植被生物量大小和间接影响植被生物量大小的多源因子是生物量多尺度遥感估算的前提与关键。植被生物量的影响因子包括植被类型、群落结构、土壤特性、地形地貌、气候状况等自然地理因子。本章研究面向滩涂植被生物量遥感估算，提取了直接反映植被生物量大小和间接影响植被生物量大小的光谱因子、结构因子、地理因子。气候因子也是影响植被生物量的重要因素。本研究在气象基站收集的气温和降水数据，进行月均值处理，利用普通克里金空间内插算法，内插出研究区每个像元对应的月降水值和月气温值，并计算出干燥度等多种衍生气候特征，但结果表明，上述气候特征在本研究区的空间异质性不显著，变化微弱，因此，本研究暂不考虑气候因子。

本研究在光谱、结构、地理方面提取的具体因子变量如表2-8所示，多源因子变量是后续多尺度下均质植被响应单元构建、面向均质植被响应单元生物量建模的数据基础。

表2-8 基于地学知识面向滩涂植被生物量估算的多源因子提取汇总

类别	因子变量
光谱因子	$FOD^{0.75}_{1/\exp R_{581}}$、$FOD^{0.75}_{1/\exp R_{714}}$、RVI、NDVI、ARVI、MNF2、SAVI、GNDVI、EVI
结构因子	植被类型（vegetation species）、点云强度（intensity）、冠层高度模型（CHM）
地理因子	土壤类型（soil type）、数字高程模型（DEM）、地形坡度（slope）

注：$FOD^{0.75}_{1/\exp R_{581}}$ 为基于高分辨率高光谱数据提取的生物量估算敏感高分辨率高光谱特征，在581nm 波段通过以 e 为底的指数函数运算和 0.75 阶分数阶微分运算得来。

通过栅格化、重采样、投影转换等预处理操作，将 3 类因子变量数据统一到相同的空间分辨率（1.5 m）和地理坐标系统（UTM，Zone51 N，WGS84）下，基于道路、房屋等明显地标的几何特征，利用 image to image 几何校正方法对多源因子变量进行地理精配准。

各类因子变量具体的提取流程如下。

（一）光谱因子

本节将对（混合）滩涂植被生物量相关性高的高分辨率高光谱特征作为反映植被生物量大小的光谱因子。研究中，基于航飞采集的高分辨率高光谱数据，利用函数变换、分数阶微分、最小噪声分离和红边植被指数计算等高光谱特征挖掘方式，挖掘出多种高分辨率高光谱特征，再通过皮尔逊相关性分析，提取与滩涂植被生物量相关性高的高分辨率高光谱特征，作为反映植被生物量大小的光谱因子。

首先，通过多种函数变换挖掘高分辨率高光谱特征。对混合滩涂植被样点的高分辨率高光谱进行倒数、对数、整数阶微分和指数等 23 种函数变换，滩涂植被生物量样点与函数变换后的高分辨率高光谱的相关性如图 2-5 所示。

对图 2-5 进行分析，发现在函数变换的所有组合中，$1/\exp R$ 函数变换可促进一阶微分和二阶微分对生物量敏感高光谱特征的挖掘效用。相比其他函数变换，滩涂植被高光谱经 $(1/\exp R)'$ 和 $(1/\exp R)''$ 函数变换，可以产生更多的敏感高光谱区间和相关性更高的敏感高分辨率高光谱特征。

因此，以 $1/\exp R$ 函数变换为基础，进一步利用分数阶微分变换，探索微分变换的最优阶数，拟通过分数阶微分变换，挖掘出与滩涂植被生物量相关性更高的高分辨率高光谱特征。研究中，开展以 0.25 为步长 0～2 的分数阶微分变换，并对滩涂植被样点的高分辨率高光谱（经分数阶微分变换）与生物量进行皮尔逊相关性分析，结果如图 2-6 所示，提取对滩涂植被生物量敏感的敏感高光谱区间（相关系数大于 0.6 的高光谱区间），敏感高分辨率高光谱特征及相关系数汇总至表 2-9。

微分变换阶数为 0.5 阶和 0.75 阶时，产生的生物量敏感高光谱区间更宽。在此基础上，综合考虑高光谱敏感区间内相关性曲线波峰的个数和相关性强度，从各分数阶微分变换中选取滩涂植被生物量敏感高分辨率高光谱特征至表 2-9。

对图 2-6 和表 2-9 进行综合分析，0.75 阶是微分变换的最优阶数，在 581 nm 和 714 nm 处可挖掘出相关系数更大的高分辨率高光谱特征，分别记作 $\mathrm{FOD}_{1/\exp R_{581}}^{0.75}$ 和 $\mathrm{FOD}_{1/\exp R_{714}}^{0.75}$，将其作为指示滩涂植被生物量的光谱因子。

本节还通过最小噪声分离和植被指数计算，挖掘与滩涂植被生物量相关性强的高分辨率高光谱特征，选作指示植被生物量的光谱因子。最小噪声分离变换后的 64 个分离层与滩涂植被生物量的相关性如图 2-7 所示。

图 2-7 表明，与生物量相关性强的最小噪声分离层主要集中于前 6 层，第 2 层相关系数最高（相关系数为 0.652），选该最小噪声分离层特征（MNF2）作为指示植被生物量的光谱因子之一。在多种植被指数结果中，滩涂植被生物量与 SAVI、RVI、NDVI 等植被指数的相关性更强（表 2-10），与红边植被指数的相关性较弱（表 2-11）。鉴于植被

指数之间存在潜在自相关性，因此，本研究在表 2-10 中只选择相关性显著（相关系数大于 0.7）的植被指数作为指示滩涂植被生物量的光谱因子之一。

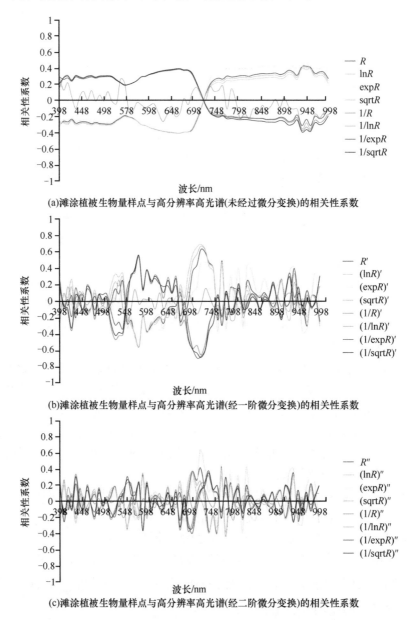

(a)滩涂植被生物量样点与高分辨率高光谱(未经过微分变换)的相关性系数

(b)滩涂植被生物量样点与高分辨率高光谱(经一阶微分变换)的相关性系数

(c)滩涂植被生物量样点与高分辨率高光谱(经二阶微分变换)的相关性系数

图 2-5　滩涂植被生物量样点与高分辨率高光谱各波段的相关性曲线

（二）结构因子

植被群落结构影响滩涂植被生物量。本研究基于激光雷达脉冲回波强度大小反映植被群落结构的差异。激光探测与测距技术（LiDAR）通过发射受控激光光束获得地物三维空间的点云数据。受控激光光束在传输的过程中，当遇到房屋顶、硬化路面以及冠层密闭度较高的植被群落时，绝大多数受控激光光束会直接反射回激光雷达传感器，

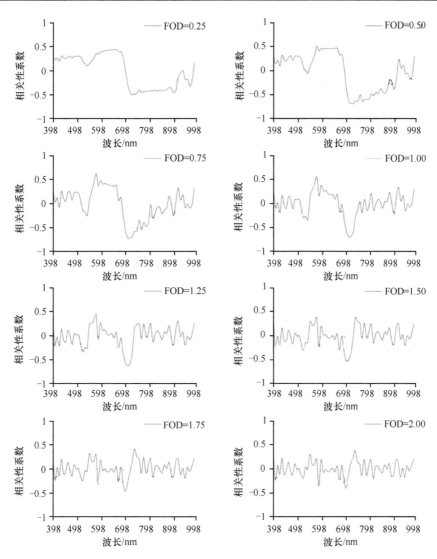

图 2-6　滩涂植被生物量与高分辨率高光谱各波段（经分数阶微分变换）的相关性曲线

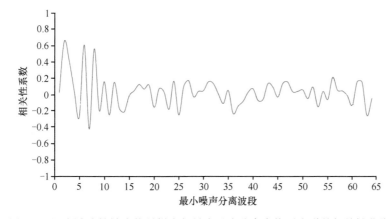

图 2-7　混合滩涂植被生物量样点与最小噪声分离变换后光谱的相关性曲线

表 2-9　对滩涂植被生物量敏感的高分辨率高光谱特征汇总（经分数阶微分变换）

微分变换的阶数	敏感高光谱特征及相关系数	
0.25	—	
0.50	$CC_{723}= -0.675$	—
0.75	$CC_{581}= 0.620$	$CC_{714}= -0.717$
1.00	$CC_{714}= -0.693$	—
1.25	$CC_{714}= -0.615$	—
1.50	—	
1.75	—	
2.00	—	

注：相关系数大于 0.6，CC_i 指第 i nm 波段的相关系数。

表 2-10　基于高分辨率高光谱数据的惯用植被指数与滩涂植被生物量的相关系数汇总

类别	VARI	TVI	SAVI	RVI	RDVI	OSAVI	NDVI
相关系数	0.391	0.600	0.736	0.796	0.656	0.693	0.761

类别	MSAVI	GNDVI	GEMI	EVI	DVI	ARVI
相关系数	0.690	0.713	0.494	0.717	0.564	0.765

表 2-11　基于高分辨率高光谱数据的红边植被指数与滩涂植被生物量的相关系数汇总

红边植被指数	VOG_1	SIPI	PRI	ND_{705}	mSR_{705}	mND_{705}	MCARI
相关系数	0.640	0.690	0.274	0.696	0.573	0.603	0.339

注：VOG_1 指红边指数；SIPI 指结构不敏感色素指数；PRI 指光化学反射指数；ND_{705} 指红边归一化指数；mSR_{705} 指修正红边单比指数；mND_{705} 指修正红边归一化指数；MCARI 指修正型叶绿素吸收反射率指数。

这期间激光光束能量损耗较少，激光雷达脉冲回波强度较大。相反，当遇到复杂结构的地物时，如冠层密闭度较低且交错丛生的植被群落，少数受控激光光束在冠层能直接反射回激光雷达传感器，而大多数光束会进入植被群落内部，容易产生多次反射，在此过程中，激光光束的能量会逐渐削弱甚至无法返回，无法被激光雷达传感器接收。因此，激光雷达回波强度可反映目标地物的反射特性，受地物表面的材质、粗糙度、结构等多种因素影响。当将此特性运用到植被探测中时，回波强度的大小可用于表征植被群落结构的差异。研究中，基于获取的点云数据，提取激光雷达脉冲回波强度信息，通过普通克里金内插和栅格化处理，生成研究区激光雷达回波强度特征图，简称点云强度（intensity），用以表征植被群落结构的差异，被作为指示植被生物量的结构因子之一，如图 2-8。

此外，植被类型对滩涂植被生物量值域区间起着决定性作用。鉴于盐地碱蓬、互花米草和芦苇等不同类型的滩涂植被，在各自植被植株结构方面、植被群落结构等方面存在差异，因此，本研究基于滩涂植被精细分类最优结果，将研究区植被类型作为结构因子之一，以表征不同类型植被在植被结构、群落结构等方面的特性差异。植被冠层高度是直接描述植株个体冠层到地面的高度差异，对应着植被个体茎秆高度，对于某植株个体或等密度下植被群落，植被冠层越高，通常对应植被生物量越大，因此，本研究也将植被的冠层高度特性选作植被生物量估算的结构因子之一，通过植被冠层高度模型来量化。

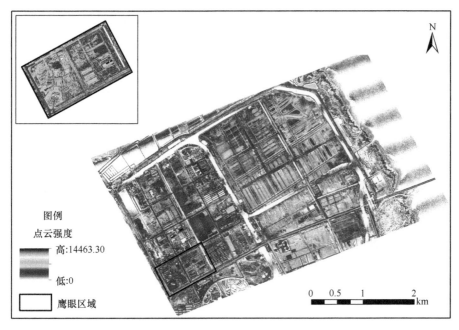

图 2-8　基于小光斑激光雷达数据提取的点云强度特征

（三）地理因子

围绕植被生长的地理环境，提取间接影响植被生物量大小的地理因子，主要包括土壤类型、海拔和地形坡度。各类地理因子的提取是基于地学知识以及经实地调研收集的专家知识进行地学认知的遥感表达。

土壤类型是按照土壤质地进行划分，每一种土壤类型在土壤含沙量、颗粒大小、渗水速度、保水性和透气性方面存在显著差异。众所周知，土壤类型很大程度上决定了能够依赖生长的植被类型，同时，土壤理化特性的差异也直接影响着植被的长势、生产力等，进而影响植被生物量的大小（Wu et al.，2016）。不同土壤类型是对土壤理化特性的综合表述。尽管本研究区的土壤同属沙质潮间盐土，但人类活动对土地利用类型的改变，以及沿海到内陆土壤盐度、土壤水分的递减等因素，破坏了该土壤类型理化特性在地理空间上的均质性，进而使同一类型的土壤在潮湿程度、肥沃程度等方面存在差异性。因此，在当地工作人员和农户的帮助下，参照土壤水分、土壤盐度等土壤理化参数，将本研究区的土壤类型进一步划分为 3 个亚区，并赋予不同的值加以区分和量化。

经过实地调研还发现，局部地区的地形状况对植被生物量的大小有间接影响。高低不同的地势环境和局部剧烈的地形变化或产生积水，或形成阳光遮蔽，使土壤的含水量、盐分等土壤理化特征在局部有过度聚集或显著降低的情况，进而影响了植被个体之间的差异。尤其是对芦苇植被而言，在潮上滩涂区域中，芦苇植被较多分布于沟渠附近，局部地形差异对其生长影响较大。数字高程模型（DEM）直接表征地面海拔，数据的大小变化指示着地形的高低状况，数字高程模型是提取植被冠层高度模型（CHM）的中间过程数据结果。地形坡度（slope）特征指示了地形高低起伏的急缓程度。基于机载激光探测与测距技术（LiDAR）获取了研究区小光斑激光雷达数据，利用新型布料滤波（CSF）

算法将地面点云从获取的点云数据中分离出来,利用栅格化技术生成数字高程模型。在数字高程模型的基础上,通过 ArcGIS 10.2 平台中坡度计算模块,得到每个像元相对周围 8 个相邻像元的坡度。

三、均质植被响应单元的构建

本研究面向植被生物量,基于光谱因子、结构因子、地理因子等多源因子变量,利用多尺度分割算法,构建均质植被响应单元,通过改变分割尺度参数,可便捷地生成多尺度下的均质植被响应单元。

(一)多尺度分割算法

多尺度分割(multiresolution segmentation)算法本质上是一个自下而上的区域合并算法,可实现多尺度下影像对象的分割。多尺度分割算法可对输入层(input layers)数据进行复杂的分析,最初以单个像元为单个影像对象,随后,综合考虑像元均值信息、纹理信息、分层结构信息以及它们之间的相互关系等,逐渐将相邻像元合并成一个个在输入层数据特性方面均质的影像对象。

分割过程不仅实现了影像像元在空间上有规则地聚集,也实现了数据在结构方面的重构与压缩,将多个输入层数据压缩生成单层均有多属性的影像对象,分割出的影像对象具有输入层数据的属性信息,以影像对象为单位,对输入层数据进行感兴趣信息的提取、计算和储存。

分割尺度(scale)是多尺度分割算法中的关键参数,它是一个抽象的概念,指示着分割影像对象结果中可允许的最大异质性。分割尺度参数在多尺度分割算法中是缺省状态,用户可以进行参数值的设置。调整分割尺度参数值直接决定了影像对象的大小。通常情况下,更大的分割尺度参数值会分割出更大的影像对象。对于加载进输入层的数据,可根据它们在影像分割执行过程中的重要性赋予不同的权重,值域 0~1。该算法中均质性评价主要包括两个方面,一个是色彩,另一个是形状。其中,形状又进一步细分为平滑度因子和紧致度因子。以往的研究表明,在均质性计算过程中,更高的色彩权重通常会分割出更有意义的影像对象(Laliberte et al., 2004)。

(二)多尺度均质植被响应单元

本研究基于直接反映植被生物量大小和间接影响植被生物量大小的光谱因子、结构因子、地理因子等多源因子变量,利用多尺度分割算法,通过设置多个分割尺度参数,构建了多尺度下的均质植被响应单元。多尺度分割算法通过德国 Definiens Imaging 公司开发的 eCognition 智能化影像分析平台进行搭建。利用多尺度分割算法构建多尺度下的均质植被像元,其模型具体设置如下。

(1)输入层数据

将直接反映植被生物量大小和间接影响植被生物量大小的光谱因子、结构因子、地理因子等多源因子变量(表 2-8)作为多尺度分割算法的输入层数据,各因子变量的分割权重均设置为 1。此外,土地利用以矢量数据的形式加入到分割输入数据层中,可将均质植被响应单元的最大分割边界限制在它所在土地利用类型区域中。这不仅避免不同土地利用类型中，因子变量相似或因子变量数据中个别像元数据异常导致的分割结果异常，如分割结果横跨不同地类等，而且，可将人类对土地的使用、管理（对植被自然生长的干扰），以土地利用类型的形式融入均质植被响应单元中。

（2）均质性阈值参数

设置均质性阈值，其中，形状均质性和色彩均质性权重分别设置为 0.1 和 0.9，平滑度因子和紧致性因子的权重均设置为 0.5。上述参数设置在各尺度下的分割执行过程中保持恒定。

（3）分割尺度

通过改变分割尺度参数，可便捷实现不同尺度下的均质植被响应单元构建。本研究依次设置尺度参数为 1、5、10、15、20，在 5 个不同尺度下分别构建均质植被响应单元。

基于上述模型配置，构建出 5 个尺度下的均质植被响应单元如图 2-9 所示，对各尺度下均质植被响应单元的统计结果如表 2-12 所示。

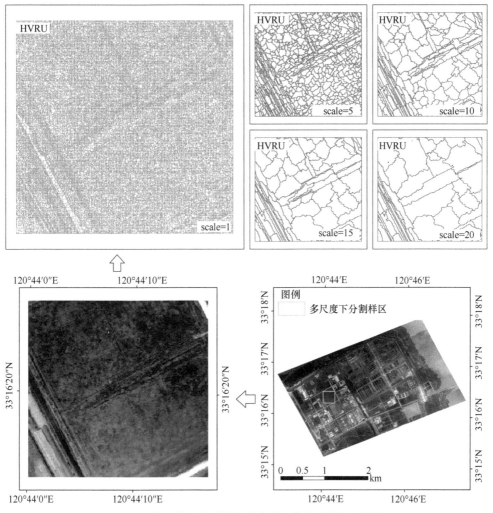

图 2-9　多尺度下均质植被响应单元的构建结果示意图

表 2-12　多尺度均质植被响应单元构建的统计表

尺度	数量/个	平均面积/m²	面积的标准差	构建时间/min
1	2944524	6.55	0.12	1.8
5	90590	212.89	204.63	1.7
10	22810	843.48	840.71	1.5
15	10742	1795.32	1800.72	1.5
20	6239	3091.09	3139.21	1.5

多尺度下均质植被响应单元的构建为生物量多尺度下快速估算奠定基础。图 2-9 可形象地演示多尺度分割算法中尺度参数的效用，从近似像元大小的 scale = 1 尺度开始，自下而上逐步地合并邻近的对象。此外，该图也可以看出地理因子、结构因子可直接影响均质植被响应单元的构建结果。尽管在均质植被响应单元构建中，很难将地理因子和结构因子的作用进行量化，但还是可以从图 2-9 中看出，当引入地理因子、结构因子参与影像分割时，不同地物的连接处会有一些明显的形状约束。表 2-12表明，更大的分割尺度参数产生了更大的均质植被响应单元，更少的均质植被响应单元个数，消耗更少的时间，并且产生的均质植被响应单元具有更大的平均面积和标准差。

四、生物量多尺度遥感估算模型构建

本节基于多尺度均质植被响应单元的多源因子变量，利用随机森林回归算法，构建滩涂植被生物量多尺度估算模型。

（一）随机森林回归算法

随机森林（random forest，RF）算法是一种集成的机器学习算法。一个森林算法中包含了大量的回归树，每一颗回归树基于许多引导样例构建，这些引导样例是利用 Bootstrap 重采样方法，随机地从原始数据集中选取而来，引导样例数据集通常被定义为"袋内"数据集，相反，在每一次模型学习中，原始数据集里没有被选取的（剩余的）数据通常被定义为"袋外"数据集。在基于随机森林算法构建回归模型时，通常利用预测变量中的子集，当作"袋内"数据，对每一颗回归树的节点进行训练，学习引导样例数据的规律，生成节点判定规则。通过节点的平均预测值和观测值的残差平方，修正基于引导样例数据学习的节点判定规则，利用残差平方和的最大削减量定义节点最有效的判定规则。

在构建随机森林回归模型实例时，回归树的最大生长数量由用户设定。基于随机森林算法搭建的回归模型最终包含一个个低偏差且高变异的回归树，此外该模型还提供了很多评价指标，可评定每一个建模变量在建模中的贡献。对随机森林更详细和完整的介绍，请进一步查阅 Wu 等（2016）的研究。

在随机森林回归模型的配置和优化中，主要涉及 6 个关键参数。

（1）构建回归树的个数（number of trees to build）。基于的引导样例数据（本研究中对应着实地采集的生物量样点数据）构建回归树的个数。

（2）验证因子数量（number of predictors）。对回归树每一个节点进行验证的不同变量的个数或者其占整个原始数据的比例。

（3）进程报告的频率（frequency of progress reports）。表示随着森林中回归树的增加，每次输出精度验证报告的频率。

（4）追踪近端案例数（number of proximal cases to track）。

（5）Bootstrap 重采样数据量的大小（bootstrap sample size）。指抽取的引导样例数据的个数或其占整个原始数据的比例。

（6）父节点最小案例数（parent node minimum cases）。

通过大量试验发现，只要一个森林中构建了足够多的回归树，随机森林回归算法就会对参数设置非常不敏感。换句话说，随机森林模型中最重要的参数是"number of trees to build"也就是森林中构建回归树的个数。其他研究者，如 Yu 等（2011）和 Grimm 等（2008）也得到了相似的结论，他们在研究中指出模型参数默认设置下经常可产生最优的建模精度。

（二）面向均质植被响应单元多尺度遥感估算模型

本研究基于多尺度均质植被响应单元，将均质植被响应单元多源因子变量的均值作为模型的自变量，将滩涂植被生物量样点值当作模型的因变量，利用随机森林回归算法，构建滩涂植被生物量多尺度估算模型。实地采集的生物量代表对应均质植被响应单元的生物量，如果一个均质植被响应单元包含了多个实地采集的生物量样点，则取多个实地生物量样点的均值当作该均质植被响应单元的生物量。

基于随机森林算法的生物量建模，利用 Salford Predictive Modeler（SPM）和 MATLAB R2014a 平台实现。建模中，"number of trees to build"设置为 500，表示每一个模型的构建从回归树 1 到回归树 500，模型精度报告的回归树间隔为 1，"number of predictors"设定为"SQRT"，表示通过计算变量个数的均方根确定在每个节点进行验证的变量个数，模型中其他参数设置为默认或者自动。

五、生物量多尺度遥感估算结果与精度评价

本研究在 5 个尺度下构建均质植被响应单元，面向均质植被响应单元，构建不同尺度下的生物量估算模型，实现生物量在 5 个尺度下的快速估算。利用留一交叉验证方法，基于 R^2、均方根误差（root mean squared error，RMSE）、估算误差（estimation error，EE）和剩余预测偏差（residual predictive deviation，RPD）4 种指标，对多尺度下的生物量估算结果进行精度评价。图 2-10 描绘了不同尺度均质植被响应单元进行生物量多尺度建模时，模型 RMSE 指标随回归树生长的变化图。

基于均质植被响应单元的多尺度估算模型，在 5 个尺度下建模时，模型的 RMSE 曲线走势总体上是相似的，总的来说，随着回归树个数的增加，RMSE 逐渐降低。随机森林回归树个数从 0 个增长到 50 个，RMSE 变化剧烈，随后，当回归树个数增长到大约 150 个时，各尺度下 RMSE 逐渐趋于稳定。

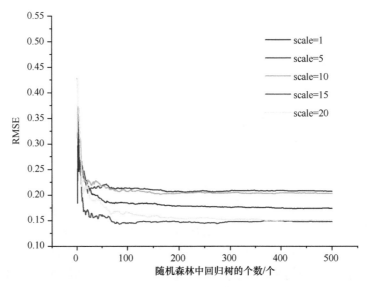

图 2-10　面向均质植被响应单元的生物量多尺度估算模型 RMSE 随回归树增长的变化图

考虑到生物量建模系统的稳定性，本研究分别在 scale 等于 1、5、10、15、20 五个尺度下，选取回归树个数为 500 个时构建的随机森林模型作为多尺度下基于均质植被响应单元生物量估算的最终模型。图 2-11 详细展示了多尺度下生物量样点估算值与实测值的误差。多尺度下的精度评价参数汇总至表 2-13。模型自变量在多尺度生物量建模中的重要性（归一化处理后）汇总至表 2-14。

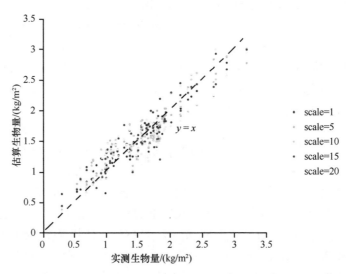

图 2-11　多尺度下滩涂植被生物量样点的估算值与实测值的线性分布图

表 2-13 表明，在各尺度下，R^2 均在 0.75 以上，RMSE 介于 0.147～0.207，EE 介于 7.77%～13.44%，RPD 均大于 2.0，总的来看，面向均质植被响应单元在 5 个尺度下的生物量估算结果精度较高，鲁棒性较强，scale 等于 15 为面向均质植被响应生物量估算最优尺度。

表 2-13　面向均质植被响应单元的生物量多尺度遥感估算模型的精度评价参数汇总

建模尺度	R^2	RMSE	EE/%	RPD
1	0.803	0.174	11.87	3.017
5	0.750	0.207	13.44	2.495
10	0.770	0.203	13.11	2.565
15	0.843	0.147	7.77	3.597
20	0.806	0.151	10.56	3.489

表 2-14　面向均质植被响应单元的生物量多尺度建模中建模自变量的重要性分值

建模尺度	CHM	MNF2	RVI	ARVI	地形坡度	NDVI	SAVI	GNDVI
1	17.84	69.70	80.14	100.00	0.00	71.86	32.24	26.75
5	100.00	92.06	84.32	35.85	0.00	56.48	54.45	25.32
10	90.16	53.19	100.00	6.12	48.03	0	0	10.17
15	100.00	92.64	91.64	21.57	60.69	0.00	2.02	0.00
20	100.00	61.92	0.00	6.68	32.59	0.00	2.75	7.73
分值总和	408.00	369.51	356.10	170.22	141.31	128.34	91.46	69.97

建模尺度	DEM	$FOD^{0.75}_{1/\exp R_{581}}$	EVI	$FOD^{0.75}_{1/\exp R_{714}}$	植被类型	点云强度	土壤类型
1	15.01	15.44	28.37	11.09	1.11	0.00	3.43
5	0.00	17.90	0.00	4.45	17.16	0.00	0.00
10	0.00	0.00	0.63	5.22	0.00	0.00	0.00
15	52.33	0.00	12.11	2.31	0.00	5.60	0.00
20	0.00	0.00	0.00	0.00	0.00	0.00	0.00
分值总和	67.34	33.34	41.11	23.07	18.27	5.60	3.43

表 2-14 进一步展示了建模自变量在面向均质植被响应单元各尺度生物量建模中的相对贡献值，总的来看，植被冠层高度模型（CHM）特征在各尺度下的建模中贡献较大，其次为最小分离层第 2 波段（MNF2）。此外，随着尺度的增大，ARVI 等各类植被指数和通过分数阶微分的高分辨率高光谱特征，其建模贡献有降低趋势。相反，地形坡度特征在建模中的相对贡献值有增加趋势。描述植被群落结构的点云强度特征和土壤类型特征在各尺度下建模贡献较弱。

六、最佳研究尺度、最优模型配置和最大贡献因子确定

本研究在建模因子、建模算法和建模尺度 3 个方面设置对比实验（图 2-12），评价光谱因子、结构因子、地理因子，线性参数回归法、非线性非参数回归算法以及尺度大小在生物量多尺度估算中的效用，以进一步确定研究区生物量估算的最佳研究尺度、最优模型配置，在此基础上，通过评价建模中每个因子变量的重要性分值，确定生物量估算最大贡献因子（关键因子）。

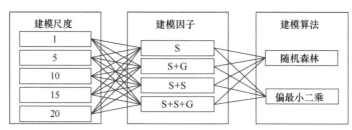

图 2-12　基于不同建模尺度、建模因子、建模算法的滩涂植被生物量估算模型建模配置图
S 为光谱因子；S+S 为光谱因子+结构因子；S+G 为光谱因子+地理因子；S+S+G 为光谱因子+地理因子+结构因子

在分割因子或建模因子方面，为进一步揭示各类因子在多尺度下研究对象分割和生物量估算中的效用，本节将提取的多源因子划分为 4 种组合：①光谱因子（S）；②光谱因子+结构因子（S+S）；③光谱因子+地理因子（S+G）；④光谱因子+地理因子+结构因子（S+S+G）。基于上述 4 种因子组合，分别进行多尺度下的研究对象分割和生物量建模，各因子变量在分割中设有相同权重。其中，S+S+G 是本研究提出的均质植被响应单元。

在建模尺度方面，依次调整 scale 参数为 1、5、10、15 和 20，以构建从小到大的研究单元，提供研究区生物量在多尺度下的表达。在多尺度分割过程中，均质性阈值（色彩因子和形状因子）分别设置为 0.1 和 0.9，在形状因子中，紧致度和平滑度权重均设置为 0.5，此外，添加土地利用矢量数据参与分割。

在建模算法方面，为了探索不同类型的算法在滩涂植被生物量多尺度建模中的效用，本节分别利用随机森林算法和偏最小二乘算法，分别构建生物量估算的非参数非线性回归模型和参数线性回归模型。

首先，上述 4 种因子组合在 5 个尺度下的研究对象构建结果如图 2-13 所示。

通过留一交叉验证方法，基于 R^2、RMSE、EE 和 RPD 4 种评价指标对 4 种建模因子、2 种建模算法、5 个建模尺度的生物估算结果进行精度评价，结果汇总至图 2-14，并将多尺度下最优模型配置及精度评价参数提取至表 2-15。

图 2-14 和表 2-15 对不同建模尺度、建模因子和建模算法下生物量估算模型的精度进行评定。

总的来看，非线性非参数模型更适用于生物量多尺度下的建模，多尺度下最优模型均是基于融合多源因子和随机森林算法构建，scale 等于 15 是研究区生物量估算最优研究尺度。鉴于偏最小二乘算法在多尺度下融合多源因子建模的鲁棒性较弱，精度较低，不能保证结果的可靠性，因此，在后续讨论中，仅基于随机森林算法的生物量估算结果开展对比分析与讨论。

在建模算法方面，随机森林算法在多尺度下建模中的效用优于偏最小二乘算法。随机森林算法融合光谱、结构和地理等多源因子进行建模的能力要强于偏最小二乘算法，非线性非参数模型更适用于生物量多尺度下的建模。

在建模变量方面，总体上，多源因子融合对多尺度下的生物量估算精度有改善作用，多尺度下生物量最优估算结果皆通过融合多源因子实现（表 2-15）。相对于仅基于光谱因子的生物量估算结果，结构因子的引入对多尺度下生物量估算起着改善作用。地理因子的引入在多尺度生物量建模中发挥着差异性的效用，总体上，随着建模尺度的增大，地理因子的引入对生物量建模的作用由不利转为有利。在 scale 等于 1、5、10 等小尺度下，地理因子的引入造成数据冗余，不利于建模，光谱因子融合地理因子后，生物量估算结果反而劣于仅基于光谱因子的结果。当建模尺度增大到 scale 等于 15 和 20 时，建模中地理因子的引入对精度改善作用逐渐体现，模型的鲁棒性也得到一定的提升。

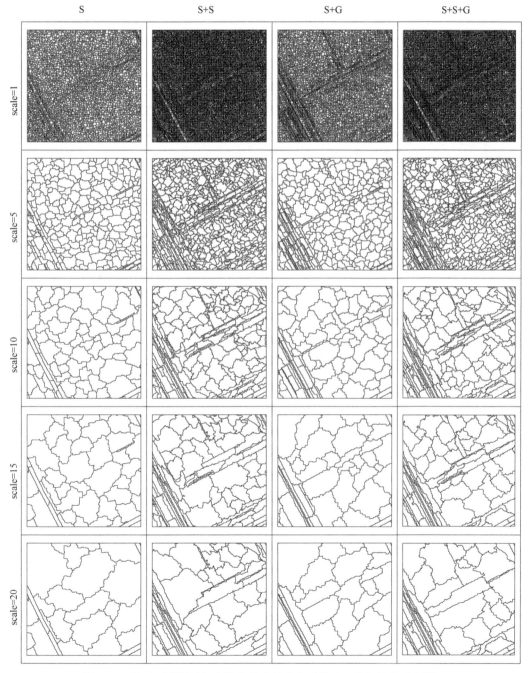

图 2-13　基于不同因子组合构建的多尺度均质单元（局部放大示意图）

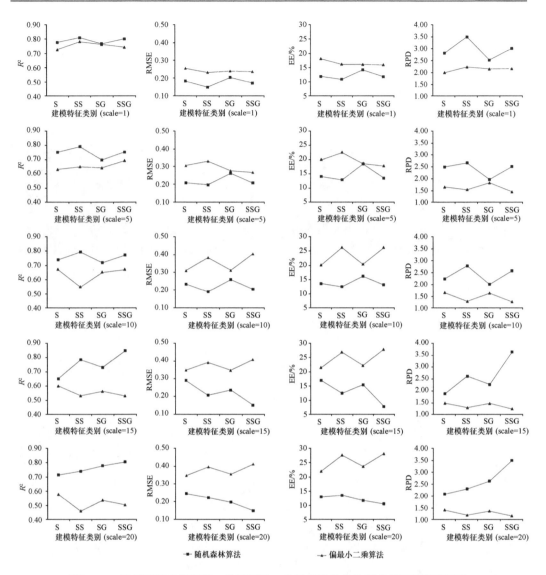

图 2-14 基于不同建模尺度、建模因子、建模算法的生物量估算模型精度评价

表 2-15 多尺度下滩涂植被生物量估算精度最优模型配置及精度评价参数汇总表

建模尺度	建模因子	建模算法	R^2	RMSE	EE/%	RPD
1	光谱因子+结构因子	随机森林	0.81	0.15	10.96	3.499
5	光谱因子+结构因子	随机森林	0.788	0.197	12.78	2.650
10	光谱因子+结构因子	随机森林	0.792	0.189	12.39	2.771
15	光谱因子+结构因子+地理因子	随机森林	0.843	0.147	7.77	3.597
20	光谱因子+结构因子+地理因子	随机森林	0.806	0.151	10.56	3.489

在建模尺度方面，表 2-15 汇总了在 scale 等于 1、5、10、15、20 五个尺度下的最优估算结果的模型配置和精度，R^2 均大于 0.75，RPD 均大于 2.5，EE 均小于 15%，RMSE 均小于 0.2。图 2-15 绘制了多尺度下生物量估算最优结果的空间分布图。其中，当 scale

等于 15 时，融合光谱因子、结构因子和地理因子，仅基于随机森林算法，得到生物量估算最优结果，R^2 为 0.843，RMSE 为 0.147，EE 为 7.77%，RPD 为 3.597，scale 等于 15 是本研究区生物量估算的最佳尺度。

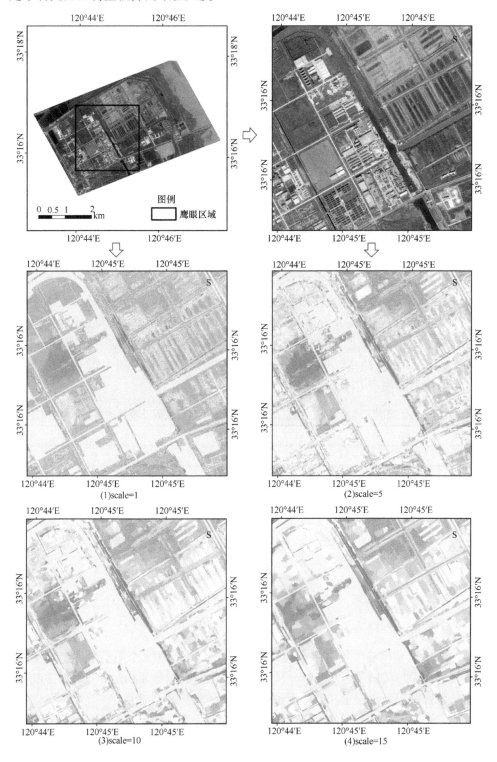

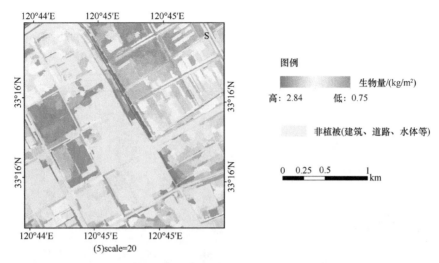

图 2-15　多尺度下基于精度最优生物量估算模型的滩涂植被生物量空间分布图

　　基于自变量在建模中的重要性分值，进一步明晰了生物量估算中的最大贡献因子。由表 2-16 可以看出，在生物量估算最优建模中，光谱因子、结构因子和地理因子皆有比例较大的贡献，重要性分值超过 50 的有 5 个因子变量，包含 2 个光谱因子、2 个地理因子和 1 个结构因子。其中，植被冠层高度模型（CHM）的重要性分值最大，指示着在 scale 等于 15 时贡献最大，其次是 MNF2 和 RVI 两个光谱因子，上述 3 个建模因子变量的重要性分值均在 90 以上。此外，地形坡度因子和海拔（DEM）因子贡献也相对较大。因此，上述 5 种因子 CHM、MNF2、RVI、地形坡度、DEM 是生物量估算的有效诊断因子，以冠层高度模型 CHM 结构因子为最佳。

表 2-16　最优尺度下滩涂植被生物量估算最优模型中各建模因子变量的重要性分值汇总

建模尺度	CHM	MNF2	RVI	地形坡度	DEM	ARVI	EVI	点云强度
15	100.00	92.64	91.64	60.69	52.33	21.57	12.11	5.60

建模尺度	$FOD^{0.75}_{1/\exp R_{714}}$	SAVI	NDVI	GNDVI	$FOD^{0.75}_{1/\exp R_{581}}$	植被类型	土壤类型	—
15	2.31	2.02	0.00	0.00	0.00	0.00	0.00	

　　注：$FOD^{0.75}_{1/\exp R_{714}}$ 为基于高分辨率高光谱数据提取的生物量估算敏感高分辨率高光谱特征，在 714nm 波段通过以 e 为底的指数函数运算和 0.75 阶分数阶微分运算得来。

七、讨　　论

（一）建模因子

　　提取直接反映植被生物量大小和间接影响植被生物量大小的多源因子是生物量多尺度估算的前提与关键，本研究中，有效的均质植被响应单元构建和可靠的生物量多尺度估算结果得益于光谱因子、结构因子、地理因子的挖掘与选取。

　　本研究进行了多源数据的收集，基于地学知识，发展了地学知识的遥感表达方法，提取了与生物量相关联的结构因子和地理因子，通过分数阶微分变换、最小噪声分离、植被指数计算和皮尔逊相关性分析,提取了光谱因子。

结构因子从植被结构的角度间接地反映植被生物量的大小。本研究选取植被冠层高度(表征植被茎秆高低)、点云强度(表征群落结构疏密)和植被类型作为生物量估算的结构因子。植被冠层高度对随机森林各尺度下的生物量建模起着积极的作用,其有效性同样体现在 Nimeister 等(2010)、Pham 和 Brabyn(2017)的研究中。Pham 和 Brabyn(2017)研究表明,植被类型是生物量预测中最重要的建模变量,相反,在本研究中,植被类型仅在 scale 等于 5 时具有 17.16 的重要性分值(表 2-14),在其他尺度下对生物量建模的贡献甚微。点云强度特征在本研究中不能准确地捕捉滩涂植被生物量与植被群落的关系,点云强度对生物建模的贡献相对较低,仅在 scale 等于 15 时有 3.6 的重要性分值(表 2-14)。

地理因子从地理环境的角度间接地反映植被生物量的大小。本研究中,地理因子对生物量建模的效用存在一定的尺度效应。从各尺度下最优模型的建模变量看,地理因子的引入仅在 scale 等于 15 和 20 等较大尺度下表现出提高生物量估算精度的效用,而在 scale 等于 1、5 和 10 等较小尺度时不利于生物量建模。尽管小光斑激光雷达提取出来的地理因子可细致地描述地形地貌的变化,但研究结果表明,局部地形、地貌变化不足以显著地影响植被的生物量差异,只有在更大尺度下,地理因子才能逐渐体现出对植被长势的作用。本研究中数字高程模型、坡度和土壤类型等地理因子在生物量小尺度建模中贡献较小(表 2-14),主要归因于本研究区的地形地貌特征总体比较平坦。以往研究对地理因子效用的评价不是一致的。Rajput 等(2015)和 Shah 等(2014)的研究发现,生物量随海拔的增高而逐渐降低,但是在给定的海拔下,生物量又在沿海和内陆之间变化强烈。Dossa 等(2013)发现,在较低海拔地区,干燥的气候条件下,海拔与生物量的相关性曲线呈驼峰形,相反,其在 Culmsee 等(2010)的研究中却几乎不存在关联。Kopecký 和 Čížková(2010)研究表明地形湿度因子和高程的衍生因子(如景观位置、曲率)在森林生态系统的生物量估算中是可靠的建模变量。在大尺度大区域下的生物量研究中,研究者期待气候和土壤方面的因子对生物量变化有作用(Ferry et al.,2010),但是 Guitet 等(2015)的研究发现,即使在自变量波动剧烈的情况下,气候和土壤因子在解释生物量的变化中仅起到了很小部分的作用。本研究也得到了类似的发现,具体表现在土壤类型因子在面向均质植被响应单元多尺度下的估算中,重要性分值总和仅有3.43,表明土壤类型对各尺度下生物量建模的贡献甚微(表 2-14)。尽管生物量与非光谱因子的相关性强弱在本研究中没有进行预先量化,但是可以基于建模变量的重要性分值进行间接地评价,非光谱因子如冠层高度,在多尺度生物量建模中具有较高的重要性分值,对生物量建模贡献较大,间接地印证了它与生物量的潜在关系。

本研究在均质植被响应单元的构建中考虑了各类因子在空间上的纹理信息,而在生物量建模中,没有将各类因子的纹理信息作为自变量,只使用了各类因子变量的均值信息。这主要因为初步实验和以往研究都表明(Pham and Brabyn,2017),熵、标准差等纹理信息对回归建模的贡献要小于均值信息。纹理信息对建模效用较低主要归因于两方面原因:一方面,纹理信息本身就是一个非常复杂的属性,它的值随变量本身、环境条件和窗口大小等多种因素的变化而改变;另一方面,纹理信息的量化过程会伴随产生很多冗余数据，这些数据很难利用和管理，对建模产生不利影响（Chen et al.，2004）。

经实地调研发现，人为因素对因子有效性的影响不能被忽视。人类活动可以影响或直接地改变植被的长势、空间分布等，进而使结构、地理、气候等因子与植被生物量的关系变得复杂。在实际情况下，能准确地量化气候、土壤属性的高质量样点一般不易获取，尽管存在样点集，也很难保证能很好地反映气候、土壤以及其他环境变量之间的协变关系（Baraloto et al.，2011）。上述多方面因素共同导致了地理因子、气候因子等间接因子在实际的应用过程中对建模的贡献普遍较弱。

（二）建模尺度

本研究面向生物量估算，提取直接反映植被生物量大小和间接影响植被生物量大小的多源因子，基于多源因子变量和多尺度分割技术把离散的、形状规则的像元重组成不规则的、具有实际景观意义的地理区域，它们在光谱特性、结构特性、地理特性方面是均质的，依赖于分割过程中加载进输入层的因子变量数据。多源因子可以降低异常光谱对分割结果的影响，增加分割结果的合理性。本研究分割过程中将土地利用矢量数据作为限制数据加入到分割的输入层中。一方面，它可以限制均质植被响应单元的最大面积和形状，进而可以避免分割的均质植被响应单元由于因子变量相似性横跨到不同的土地利用类型；另一方面，这种设置方案意味着分割过程中考虑了人文因素，包括人类活动状况、政府部门对区域的管理理念等。

尺度参数是分割中的关键参数。一系列尺度下的分割结果能图形化地展示影像对象聚集、保持和消失过程，如图 2-13。理论上，通过调整尺度参数可以生成任意尺度下的影像对象。设置过于小的尺度参数值理论上可生成更加均质的影像对象，但也会出现类似基于像元研究的问题，如结果存在"椒盐现象"，影像单元有效光谱受噪声、异常像元的影响大。同样地，应用一个过于大的尺度参数通常会包含更多的地物信息，自然会生成一个均质性低的影像对象，存在对植被特性错误表达的风险（Zhang et al.，2018b）。因此，尽管基于植被均质响应单元生物量估算方法可作为一种新的生物量升尺度方法，其适用于多个尺度下生物量快速估算，但尺度参数的调整应该通过模型精度验证使其限制在一个合理的范围内。理想情况下，一个实地采集点应该可匹配到一块地物信息单一的影像对象上，以较好地表达该点的植被信息。

许多研究者曾尝试着开展最优分割尺度研究，但事实上，面对在大小、形状、纹理和空间分布等众多方面都存在变化的分割结果，很难去寻求各方面一致最优的分割尺度。Hay 等（2003）曾指出，最优尺度是一个相对的概念，在同一个景观内，基于不同的评价标准，可能会有多个最优尺度。本研究仅在 R^2、RMSE、EE 和 RPD 的角度，探究出生物量估算结果最优的尺度为 15，R^2、RMSE、EE 和 RPD 分别为 0.843、0.147、7.77% 和 3.597。通常情况下，经过反复分割实验，对分割结果的适应性进行视觉评定，以确定合适的尺度参数（Duro et al.，2012）。Addink 等（2007）的研究发现，从像元尺度到逐渐变大的影像对象尺度，生物量的估算精度逐渐改善直到达到一个最优值，尺度继续增大的影像对象会产生逐渐糟糕的估算结果，模型的鲁棒性也越来越低。

（三）建模算法

本研究分别基于随机森林算法和偏最小二乘算法搭建滩涂生物量多尺度估算模型，以探究参数线性算法的非参数非线性算法的适用性。研究表明，基于随机森林算法搭建的非参数非线性生物量估算模型，其估算精度和模型鲁棒性要优于基于偏最小二乘算法搭建的参数线性生物量模型。Valipour（2016）将其归因于非参数模型在建模时不需要对数据的分布进行假设。图 2-10 表明在随机森林建模中，随着回归树个数的增长，预测精度更加精确，这与 Adam 等（2014）、Gregorutti 等（2017）的研究结论一致。

Karlson 等（2015）、Vincenzi 等（2011）的研究发现，随机森林算法有低估高生物量样点值和高估低生物量样点值的倾向，在图 2-15 中也有类似体现，这种现象可由建模算法的机理来解释：以回归树为基底构建的回归模型，其最终的估算结果通过平均森林中每棵树的预测值得来，因此在这种情况下，在生物量值域两端的值容易被较差地估算。此外，建模样点太少或者样点在值域上不均衡也容易产生较低的估算精度，模型鲁棒性也较差。因此，本研究建议在条件允许的情况下要根据值域实施随机分层采样，以使生物量样点值在整个值域区间分布得更加均匀。其他研究者也提出了类似的建议以减弱回归树模型的限制，如扩大植被实地采样数据集，以训练值域更广的数据集（Karlson et al.，2015；Adam et al.，2014），或对训练样本进行重新采样（Baccini et al.，2004）。随机森林算法的这一限制暗示了充足的实地采样是随机森林模型发挥效用的前提，这与 Ali 等（2015）、Adelabu 等（2014）和 Özçift（2011）的研究结论一致。尽管本研究的生物量建模基于一个并不庞大的数据集，但采集的生物量样点在值域上较为均衡（图 2-15），而且建模过程中利用留一交叉验证方法，限制了建模中局部过拟合等潜在风险，保障了基于随机森林建模的鲁棒性和精度。

第四节　基于冠层反射光谱的湿地植被有机碳含量估算研究

湿地是陆地生物碳库最大的组成部分，在全球碳循环中发挥着重要作用。湿地植被具有很强的固碳和储碳能力，而植被碳储量的波动也可以直接或间接反映区域或全球尺度上碳循环的变化（Fang et al.，2001；Dixon et al.，1994）。因此，快速有效地估算湿地植被有机碳含量对了解湿地植被在区域或全球碳循环中的作用至关重要。传统的估算植被碳储量的方法大多基于对森林和草地资源的综合调查，包括广泛的野外取样和实验室化学分析。然而，这种方法不仅耗时，而且需要大量的人力、财力和物力的支持，并不适用于区域或全球范围内的碳储量估算。近几十年来，随着遥感技术的快速发展，许多研究通过建立生物量与光谱反射率的关系建立回归模型来估算生物量，然后将生物量与碳转换系数相乘从而得到植被碳储量，此法确为植被碳储量的长期动态监测提供了新的途径。因此，探索一种准确、快速、相对廉价的湿地植被有机碳含量估算技术和方法则具有重要的现实意义。

可见及近红外反射光谱（VNIR，350～2500 nm）作为一种快速、高效、无损、低成本的检测技术，已被广泛用于生物量的估算。诸多研究表明，由冠层光谱获得的植被指数，如常见的归一化植被指数（NDVI）、差值植被指数（DVI）、比值植被指数（RVI）等，与地上生物量有很强的相关性（Li et al.，2017），这可用于生物量的定量估算。然而，这些常用的光谱指数只考虑了某些特定波段之间的关系，而忽略了其他光谱波段之间的相互作用。此外，冠层的反射率光谱是非特异性的，需要精确地提取更多有用的信息，以便与特定目标相联系（Viscarra and Behrens，2010）。Ge 等（2019）通过实验证明，基于光谱指数的最优波段组合算法可以提取与土壤含水量相关的敏感波段，有效表征土壤含水量估算模型的性能。Hong 等（2019）利用最优波段组合算法强化了与土壤有机碳含量相关的光谱信息，成功估算了洪湖市农田土壤中的有机碳含量。因此，本研究采用最优波段组合算法计算了植被指数与植被有机碳含量的相关系数，并将其进行二维可视化，以进一步增强植被有机碳含量与光谱变量的相关性，便于更好地识别和提取用于构建植被有机碳含量估算模型的重要波段变量。

本节主要是探讨利用植被冠层的可见及近红外反射光谱估算植被地上部分有机碳含量的可行性，研究分数阶导数算法对植被有机碳含量估算模型精度的影响；利用最优波段组合算法提取与植被有机碳含量最相关的敏感波段变量，用于植被有机碳含量估算模型的构建，并将该模型的估算精度与基于普通光谱指数建立的模型的精度进行对比。

一、研 究 方 法

2014 年 10 月下旬，对该研究区进行了实地调查。在当地植被成熟期，根据潜在采样点的可达性，共选取了 54 个具有代表性的采样点（1m×1m）。采样时，使用高精度的GPS 记录每个采样点的地理坐标。

（一）光谱测量与预处理及植被有机碳含量测定

在无云或接近无云的天气条件下，使用 ASD FieldSpec3 便携式地物光谱仪（Analytical spectral Devices Inc.，USA）测量每个采样点（样方）的植被冠层的光谱反射率。该光谱仪的光谱范围为 350～2500 nm，输出的光谱分辨率为 1 nm。将仪器的光学探头垂直放置于每个样方的植被冠层上方约 1 m 处，视场角为 25°。在光谱测量之前，使用一个100%反射率的朗伯体白板对光谱仪进行校准和优化。测量时，光学探针在每个样方的东、南、西、北四个方向进行扫描，每个方向上连续扫描 15 次。

将每个采样点的光谱反射率求平均，作为该样点的植被反射光谱。受仪器噪声的影响，在对光谱数据进行预处理前，先将光谱的边缘部分 350～399 nm 和 2401～2500 nm的波段剔除。另外，由于 1350～1450 nm 和 1800～2020 nm 的光谱数据易受大气水分的影响，故也将这部分波段剔除。因此，本研究仅保留了 400～1350 nm 的光谱波段。随后，采用 Savitzky-Golay（SG）平滑滤波器与移动窗口 9 nm 和二阶多项式去除光谱测量过程中产生的噪声。为了消除冠层光谱的基线漂移和多重散射效应的影响，本研究还采用了多种光谱预处理方法，包括吸光度（Abs）转化、多元散射校正（MSC）、连续统去除（CR）、反射率一阶导数（FDR）和二阶导数（SDR）（Shi et al.，2014）。其中，

CR 法的相关操作在 ENVI 5.1 软件中进行（version 5.1，ITT Visual Information Solutions，Inc.，McLean，VA，USA），其余预处理方法在 MATLAB R2014a（The MathWorks Inc.，Natick，MA，USA）中使用 PLS 工具箱版本 7.3.1（Eigenvector Research，Manson，WA，USA）实现。

在每个样方（1m×1m）植被的光谱测量完成后，将每个样方里的植物沿着地面水平切割开，用带标签的塑料袋收集地上部分的生物量，然后带回实验室。将样品用烘箱干燥后，用研钵研碎，用于后续的化学分析。利用元素分析仪（Vario Macro Cube，Elementar，Germany）测定每个采样点植被样品的有机碳含量，最后计算出单位面积植被地上部分的有机碳含量。

（二）分数阶导数算法

分数阶导数扩展了传统的整数阶导数的概念，其主要用于研究光谱导数更细微的变化。最常见的分数阶导数的定义有三种，即 Grunwald-Letnikov（G-L）、Riemann-Liouville 和 Caputo，其中，G-L 定义因其计算简便而应用得最为广泛。光谱指数法不仅具有消除环境背景噪声的优点，而且比单波段法具有更明显的灵敏度（Ge et al.，2019）。为探索利用光谱指数估算植被地上部分的有机碳含量的可行性，本研究将 15 个常用的光谱指数用于试验。所选取的光谱指数包括 DVI、RVI、NDVI，以及其他归一化指数、修正指数和优化指数。

此外，有研究报道，光谱变量与目标参数的相关系数的二维等高线图可以提供更多关于两个或多个波段组合与目标变量之间关系的信息（Ge et al.，2019；Hong et al.，2019）。因此，本节研究了最优波段组合算法的三个光谱指数，即 DVI、RVI 和 NDVI，并将其用于植被有机碳含量的估算。利用原始光谱逐波段地计算出这三个指数，并利用二维等高线图对植被有机碳含量和这三个指数之间的相关系数分别进行可视化。然后从二维等高线图中提取与高相关系数相对应的波段变量作为估算模型的输入。

（三）模型构建与精度评价

首先，使用主成分分析方法检测样本中可能影响估算模型精度的异常值，并将其剔除。然后，将有效的样本按照实测的植被有机碳含量由低到高进行排序，每 3 个连续样本分成一组，每组中间一个作为验证数据集，其余的作为校准数据集。所有建模过程均基于 MATLAB R2014a 的 PLS 工具箱 7.3.1 版本完成。

偏最小二乘回归（PLSR）模型是一种线性建模方法，广泛用于定量地从反射光谱中提取信息（Shi et al.，2016），PLSR 模型将光谱变量（951 个波长）压缩为几个潜在变量（LVs）。这些 LVs 将预测因子和响应变量之间的协方差最大化，本研究采用留一交叉验证法确定最佳的 LVs 数量。PLSR 模型的重要波段由变量投影重要性（VIP）确定。当 VIP 分数超过 1 时，则认为其对应的波段为重要波段（Gomez et al.，2008）。

支持向量机（SVM）是一种基于核的机器学习法，该方法利用核函数将数据集矩阵映射到高维特征空间，建立一个线性超平面作为决策函数来解决回归问题（Vapnik，1998）。本研究使用了 epsilon-SVM 算法和径向基函数（RBF）核函数来构建模型。利用代价参数（C）和 RBF 核参数（module）对模型进行调节。通过具有五折交叉验证的网格搜索方法优化参数组合（即 C 和 γ），并在交叉验证的均方根误差（RMSECV）达到最小值时确定为最佳参数组合。

本研究采用预测决定系数（R^2）、均方根误差（RMSE）以及 RPIQ（样本观测值三四分位数 $Q3$ 和一四分位数 $Q1$ 之差与 RMSEP 的比值）评价所构建的估算模型在校准和验证过程中的性能表现。一般情况下，表现良好的模型通常具有较大的 R^2、RPIQ 和较小的 RMSE。

二、植被有机碳及光谱特征

经检验，有三个植被样本被确定为光谱异常，故被剔除。全集、校准集和验证集的植被地上部分的有机碳含量的统计性描述，校准数据集中样本的植被地上部分的有机碳含量范围为 0.30～1.52 kg/m^2，平均值为 0.85 kg/m^2，验证数据集中的有机碳含量的范围为 0.31～1.40 kg/m^2，平均值为 0.84 kg/m^2。三个数据集的标准差分别为 26.64%、26.55% 和 26.82%。此外，整个数据集的有机碳含量的变异较大，变异系数为 31.50%，表明所选样本在该研究区域内存在空间变异。总体而言，校准集和验证集的特征统计量与整个数据集的特征统计量是相似的，这表明已划分的校准集和验证集可以有效地代表原数据集的总体情况。

本研究首先采用了五种常用的光谱预处理方法对所有植被样品的冠层反射光谱进行处理。为了便于观察光谱特征，各方法处理后的光谱的平均反射率曲线如图 2-16 所示。由图可知，原始光谱在 400～700 nm 的反射率低于其他光谱区域，且在 500 nm、580 nm 和 680 nm 处观察到三个吸收峰，在 550 nm 和 640 nm 处观察到两个反射峰［图 2-16（a）］。在 680～760 nm 区域，即红边位置，反射率曲线急剧上升（Sims and Gamon，2002）。在 800～1350 nm 区域，曲线波动大，反射率高，这与叶片叶肉细胞的结构有关（Wu et al.，2000）。图 2-16（b）为光谱曲线经过（log 1/R）变换得到的，即将光谱反射率转化为吸光度，以便更好地观察和理解光谱特征。MSC 方法进行光谱预处理后，粉红色区域缩小，即光谱反射率的标准差减小了［图 2-16（c）］。CR 法处理的光谱在 400～700 nm 的反射率显著增加，光谱特征也更加明显［图 2-16（d）］。对于一阶导数和二阶导数光谱，它们的振幅虽然减小了，但显示出更细微的光谱特征［图 2-16（e）和图 2-16（f）］。

采用分数阶导数算法对校准集的冠层反射率光谱进行处理，得到植被样品的光谱经分数阶导数算法处理后的平均光谱曲线，如图 2-17 所示，导数阶数的步长变化为 0.25，即与一阶导数和二阶导数相比，在 0～2 阶导数内以更小的导数阶数变化对光谱进行处理。由图可知，在 680～760 nm 区域始终观察到一个明显的反射峰，这一区域与植被的红边位置有关。随着导数阶数的递增，处理后的光谱曲线的反射率大多趋近于 0，说明重叠峰和基线漂移的影响被有效降低了。随着导数从 1 阶递增到 2 阶，光谱曲线的形状基本保持不变，只是振幅有所下降。此外，随着导数阶数的递增，出现了更多的光谱特征峰，这与高阶的导数处理越容易受到光谱噪声的影响有关。

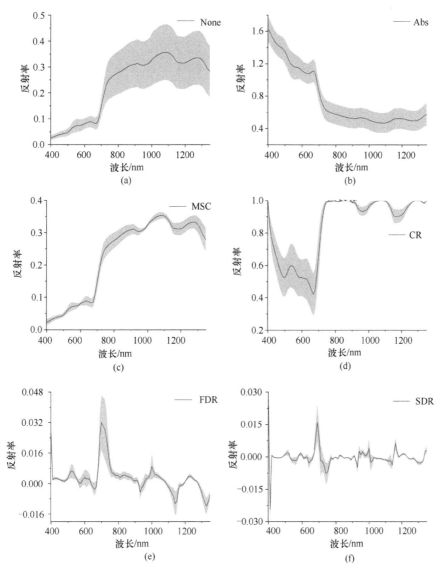

图 2-16　不同光谱预处理下的所有植被样本冠层的平均光谱反射率

（a）原始光谱（None）；（b）吸光度（Abs）；（c）多元散射校正（MSC）；
（d）连续统去除（CR）；（e）一阶导数（FDR）；（f）二阶导数（SDR）

图 2-18 绘制了校准集中植被有机碳含量与 RVI、DVI、NDVI 之间相关系数的二维等高线图，为了简便起见，用 r^2 表示。这些图谱有利于提取出与植被有机碳含量最相关的敏感波段。在 DVI 二维等高线图 [图 2-18（a）] 中，高显著（高相关性）区（$r^2 > 0.5$，$p < 0.001$）分布在两个区域：660~700 nm（R_i）与 600~630（R_j），710~900 nm（R_i）与 570~730 nm（R_j）。RVI 二维等高线图 [图 2-18（b）] 高显著区（$r^2 > 0.5$，$p < 0.001$）分布在三个区域：760~790 nm（R_i）与 450~500（R_j）、740~900 nm（R_i）与 410~510 nm（R_j）、700~1300 nm（R_i）与 600~700 nm（R_j）。NDVI 二维等高线图 [图 2-18（c）] 显示出与 RVI 二维等高线图相似的分布格局，但其 r^2 的范围小于 RVI。在三张二维等高线图中，RVI 表现最好，r^2 值最高（0.91），其次是 NDVI（0.89），DVI 表现最差（0.63）。

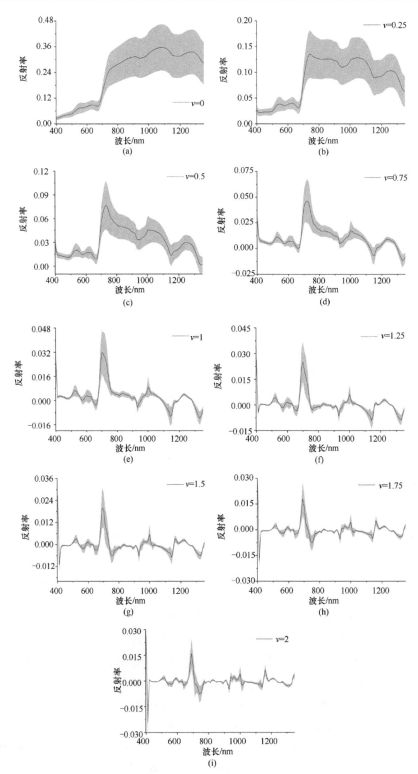

图 2-17　不同分数阶导数（v 阶）处理的植被样本冠层的平均光谱

（a）$v=0$（原始反射光谱）；（b）$v=0.25$；（c）$v=0.5$；（d）$v=0.75$；（e）$v=1$；（f）$v=1.25$；（g）$v=1.5$；（h）$v=1.75$；（i）$v=2$ 阶反射光谱。粉红色阴影区域代表反射率的标准差

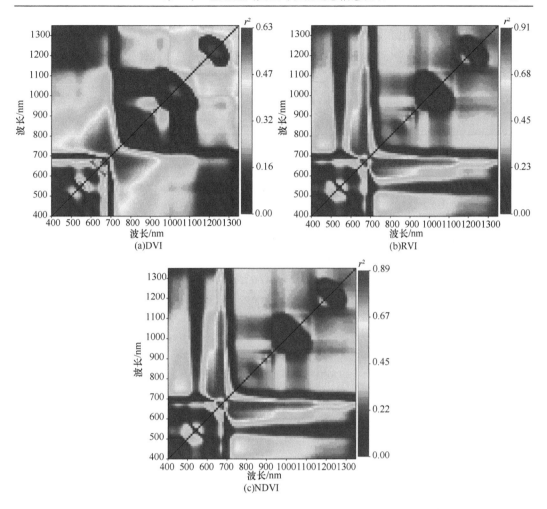

图 2-18　差值植被指数（DVI）（a）、比值植被指数（RVI）（b）和归一化植被指数（NDVI）（c）
与校准集中植被有机碳含量之间的相关系数的二维等高线图

三、植被有机碳反演模型估算与比较

（一）常用的预处理方法对模型精度的影响

表 2-17 为基于 PLSR 模型和 SVM 模型的不同光谱预处理下的滨海湿地植被有机碳
含量的估算结果。由该表可知，不同的光谱预处理方法所对应的模型具有不同的估算精
度。根据 R^2 和 RMSE，这些模型为植被有机碳含量的估算提供了较好的精度。在 MSC
和 CR 两种预处理方法下，PLSR 模型和 SVM 模型都获得了最佳的估算结果。在 PLSR
模型中，基于一阶导数光谱的模型的估算精度要高于基于二阶导数光谱得到的模型，其
RPIQ 相差 0.94，而在 SVM 模型中，基于二阶导数光谱得到的模型的估算精度要略高于
一阶导数光谱。此外，Abs 方法下的 SVM 模型与 PLSR 模型的估算能力相当。总体而
言，SVM 模型的估算性能普遍优于 PLSR 模型。图 2-19 为基于原始光谱及 Abs、MSC
和 CR 法预处理后的光谱所构建的估算模型估算出的植被有机碳含量与实测的有机碳含

量的散点图。可以看出，图中大部分散点都接近它们对应的 $y=x$。在 MSC 法和 CR 法下，相比 PLSR 模型，基于 SVM 模型测量的植被有机碳含量与其估计值的拟合线更接近其对应的 $y=x$，表明这两种预处理方法结合 SVM 模型相对来说更具优势。

表 2-17　五种常用光谱预处理方法下基于 PLSR 模型和 SVM 模型估算植被
有机碳含量的校准和验证结果

建模方法	光谱预处理方法	N	校正数据集		验证数据集		RPIQ
			R^2_{CV}	RMSECV/（kg/m^2）	R^2_p	RMSEP/（kg/m^2）	
PLSR	原始光谱（None）	3	0.82	0.11	0.72	0.16	2.10
	吸光度（Abs）转化	3	0.86	0.10	0.79	0.15	2.31
	多元散射校正（MSC）	2	0.81	0.12	0.80	0.12	2.76
	一阶导数（FDR）	2	0.74	0.14	0.76	0.14	2.45
	二阶导数（SDR）	7	0.66	0.18	0.66	0.23	1.51
	连续统去除（CR）	2	0.81	0.12	0.80	0.13	2.57
SVM	原始光谱（None）	29	0.87	0.09	0.75	0.14	2.46
	吸光度转化（Abs）	26	0.91	0.09	0.78	0.13	2.65
	多元散射校正（MSC）	29	0.80	0.12	0.79	0.12	2.75
	一阶导数（FDR）	34	0.80	0.12	0.74	0.15	2.32
	二阶导数（SDR）	34	0.71	0.14	0.73	0.14	2.43
	连续统去除（CR）	30	0.84	0.11	0.81	0.13	2.71

注：PLSR 为偏最小二乘回归；SVM 为支持向量机；N 为 PLSR 模型和 SVM 模型的最佳潜在变量数；R^2_{CV} 和 R^2_p 分别为在校准和验证过程中的预测决定系数；RMSECV 和 RMSEP 分别为模型在交叉验证和预测过程中的均方根误差。

（二）分数阶导数算法对模型精度的影响

基于分数阶导数算法处理的光谱所构建的估算模型的校准和验证结果如表 2-18 所示。在分数阶导数算法下，SVM 模型的估算结果整体上要优于 PLSR 模型。其次，无论采用何种模型，其最佳的估算结果都来自分数阶导数谱，而非整数阶导数谱。具体来说，在 PLSR 模型中，最佳的估算结果来自 0.75 阶导数光谱，R^2_{CV}、R^2_p 和 RPIQ 分别为 0.75、0.77 和 2.57；基于 SVM 模型的最佳的估算结果来自 1.5 阶导数光谱，R^2_{CV}、R^2_p 和 RPIQ 分别为 0.77、0.83 和 2.97。图 2-20 为基于 PLSR 模型和 SVM 模型，使用原始光谱、一阶导数光谱和二阶导数光谱以及估算效果最好的分数阶导数谱估算的植被有机碳含量与实测的有机碳含量的散点图。在 SVM 模型中，1.5 阶导数谱对应的回归线更接近 $y=x$［图 2-20（h）］，表明 1.5 阶导数谱对应的模型的估算性能最好。类似地，在 PLSR 模型中，与分数导数谱（0.75 阶）相对应的模型的性能要好于与一阶导数光谱和二阶导数光谱相对应的模型。此外，在两类模型中，当植被有机碳含量大于 1.2 kg/m^2 时，有一个较为明显的散点位于 $y=x$ 上方，这表明该值被高估了。

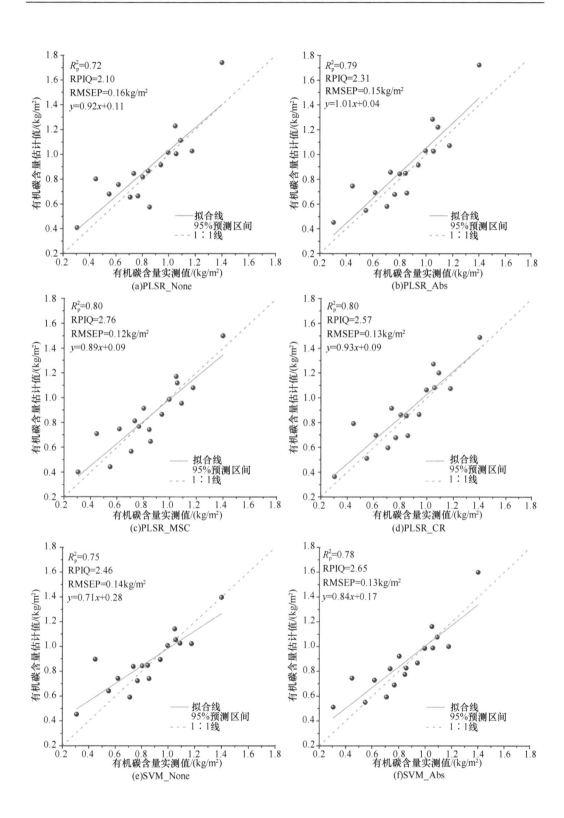

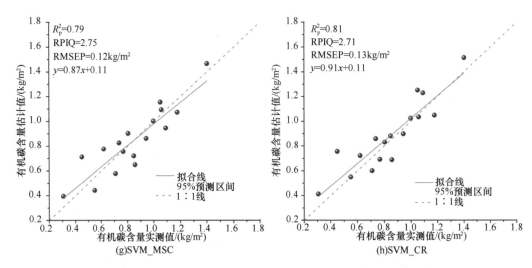

图 2-19　采用原始光谱（None）及吸光度（Abs）转化、多元散射校正（MSC）和连续统去除（CR）法预处理的光谱基于 PLSR 模型和 SVM 得到的植被有机碳含量的估计值与其实测值的散点图

表 2-18　利用分数阶导数算法处理的冠层光谱估算植被有机碳含量的 PLSR 模型
和 SVM 模型的校准和验证结果

建模方法	分数阶导数	N	校正数据集		验证数据集		RPIQ
			R_{CV}^2	RMSECV/（kg/m²）	R_p^2	RMSEP/（kg/m²）	
PLSR	$v=0$	3	0.82	0.11	0.72	0.16	2.10
	$v=0.25$	2	0.82	0.11	0.70	0.17	2.05
	$v=0.5$	2	0.82	0.11	0.76	0.14	2.40
	$v=0.75$	2	0.75	0.13	0.77	0.13	2.57
	$v=1$	2	0.74	0.14	0.76	0.14	2.45
	$v=1.25$	4	0.72	0.15	0.76	0.15	2.27
	$v=1.5$	8	0.80	0.13	0.72	0.17	2.00
	$v=1.75$	10	0.84	0.11	0.67	0.22	1.53
	$v=2$	7	0.70	0.16	0.62	0.22	1.52
SVM	$v=0$	29	0.87	0.09	0.75	0.14	2.46
	$v=0.25$	28	0.87	0.09	0.76	0.13	2.59
	$v=0.5$	26	0.86	0.10	0.80	0.12	2.78
	$v=0.75$	33	0.84	0.11	0.79	0.13	2.64
	$v=1$	34	0.80	0.12	0.74	0.15	2.32
	$v=1.25$	34	0.79	0.12	0.77	0.13	2.63
	$v=1.5$	33	0.77	0.13	0.83	0.11	2.97
	$v=1.75$	31	0.80	0.12	0.80	0.13	2.65
	$v=2$	34	0.71	0.14	0.73	0.14	2.43

（三）最优波段组合算法对模型精度的影响

表 2-19 为基于 15 种常见光谱指数估算植被有机碳含量的回归模型的验证结果，除 EVI 和归一化云指数（NDCI）外，其他光谱指数均与植被有机碳含量呈二阶多项式关系。从 R^2 和 RMSE 可以看出，少数与光谱指数所对应的回归模型估算精度较好，其最

佳的估算精度来自 NDVI，R^2 为 0.73。最差的估算模型是使用增强型植被指数（EVI）获得的，该指数具有最低的 R^2（0.02）和最大的 RMSE（0.27）。

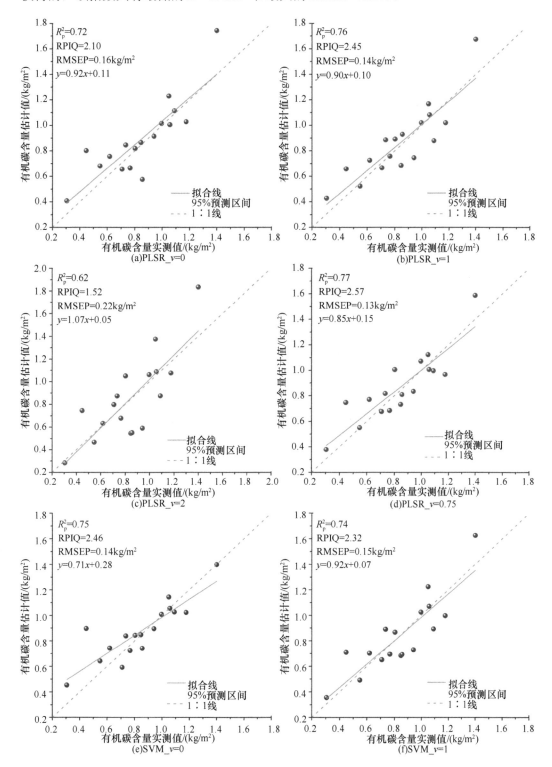

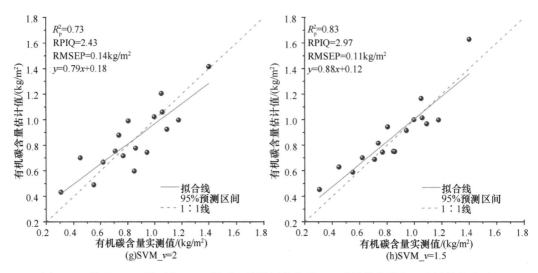

图 2-20　基于 PLSR 模型和 SVM 模型，使用原始光谱、一阶导数光谱和二阶导数光谱以及估算效果最好的分数阶导数谱估算的植被有机碳含量与实测的有机碳含量的散点图

（a）、（b）、（c）和（d）分别表示 0 阶、1 阶、2 阶和 0.75 阶导数光谱所对应的 PLSR 模型；
（e）、（f）、（g）和（h）分别表示 0 阶、1 阶、2 阶和 1.5 阶导数光谱所对应的 SVM 模型

表 2-19　利用常见的光谱指数估算植被有机碳含量的回归模型的验证结果

光谱指数	曲线形状	最优拟合模型	R^2	RMSE/（kg/m²）
DVI	二阶多项式	$y = 0.72x^2 - 0.59x + 0.77$	0.64	0.16
EVI	对数	$y = 0.02\ln(x) + 0.84$	0.02	0.27
GNDVI	二阶多项式	$y = -0.16x^2 + 0.54x + 0.53$	0.30	0.23
MSAVI	二阶多项式	$y = 0.71x^2 - 0.28x + 0.52$	0.66	0.16
NDCI	对数	$y = 0.23\ln(x) + 0.92$	0.35	0.22
NDVI	二阶多项式	$y = 0.49x^2 + 0.13x + 0.37$	0.73	0.15
NDWI	二阶多项式	$y = 0.25x^2 - 0.09x + 0.71$	0.38	0.21
NPCI	二阶多项式	$y = 0.87x^2 - 1.15x + 1.13$	0.34	0.22
OSAVI	二阶多项式	$y = 0.42x^2 + 0.19x + 0.35$	0.65	0.16
PRI	二阶多项式	$y = 0.39x^2 - 0.42x + 0.89$	0.44	0.22
RDVI	二阶多项式	$y = 0.62x^2 - 0.11x + 0.44$	0.71	0.15
REP	二阶多项式	$y = 0.94x^2 - 0.72x + 0.77$	0.70	0.16
RVI	二阶多项式	$y = 1.23x^2 - 0.92x + 0.69$	0.69	0.16
SR	二阶多项式	$y = 1.23x^2 - 1.27x + 0.98$	0.64	0.16
TVI	二阶多项式	$y = 0.62x^2 - 0.57x + 0.85$	0.48	0.19

　　本研究引入了最优波段组合算法，即利用二维可视化的光谱指数提取与植被有机碳含量更敏感的光谱波段来构建植被有机碳估算模型。表 2-20 为所选择的与植被有机碳含量最相关的敏感波段，即高相关系数所对应的波段。将所选波段与植被有机碳含量作为输入变量，建立基于 PLSR 和 SVM 的植被有机碳含量估算模型（表 2-21）。对比可知，基于二维光谱指数选择的光谱参数建立的模型，相比于普通光谱指数得到的模型，其估算精度更高。在 SVM 模型中，最佳的估算结果来自二维比值植被指数（TRVI）（$R_p^2 = 0.84$，

RMSEP = 0.11 kg/m², RPIQ=3.10），其次是二维归一化植被指数（TNDVI）（R_p^2 = 0.82，RMSEP = 0.12 kg/m²，RPIQ=2.85）和二维差值植被指数（TDVI）（R_p^2 = 0.61，RMSEP = 0.15 kg/m²，RPIQ=2.28）。在 PLSR 模型中，TNDVI 对应的估计模型的 R_p^2 虽然最大（0.80），其 RMSEP（0.20 kg/m²）也比较大，但 RPIQ 仅为 1.71。因此，综合考虑 R^2 和 RMSE，PLSR 模型中最佳的估算结果为 TRVI 所对应的模型（R_p^2 =0.64，RMSEP=0.15 kg/m²，RPIQ=2.28）。

表 2-20 根据优化的差值植被指数（DVI）、比值植被指数（RVI）和归一化植被指数（NDVI）的二维等高线图提取的与植被有机碳含量相关的敏感波段的范围

优化的植被指数	R_i/nm	R_j/nm	缩写
二维差值植被指数	660～700	600～630	TDVI
	710～900	570～730	
二维比值植被指数	760～790	450～500	TRVI
	740～900	410～510	
	700～1300	600～700	
二维归一化植被指数	760～790	450～500	TNDVI
	740～900	410～510	
	700～1300	600～700	

注：R_i 和 R_j 分别为波长 i 和 j 处对应的光谱反射率。

表 2-21 结合最优波段算法构建的植被有机碳含量估算模型的校准与验证结果

建模方法	优化的光谱指数	校正数据集		验证数据集		RPIQ
		R_{CV}^2	RMSECV	R_p^2	RMSEP/（kg/m²）	
PLSR	TDVI	0.41	0.26	0.61	0.16	2.13
	TRVI	0.73	0.24	0.64	0.15	2.28
	TNDVI	0.62	0.25	0.80	0.20	1.71
SVM	TDVI	0.53	0.19	0.61	0.15	2.28
	TRVI	0.79	0.12	0.84	0.11	3.10
	TNDVI	0.76	0.10	0.82	0.12	2.85

（四）重要波段的识别

图 2-21 和图 2-22 分别为 400～1350 nm 波长范围，经五种常用的光谱预处理方法和分数阶导数变换的光谱在基于 PLSR 模型中由 VIP 得分确定的重要波段变量。对于原始光谱和 Abs 法处理后的光谱，其重要波段主要集中于 650～700 nm。对于 MSC 法处理后的光谱，其重要波段所在的范围较宽，主要分布于 650～700 nm 和 1120～1350 nm。对于 FDR 法和 SDR 法处理后的光谱，其重要波段的分布较为分散，尤其是二阶导数光谱，几乎在整个波段都有分布，但其 VIP 得分普遍不高。对于 CR 法处理后的光谱，其重要波段主要分布于 400～510 nm 和 580～720 nm。由图 2-22 可知，0～0.75 阶导数处理

后的光谱，其重要波段变量主要分布于 650~680 nm，这属于红边区，其 VIP 得分也相对更高。其中，0~0.5 阶光谱分布于 900~1350 nm，其 VIP 得分很低，表明该光谱范围内几乎没有重要波段分布。此外，0.75 阶导数谱对应的重要波段变量还分布于 700~800 nm、1140~1150 nm 和 1300~1350 nm，且 VIP 得分均较高。在这些区域，光谱反射率与植被冠层叶片叶肉细胞的结构密切相关。

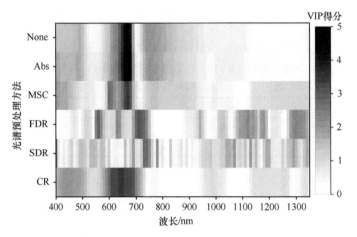

图 2-21　五种常用的光谱预处理方法下的基于 PLSR 模型中的 VIP 得分确定的重要波段变量

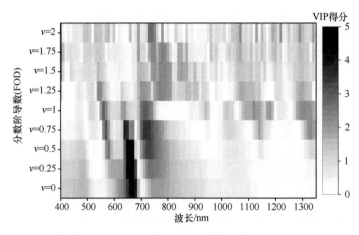

图 2-22　分数阶导数预处理方法下的基于 PLSR 模型中的 VIP 得分确定的重要波段变量

四、讨　　论

植被样品的反射率曲线呈现不同的形状和吸收特征，这主要与叶绿素含量、叶肉细胞结构和含水量有关。许多研究表明，可见及近红外反射光谱（350~2500 nm）中某些特定的光谱波段可以用来估算生物量。例如，Thenkabail 等（2000）发现 500~550 nm、650~700 nm 和 900~940 nm 这三个波段与地上生物量有较强的相关性，这可以用来估算生物量。Fu 等（2014）报道了红色吸收区（550~750 nm）的反射率与地上生物量高度相关，这可用于地上生物量的估算。理论上讲，植被有机碳含量也可通过植被冠层的可见及近红外反射光谱来估算。然而，植被冠层结构属性的变化以及光谱仪工作状态的改变都可能导致光谱与目标变量之间出现非线性，从而在光谱中产生随机噪声、基线漂移和散射效应，影响估算模型的鲁棒性（Shi et al.，2014），故常采用光谱预处理方法降低这些不利影响。诸多研究者报道，估算模型的精度往往依赖于对反射光谱数据的预处理方法（Hong et al.，2019）。因此，本研究分析了多种常用的光谱预处理方法下的植被有机碳估算模型的性能表现，预处理后的光谱得到的模型的估算精度比未处理的光谱要好。在 PLSR 模型和 SVM 模型中，通过 MSC 法和 CR 法预处理得到了最优的估算结果。这可能是由于 MSC 法能够有效地消除多重散射的干扰，而 CR 法则有效地突出了特定波长下的光谱特征，二者均有利于提高模型的估算精度。基于 PLSR 模型，MSC 法和 CR 法处理的光谱对应的重要波段的数量最多且分布也最为集中。此外，MSC 法的原理是在数据建模之前去除光谱矩阵中不希望出现的散射效应。尽管如此，MSC 法不能简单地对目标变量（即植被有机碳含量）进行正交化，处理过程中可能会从光谱矩阵中丢失一些与目标变量相关的有用信息（Chen et al.，2015），这可能是 MSC 法处理的光谱所建立的估算模型的精度仍然有限的原因。

一阶导数光谱和二阶导数光谱比原始光谱波动更强，与 Wang 等（2018）发现的在一阶导数和二阶导数变换中，光谱的变形会较为严重，峰值也会更为明显的研究结果一致。此外，虽然二阶导数光谱比一阶导数光谱显示出更多的吸收峰，但是在所构建的 SVM 模型中，二阶导数光谱对应的模型的估算精度低于一阶导数光谱。这可能是一方面二阶导数比一阶导数更好地去除了基线效应的影响，增强了微弱光谱的吸收特征，但另一方面二阶导数光谱会对噪声更加敏感，从而降低了光谱数据的质量（Shi et al.，2014）。与一阶导数和二阶导数相比，分数阶导数算法可以使光谱以步长更小的导数阶数进行变化，从而使光谱曲线的形状缓慢地变化。有研究表明，分数阶导数算法是光谱数据处理的有力工具，可以从原始光谱中提取附加的有用信息。本研究中，两类模型最佳的估算结果都是通过分数阶导数谱（即 v 等于 0.75 阶和 1.5 阶）获得的。其根本原因可能是分数阶导数算法以更小的步长（每步增加 0.25）进行变化，去除了不同曲率度的基线，从而保留了更多有用的光谱信息。其中 0.75 阶导数光谱和 1.5 阶导数光谱对应的重要波段的数目及其分布的集中性整体上优于其他预处理后的光谱。另一个原因可能是模型的估算精度与实测的植被有机碳含量的统计分布和数据的高变异性有关。当植被有机碳含量超过 1.2 kg/m^2 时，其预测值会被明显高估。诚然，模型越好，验证集中的估计值与其实测值就越接近 $y=x$，这也在一定程度上解释了数据分布对模型精度的影响。

其他一些研究也报道了分数阶导数算法的应用效果。例如，Wang 等（2018）利用分数阶导数算法处理的高光谱数据建立了土壤有机质含量估算模型，发现通过 1.2 阶导数光谱得到的模型的性能最佳。Chen 等（2017）利用分数阶导数算法处理巴西橡胶树叶片的近红外光谱来估算橡胶树的氮浓度，并指出该方法可以建立更精确的估算模型。Hong 等（2019）利用 1.25 阶导数光谱得到了土壤有机质含量的最优估算结果。所有这些研究都表明，分数阶导数算法在光谱分析中具有良好的应用潜力。然而，需要注意的是，高分数阶导数谱可能会受到高频噪声的影响，从而降低估算模型的精度。因此，这并不意味着导数阶数越高，模型的估算精度就越好。

光谱指数是两种或两种以上波长的光谱反射率的组合。许多光谱指数如 DVI、RVI、NDVI 和其他标准化、修正与优化的光谱指数，已被用于生物量、土壤含水量，以及植被和土壤中的重金属含量的估算研究中。因此，本研究使用 15 种常见的光谱指数探索其估算滨海湿地植被有机碳含量的潜力。总体而言，大多数光谱指数所构建的估计模型的性能不佳，其主要原因可能是根据特定波长对应的反射率值计算出来的光谱指数中并没有包含足够的与植被有机碳含量相关的光谱信息。

研究表明，最优波段组合算法可以充分考虑更多的光谱波段之间的相互作用。本研究计算了植被有机碳含量和三种光谱指数（TDVI、TRVI 和 TNDVI）之间的相关系数，并利用二维等高线图中将其可视化，以识别和提取与植被有机碳含量最相关的敏感波段。实验证明，采用最优波段组合算法得到的估算模型的性能整体上要优于使用常用光谱指数得到的模型的性能。其原因可能是最优波段组合算法有效地降低了重叠吸收峰的影响，更好地表征了各波段间的相互作用和影响，提供了更全面的敏感波段组合信息（Jin et al.，2017）。类似地，Hong 等（2019）应用最优波段组合算法选择敏感光谱参数进行土壤有机质估算，发现该方法能有效突出与有机质含量相关的详细信息。Wang 等（2018）采用基于遥感数据的差值植被指数、比值植被指数和归一化植被指数的最优波段组合算法来评价土壤盐分含量，发现该算法确实有助于提高估算模型的精度。总地来说，对于植被有机碳含量的估算，最优波段组合算法要优于普通光谱指数。

影响模型精度的因素除上述外，还包括建模方法的选择。基于分数阶导数算法处理后的光谱，SVM 模型性能整体上优于 PLSR 模型，可能是由于 SVM 模型充分考虑了植被冠层的 VNIR 光谱与植被有机碳含量数据之间有益的非线性信息。而 PLSR 模型作为传统的线性回归模型仅识别和有效处理了两个变量之间的线性因素，可能忽略了某些重要的非线性光谱信息，导致模型精度低。虽然 SVM 模型在分析非线性关系和求解复杂高维数据集上优于 PLSR 模型，但其算法复杂、模型构建耗费时间长。随着分布式计算、并行计算等计算机技术的快速发展，开发出更优化的建模算法和光谱信息提取技术以应用于更大样本量的植被有机碳含量及植被碳储量的估算将是未来的研究方向。

参 考 文 献

Adam E, Mutanga O, Odindi J, et al. 2014. Land-use/cover classification in a heterogeneous coastal landscape using RapidEye imagery: evaluating the performance of random forest and support vector machines classifiers. International Journal of Remote Sensing, 35(10): 3440-3458.

Addink E A, de Jong S M, Pebesma E J. 2007. The importance of scale in object-based mapping of vegetation parameters with hyperspectral imagery. Photogrammetric Engineering & Remote Sensing, 73(8): 905-912.

Adelabu S, Mutanga O, Adam E. 2014. Evaluating the impact of red-edge band from RapidEye image for classifying insect defoliation levels. ISPRS Journal of Photogrammetry and Remote Sensing, 95: 34-41.

Ali I, Greifeneder F, Stamenkovic J, et al. 2015. Review of machine learning approaches for biomass and soil moisture retrievals from remote sensing data. Remote Sensing, 7(12): 16398-16421.

Baccini A, Friedl M A, Woodcock C E, et al. 2004. Forest biomass estimation over regional scales using multisource data. Geophysical Research Letters, 31(10): L10501.

Baraloto C, Rabaud S, Molto Q, et al. 2011. Disentangling stand and environmental correlates of aboveground biomass in Amazonian forests. Global Change Biology, 17(8): 2677-2688.

Broge N H, Leblanc E. 2001. Comparing prediction power and stability of broadband and hyperspectral vegetation indices for estimation of green leaf area index and canopy chlorophyll density. Remote Sensing of Environment, 76(2): 156-172.

Carle M V, Wang L, Sasser C E, et al. 2014. Mapping freshwater marsh species distributions using WorldView-2 high-resolution multispectral satellite imagery. Journal of Remote Sensing, 35(13): 4698-4716.

Chen D, Stow D A, Gong P. 2004. Examining the effect of spatial resolution and texture window size on classification accuracy: an urban environment case. International Journal of Remote Sensing, 25(11): 2177-2192.

Chen K, Li C, Tang R N. 2017. Estimation of the nitrogen concentration of rubber tree using fractional calculus augmented NIR spectra. Industrial Crops & Products, 108: 831-839.

Chen T, Chang Q, Kooistra L, et al. 2015. Rapid identification of soil cadmium pollution risk at regional scale based on visible and near-infrared spectroscopy. Environmental Pollution, 206: 217-226.

Culmsee H, Leuschner C, Moser G, et al. 2010. Forest aboveground biomass along an elevational transect in Sulawesi, Indonesia, and the role of Fagaceae in tropical montane rain forests. Journal of Biogeography, 37(5): 960-974.

Dixon R K, Solomon A M, Brown S, et al. 1994. Carbon pools and flux of global forest ecosystems. Science, 263(5144): 185-190.

Dossa G G O, Paudel E, Fujinuma J, et al. 2013. Factors determining forest diversity and biomass on a tropical volcano, Mt. Rinjani, Lombok, Indonesia. PloS One, 8(7): e67720.

Duro D C, Franklin S E, Dubé M G. 2012. A comparison of pixel-based and object-based image analysis with selected machine learning algorithms for the classification of agricultural landscapes using SPOT-5 HRG imagery. Remote Sensing of Environment, 118: 259-272.

Fang J Y, Chen A P, Peng C H, et al. 2001. Changes in forest biomass carbon storage in China between 1949 and 1998. Science, 292(5525): 2320-2322.

Ferry B, Morneau F, Bontemps J D, et al. 2010. Higher treefall rates on slopes and waterlogged soils result in lower stand biomass and productivity in a tropical rain forest. Journal of Ecology, 98(1): 106-116.

Fu Y Y, Yang G J, Wang J H, et al. 2014. Winter wheat biomass estimation based on spectral indices, band depth analysis and partial least squares regression using hyperspectral measurements. Computers & Electronics in Agriculture, 100: 51-59.

Ge X Y, Wang G Z, Ding J L, et al. 2019. Combining UAV-based hyperspectral imagery and machine learning algorithms for soil moisture content monitoring. Peerj, 7: e6926.

Gitelson A A, Kaufman Y J, Merzlyak M N, et al. 1996. Use of a green channel in remote sensing of global vegetation from EOS-MODIS. Remote Sensing of Environment, 58(3): 289-298.

Gitelson A A, Kaufman Y J, Stark R, et al. 2002. Novel algorithms for remote estimation of vegetation fraction. Remote Sensing of Environment, 80(1): 76-87.

Gomez C, Lagacherie P, Coulouma, G. 2008. Continuum removal versus PLSR method for clay and calcium carbonate content estimation from laboratory and airborne hyperspectral measurements. Geoderma, 148(2): 141-148.

Gregorutti B, Michel B, Saint-Pierre P. 2017. Correlation and variable importance in random forests. Statistics and Computing, 27(3): 659-678.

Grimm R, Behrens T, Marker M, et al. 2008. Soil organic carbon concentrations and stocks on Barro Colorado Island -Digital soil mapping using Random Forests analysis. Geoderma, 146(1): 102-113.

Guitet S, Herault B, Molto Q, et al. 2015. Spatial structure of above-ground biomass limits accuracy of carbon mapping in rainforest but large scale forest inventories can help to overcome. PloS One, 10(9): e0138456.

Hay G J, Blaschke T, Marceau D J, et al. 2003. A comparison of three image-object methods for the multiscale analysis of landscape structure. ISPRS Journal of Photogrammetry and Remote Sensing, 57(5-6): 327-345.

Hong Y S, Liu Y L, Chen Y Y, et al. 2019. Application of fractional-order derivative in the quantitative estimation of soil organic matter content through visible and near-infrared spectroscopy. Geoderma, 337: 758-769.

Hong Y S, Shen R, Cheng H, et al. 2018. Estimating lead and zinc concentrations in peri-urban agricultural soils through reflectance spectroscopy: effects of fractional-order derivative and random forest. Science of The Total Environment, 651(2): 1969-1982.

Huete A. 1988. A soil-adjusted vegetation index (SAVI). Remote Sensing of Environment, 25(3): 295-309.

Jin X, Song K, Du J, et al. 2017. Comparison of different satellite bands and vegetation indices for estimation of soil organic matter based on simulated spectral configuration. Agricultural and Forest Meteorology, 244: 57-71.

Jordan C F. 1969. Derivation of Leaf-Area Index from Quality of Light on the Forest Floor. Ecology, 50(4): 663-666.

Karlson M, Ostwald M, Reese H, et al. 2015. Mapping tree canopy cover and aboveground biomass in Sudano-Sahelian woodlands using Landsat 8 and random forest. Remote Sensing, 7(8): 10017-10041.

Kaufman Y J, Tanre D. 1992. Atmospherically resistant vegetation index (ARVI) for EOS-MODIS. IEEE Transactions on Geoscience and Remote Sensing, 30(2): 261-270.

Kharintsev S S, Salakhov M K. 2004. A simple method to extract spectral parameters using fractional derivative spectrometry. Spectrochimica Acta Part A: Molecular & Biomolecular, 60(8-9): 2125-2133.

Kopecký M, Čížková Š. 2010. Using topographic wetness index in vegetation ecology: does the algorithm matter?. Applied Vegetation Science, 13(4): 450-459.

Laliberte A S, Rango A, Havstad K M, et al. 2004. Object-oriented image analysis for mapping shrub encroachment from 1937 to 2003 in southern New Mexico. Remote Sensing of Environment, 93(1-2): 198-210.

Li Y L, Liu Y, Wu S, et al. 2017. Hyper-spectral estimation of wheat biomass after alleviating of soil effects on spectra by non-negative matrix factorization. European Journal of Agronomy, 84: 58-66.

Liu H Q, Huete A. 1995. A feedback based modification of the NDVI to minimize canopy background and atmospheric noise. IEEE Transactions on Geoscience and Remote Sensing, 33(2): 457-465.

Liu X, Bo Y. 2015. Object-Based Crop Species Classification Based on the Combination of Airborne Hyper-spectral Images and LiDAR Data. Remote Sensing, 7(1): 922-950.

Nimeister W, Lee S, Strahler A H, et al. 2010. Assessing general relationships between aboveground biomass and vegetation structure parameters for improved carbon estimate from lidar remote sensing. Journal of Geophysical Research, 2010: 115.

Özçift A. 2011. Random forests ensemble classifier trained with data resampling strategy to improve cardiac arrhythmia diagnosis. Computers in Biology and Medicine, 41(5): 265-271.

Pearson R L, Miller L D. 1972. Remote mapping of standing crop biomass for estimation of the productivity of the shortgrass prairie. Remote Sensing of Environment, 45: 7-12.

Pham L T H, Brabyn L. 2017. Monitoring mangrove biomass change in Vietnam using SPOT images and an object-based approach combined with machine learning algorithms. ISPRS Journal of Photogrammetry and Remote Sensing, 128: 86-97.

Pinty B, Verstraete M M. 1992. GEMI: a non-linear index to monitor global vegetation from satellites. Plant Ecology, 101(1): 15-20.

Qi J, Chehbouni A, Huete A R, et al. 1994. A modified soil adjusted vegetation index. Remote Sensing of Environment, 48(2): 119-126.

Rajput B S, Bhardwaj D R, Pala N A. 2015. Carbon dioxide mitigation potential and carbon density of different land use systems along an altitudinal gradient in north-western Himalayas. Agroforestry Systems, 89(3): 525-536.

Rapinel S, Hubertmoy L, Clement B, et al. 2015. Combined use of LiDAR data and multispectral earth observation imagery for wetland habitat mapping. International Journal of Applied Earth Observation and Geoinformation, 2015: 56-64.

Rondeaux G, Steven M, Baret F. 1996. Optimization of soil-adjusted vegetation indices. Remote Sensing of Environment, 55(2): 95-107.

Roujean J, Breon F. 1995. Estimating PAR absorbed by vegetation from bidirectional reflectance measurements.

Remote Sensing of Environment, 51(3): 375-384.

Rouse J W, Haas R H, Schell J A, et al. 1973. Monitoring vegetation systems in the great plains with ERTS. Nasa Special Publication, 351: 309.

Shah S, Sharma D P, Pala N A, et al. 2014. Temporal variations in carbon stock of Pinus roxburghii Sargent forests of Himachal Pradesh, India. Journal of Mountain Science, 11(4): 959-966.

Shi T Z, Chen Y Y, Liu Y L, et al. 2014. Visible and near-infrared reflectance spectroscopy-An alternative for monitoring soil contamination by heavy metals. Journal of Hazardous Materials, 265: 166-176.

Shi T Z, Wang J, Chen Y, et al. 2016. Improving the prediction of arsenic contents in agricultural soils by combining the reflectance spectroscopy of soils and rice plants. International Journal of Applied Earth Observation & Geoinformation, 52: 95-103.

Sims D A, Gamon J A. 2002. Relationships between Leaf Pigment Content and Spectral Reflectance across a Wide Range of Species, Leaf Structures and Developmental Stages. Remote Sensing of Environment, 81(2-3): 337-354.

Thenkabail P S, Smith R B, De Pauw E. 2000. Hyperspectral vegetation indices and their relationships with agricultural crop characteristics. Remote Sensing of Environment, 71(2): 158-182.

Valipour M. 2016. Optimization of neural networks for precipitation analysis in a humid region to detect drought and wet year alarms. Meteorological Applications, 23(1): 91-100.

Vapnik V. 1998. Statistical Learning Theory. In: Encyclopedia of the Sciences of Learning, 41(4): 3185.

Vincenzi S, Zucchetta M, Franzoi P, et al. 2011. Application of a Random Forest algorithm to predict spatial distribution of the potential yield of Ruditapes philippinarum in the Venice lagoon, Italy. Ecological Modelling, 222(8): 1471-1478.

Viscarra R R A, Behrens T. 2010. Using data mining to model and interpret soil diffuse reflectance spectra. Geoderma, 158(1-2): 46-54.

Wang X, Zhang F, Kung H T, et al. 2018. New methods for improving the remote sensing estimation of soil organic matter content (SOMC) in the Ebinur Lake Wetland National Nature Reserve (ELWNNR) in northwest China. Remote Sensing of Environment, 218: 104-118.

Wu C S, Tong Q X, Zheng, L F, et al. 2000. Correlation analysis between spectral data and chlorophyll of rice and maize. Journal of Basic Science and Engineering, 8 (1): 31-37.

Wu C, Shen H, Shen A, et al. 2016. Comparison of machine-learning methods for above-ground biomass estimation based on Landsat imagery. Journal of Applied Remote Sensing, 10(3): e035010.

Yu X, Hyyppä J, Vastaranta M, et al. 2011. Predicting individual tree attributes from airborne laser point clouds based on the random forests technique. ISPRS Journal of Photogrammetry and Remote Sensing, 66(1): 28-37.

Zhang C, Denka S, Cooper H, et al. 2018b. Quantification of sawgrass marsh aboveground biomass in the coastal Everglades using object-based ensemble analysis and Landsat data. Remote Sensing of Environment, 204: 366-379.

Zhang C, Denka S, Mishra D R. 2018a. Mapping freshwater marsh species in the wetlands of Lake Okeechobee using very high-resolution aerial photography and lidar data. International journal of remote sensing, 39(17): 5600-5618.

Zhang C. 2014. Combining hyperspectral and LiDAR data for vegetation mapping in the Florida Everglades. Geography, 80(8): 733-743.

Zhang W, Qi J, Wan P, et al. 2016. An easy-to-use airborne LiDAR data filtering method based on cloth simulation. Remote Sensing, 8(6): 501.

第三章　生态空间格局与人类活动影响

第一节　研究背景与现状

生态系统是人类生活和经济发展的重要基础，为人类提供生态系统产品和服务（Costanza et al.，2014），生态系统保护对实现全球可持续发展至关重要。全球城市化背景下，人口增长，城镇空间扩张，人类活动快速改变生态系统，由此引发水污染、大气污染、生态系统退化等一系列生态环境问题（Millennium Ecosystem Assessment，2005；de Groot et al.，2010）。目前已有75%的陆地生态系统发生变化，湿地面积减少和原生森林覆盖损失。预计2050年世界城市人口比例将增加至72%（UN，2015），这将加剧人类活动对全球生态系统的影响，给生态系统保护带来巨大压力。联合国开发计划署发布的2020年《人类发展报告》强调了人类必须把环境因素作为衡量发展与进步的维度之一，与自然和谐共处将成为人类发展的下一个前沿课题。

土地利用变化及其与人类活动的联系受到了全世界的关注，土地利用变化影响生态系统结构和过程，并改变生态系统服务的供应能力（Perez et al.，2008；Verburg et al.，2009）。据联合国《千年生态系统评估报告》，目前全世界超过60%的生态系统功能出现退化（Millennium Ecosystem Assessment，2005）。如何客观准确掌握生态系统状况及人类活动影响，科学管理地球生态系统，实现可持续发展，越来越受到科学界和社会公众关注。生态系统服务是指人类从生态系统获得的各种直接或间接收益，包括供给服务（食品、水源、原材料供给等）、调节服务（水源涵养、气候调节等）、文化服务（科研、旅游、文化等）和支持服务（维持地表物质循环等），其是联系生态系统和人类福祉的重要纽带（Costanza et al.，1997）。1997年以来，Costanza等（1997）和Daily（1997）成果的发表，极大地推动了生态系统服务的研究进展。有关土地利用变化的研究已取得丰富研究成果，通过土地利用变化衡量生态系统服务，为评估规划决策和环境成本效益提供了基础（Wood et al.，2015；Abulizi et al.，2017），但仍有待进一步深化。

本章从深化和理解人类活动对生态空间结构与功能影响机制等科学问题入手，研究揭示不同时空尺度生态空间结构和格局演变规律，以及人类活动和区域政策对生态空间演变的影响及其对生态空间功能的影响。

第二节　全国自然地理因子与国土空间格局

一、自然地理因子空间格局

我国自然地理因子在空间分布上呈现出一定的梯度变化规律。本研究主要分析全国高程、降水、气温、净初级生产力（NPP）、农田生产潜力等自然地理因子的梯度演变规律。

全国高程的空间分布呈现从东南到西北梯度渐增的三大阶梯演变规律。从空间分布看（图3-1），第一阶梯主要位于昆仑山、祁连山之南、横断山脉以西，喜马拉雅山以北，平均海拔4000 m；第二阶梯平均海拔1000～2000 m，云贵高原、黄土高原、内蒙古高原、塔里木盆地、柴达木盆地、准噶尔盆地、吐鲁番盆地、四川盆地等浩瀚的高原与巨大的盆地相间分布；第三阶梯一般海拔500 m以下，少数山峰海拔可达2000 m，滨海平原在海拔50 m以下，此阶梯大兴安岭、太行山、巫山及云贵高原东缘一线以东丘陵和平原交错分布，分布有东北平原、华北平原、长江中下游平原、华南丘陵和珠江三角洲。第三级阶梯继续向海洋延伸，形成近海的大陆架（大陆向海洋自然延伸的部分）。全国降水的空间分布呈现出从东南沿海向西北内陆递减的梯度变化（图3-2）。800 mm等降水量线经过秦岭-淮河向西折向青藏高原东南边缘，此线以东以南年降水量一般在800 mm以上，为湿润地区，此线以西以北年降水量一般在800 mm以下，为半湿润地区。400 mm等降水量线经过大兴安岭-张家口-兰州-拉萨-喜马拉雅山脉东端，是我国的半湿润和半干旱区、东部季风区与西北干旱半干旱区的分界线。200 mm等降水量线经内蒙古自治区西部河西走廊西部以及藏北高原，是干旱区与半干旱区、沙漠区与非沙漠区的分界线。年降水量200 mm以下的地区，多为荒漠地区，除有灌溉水源的绿洲以外，自然环境恶劣，人烟稀少，十分荒凉。全国气温的空间分布呈现出从东南沿海向西北内陆递减的梯度变化特征，由西南向东北降低的趋势。年平均气温最高值达28.3088℃，

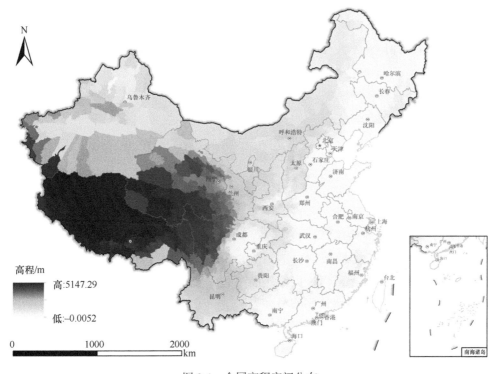

图3-1 全国高程空间分布

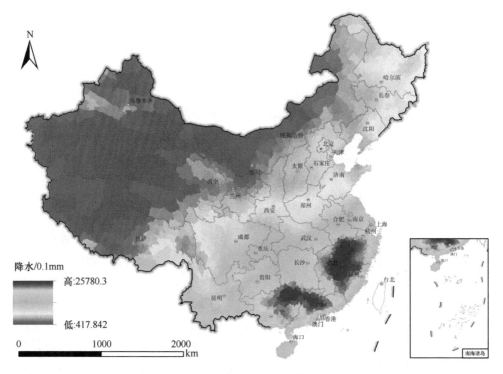

图 3-2　全国降水空间分布

年平均最低值为–22.3603℃。最高气温值位于我国东南部，广东、广西、福建、湖南、湖北、安徽、江苏、浙江、云南、四川部分区域是气温高梯度区；低值位于我国西北部和东北部地区，青海、西藏、吉林、辽宁、内蒙古、甘肃、新疆部分区域等是气温低梯度区。

净初级生产力是生态系统物质与能量循环的基础，代表着植物固定碳的能力，不仅是最主要的生态系统服务功能之一，也是其他众多生态系统服务功能的基础。从全国净初级生产力分布图（图 3-3）可以看出，全国净初级生产力的空间分布呈现出从东南沿海向西北内陆递减的特征，"胡焕庸线"以东大部分地区的净初级生产力明显高于以西地区，生态系统服务功能强于其以西大部分地区。低梯度净初级生产力主要分布在西北方向的新疆、西藏、青海、内蒙古等区域。西部荒漠地区几乎无植被覆盖，植被 NPP 小于 84.95 gC/(m²·a)，这一区域包括新疆大部、青海西部、内蒙古西部、甘肃西部地区。植被 NPP 在 602.35～1104.30 gC/(m²·a)的区域主要分布在黑龙江、吉林、北京、陕西、江西、湖南等地区；植被 NPP 大于 1104.30 gC/(m²·a)的区域主要分布在浙江、云南、广西、广东、福建、海南等地区。归一化植被指数（NDVI）是公认的表征植被变化的有效参数，能反映植被生长状态及植被覆盖度。与净初级生产力的空间分布相似，"胡焕庸线"以东的植被覆盖度明显高于以西地区，呈现出明显的地带性分布，也表征了中国生态环境状况的东西差异和地带性规律（图 3-4）。

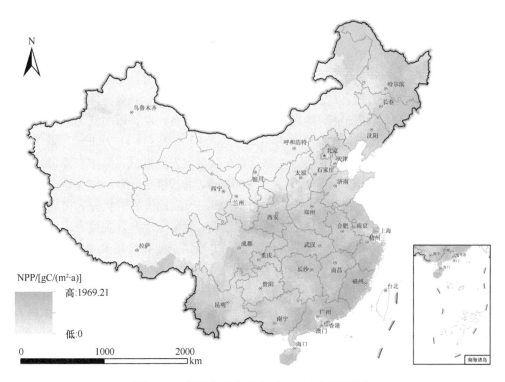

图 3-3　全国净初级生产力（NPP）的空间分布

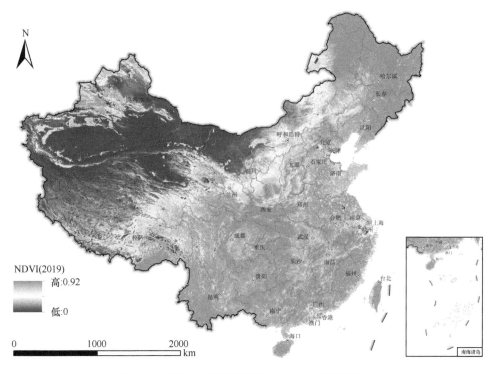

图 3-4　全国归一化植被指数（NDVI）的空间分布

二、国土空间结构与分布

将我国国土空间划分为生态空间、农业空间、城镇空间等。生态空间是指人类活动干扰较少的自然生态空间，以提供生态产品或生态服务为主；农业空间是指以提供农产品为主体功能的空间；城镇空间是指以提供工业品、服务产品，以生活为主体功能的空间。据全国土地利用变更调查，2015 年我国生态空间共 76331.41 万 hm^2，呈现出从沿海到内陆渐增的变化特征。生态空间主要分布在西部欠发达地区，集中在年降水量不足 400 mm 的干旱半干旱地区，年降水量大于 800 mm、海拔低于 500 m 的地区较少。黑龙江–吉林–辽宁–环淮海平原沿线生态空间占比较低，形成低值的带状分布格局。城镇空间占区域总面积的比例代表着区域的土地开发强度，我国土地开发强度自东南向西北呈现梯度变化的特征，在沿海城市及中部地区呈现出城镇空间高值集聚带状分布，主要包括吉林、辽宁、山东、江苏、上海、安徽、河北、河南、湖南、重庆等区域；黑龙江–宁夏–陕西–四川–重庆–云南–广西等为第二梯度的城镇空间分布；我国西北地区城镇空间分布较零散稀疏，主要集中在西藏、青海、甘肃、新疆和内蒙古等省（自治区）。农业空间分布与我国地形和气候条件分布相符合，农业空间占比呈现出从沿海地区到内陆地区先增加后减少的特征，东北平原、黄淮海平原、长江流域、汾渭平原、河套灌区为主要分布区域，在空间上形成点–轴分布的空间布局。

自然条件是我国的国土空间格局呈现明显梯度变化的根本原因。"胡焕庸线"的形成是自然环境和人类活动长期相互作用的结果，稳定至今均未被打破。"胡焕庸线"的西北侧，几乎全部属于高原、沙漠，降水量多在 500 mm 以下；东南侧，除云贵高原外，大部分地区都在海拔 1000 m 以下，主要是平原和丘陵，降水量多在 500 mm 以上。青藏高原海拔在 3000～4000 m，一半的面积海拔在 5000 m 以上，气候寒冷严酷，夏季还有霜冻，不适宜人类居住，人烟极为稀少，主要以畜牧为生。新疆和内蒙古海拔也都在 1000～2000 m，属于干旱、半干旱气候，沙漠、戈壁面积广大，人口同样十分稀少。西北的黄土高原海拔 1000 m 以上，气候属于半干旱地区，水土流失极其严重，农牧业的发展受到较大的制约。内蒙古、新疆、青海、西藏 4 个省（自治区）土地面积占了全国总面积的一半，但人口只占了全国总人口的 4%。"胡焕庸线"的东南侧，除局部地区（主要分布在云贵高原）海拔超过了 1000 m 外，大部地区都是平原和丘陵，长江、黄河、海河、珠江、辽河以及松花江流域都分布着大片的平原。整个东部地区，夏季受季风影响，属于湿润亚热带和半湿润温带气候。长江以南广大地区年降水量都在 1000～2000 mm，黄河下游以及东北的松辽平原年降水量也在 600 mm 左右。由于气候与地理条件十分优越，整个东部地区农业十分发达，南部农作物可以一年三熟，东北三省虽然纬度较高，但可确保夏季一熟，是中国重要的粮食生产基地。

自然条件的差异从根本上导致了中国人口分布的极度不平衡性。面积广大的西部地区自然环境恶劣而不适宜人类居住，农业生产落后，水资源极度匮乏，无法承载大量的人口；东部地区自然环境优越，是世界上最大、自然条件最为优越的农业区之一，可承载高密度的人口。地理环境的差异从根本上决定了人口分布的差异，这也决定了中国人口东部稠密、西部稀疏的基本格局几乎是永久的，只有人口比例可能发生微弱变动。如果仅以粮食生产而言，我国人口几乎完全由东部 400 万 km^2 的土地养活，气候变化使得东西部表现出显著的农业生产能力和生态环境差异，这种差异长期影响着我国的经济地理结构（吴静和王铮，2008）。

第三节　全国生态空间格局与分布规律

一、生态空间总体格局特征

根据《2015 年全球森林资源评估报告》，中国森林面积占世界森林面积的 5.51%，居俄罗斯、巴西、加拿大、美国之后，列第五位。2014～2018 年的第九次全国森林资源清查显示，我国森林资源总体上呈现数量持续增加、质量稳步提升、生态功能不断增强的良好发展态势，全国森林覆盖率 22.96%，森林面积 22044.62×10^4 hm^2，全国活立木总蓄积 190.07×10^8 m^3，森林蓄积 175.60×10^8 m^3。全国森林分布格局呈现明显的梯度变化，自东南向西北递减，主要分布在东北、西南交通不便的深山区和边疆地区以及东南部的山地。东北地区的森林资源主要集中在大兴安岭、小兴安岭和长白山等地区；西南地区的森林资源主要分布在川西、滇西北、藏东南的高山峡谷地区；南方地区人工林占有很高的比例，森林资源的分布比较均匀，武夷山系和南岭山系较为集中。天然林是森林资源的主体，类型多样、结构复杂，生物多样性丰富，在维护生态平衡、应对气候变化、保护生物多样性中发挥着关键性作用，是国家的重要战略性资源。第九次全国森林资源清查显示，全国林地森林面积中，天然林面积为 13867.77×10^4 hm^2，占 63.55%，主要分布在东北的大兴安岭、小兴安岭和长白山，西南的川西、川南、云南大部、藏东南，西北的秦岭、天山、阿尔泰山、祁连山，以及太行山、大别山、雪峰山、武夷山等山地。全国天然林蓄积 136.71×10^8 m^3，占林地森林蓄积的 80.14%。

全国森林覆盖率呈现出明显的梯度变化特征，从南到北森林覆盖率逐步减少，到东北地区又逐步增加，与植被 NPP 空间分布规律一致。云南、四川、陕西、重庆、湖南、贵州、江西、浙江、福建、广东、广西和海南森林覆盖率较高；新疆、西藏、甘肃、内蒙古、青海、山东、江苏、安徽、河北等森林覆盖率相对较低；东北部大兴安岭、小兴安岭等森林覆盖率较高。

2017 年全国水资源面积约 42.3 万 km^2，其中海岸带湿地 6.5 万 km^2、河流湿地 12.2 万 km^2、湖泊湿地 9.2 万 km^2、沼泽湿地 14.4 万 km^2，分别占湿地总面积的 16%、28.6%、21.6%、33.8%。我国水资源整体分布不均衡，呈现出明显的梯度分布，东南沿海水资源面积大、中部地区小，西北侧青海、西藏等较多，青海、江苏、西藏、黑龙江、湖南等省（自治区）水资源面积接近总面积的一半。据中国地质调查局自然资源遥感监测，2017 年全国地表水体总面积约 28 万 km^2，约占国土总面积的 2.9%。其中，湖泊水面 8.4 万 km^2、河流水面 7.2 万 km^2、冰川及永久积雪 5.6 万 km^2，分别占地表水体总面积的 30%、25.9%、20.3%。我国地表水分布呈现南多北少的特征，从东南到西北陆续递减，集中分布在长江中下游、珠江三角洲、西南和东北等地区。

据中国地质调查局自然资源遥感监测，2017 年全国草地资源 274.41 万 km²，草地覆盖率 28.6%，其中天然草地 214 万 km²，占全国草地总面积的 78%；人工草地 1.3 万 km²，占全国草地总面积的 0.5%；其他草地 59.1 万 km²，占全国草地总面积的 21.5%。全国天然草地空间分布呈现从东南到西北梯度变化的分布格局。内蒙古–宁夏–青海–西藏是天然草地高值分布区域，形成了东西方向条带分布的格局，在此高值分布带状区域西侧新疆南部区域天然牧草地占比极小，新疆北部区域天然牧草地占比较大。大部分草原和沙漠分布在人口密度小于 50 人/km²、经济密度低于 300 元/km²（约 44 美元）人口稀少的地区（表 3-1），自然生态空间分布地理差异明显，直接反映了自然环境、人口密度和经济增长的差异。

表 3-1　2015 年不同类型生态空间比例与 GDP 和人口密度空间分布的匹配（单位：%）

		林地	湿地	水域	荒漠	耕地	城镇用地	草地
经济密度/ （元/km²）	0～300	2.54	0.80	0.65	61.00	3.04	0.24	31.72
	301～500	34.49	0.90	2.39	8.17	19.68	0.36	34.02
	501～2000	8.40	0.87	3.01	0.58	78.12	5.00	4.01
	2001～6000	8.02	0.86	3.14	0.48	70.72	14.97	1.80
	6001～10000	4.63	0.65	3.31	0.45	52.81	35.72	2.44
	≥10000	6.50	0.50	3.51	0.52	26.44	61.27	1.25
人口密度/ （人/km²）	0～50	27.65	1.05	2.39	20.82	7.53	0.23	40.33
	51～100	49.96	0.37	1.53	1.44	33.19	0.82	12.68
	101～500	29.40	0.38	1.63	0.75	61.56	1.84	4.44
	501～1000	8.53	0.35	1.23	0.17	83.27	5.42	1.03
	≥1000	6.25	0.44	1.86	0.22	48.24	41.87	1.13

二、重点生态保护建设区空间格局

生态功能区划是构建国家和区域生态安全格局的基础。根据全国生态功能区划，重点生态功能区主要包括水源涵养重要区、生物多样性保护重要区、土壤保护重要区、防风固沙重要区、洪水调蓄重要区。水源涵养重要区分布在大兴安岭地区、长白山区、辽河源地区、京津冀北部地区、太行山区、大别山区、天目山–怀玉山区、罗霄山脉、闽南地区、南岭山地、云开大山山脉、西江上游地区、大娄山区、川西北地区、甘南山地、三江源地区、祁连山地区、天山水源区、阿尔泰山地、帕米尔–喀喇昆仑山地等；生物多样性保护重要区主要分布在小兴安岭地区、三江平原、松嫩平原、辽河三角洲、黄河三角洲、苏北滨海湿地、浙闽山地、武夷山–戴云山区、秦岭–大巴山区、武陵山区、大瑶山区、海南中部地区、滇南地区、无量山–哀牢山区、滇西地区、滇西北高原、岷山–邛崃山–凉山区、藏东南地区、珠穆朗玛峰、藏西北羌塘高原、阿尔金山南麓等；土壤保护重要区分布在西鄂尔多斯–贺兰山–阴山、准噶尔盆地东部、准噶尔盆地西部、东南沿海红树林保护区、黄土高原土壤保护区、鲁中山区、三峡库区、西南喀斯特土壤保护区、川滇干热河谷等。防风固沙重要区主要分布在科尔沁沙地、呼伦贝尔草原、浑善达克沙地、阴山北部、鄂尔多斯高原、黑河中下游、塔里木河流域等。洪水调蓄重要区分布在江汉平原、洞庭湖、鄱阳湖、皖江、淮河中游、洪泽湖等。

　　自然保护区是对有代表性的自然生态系统、珍稀濒危野生动植物物种的天然集中分布、有特殊意义的自然遗迹等保护对象所在的陆地、水域或海域，依法划出一定面积予以特殊保护和管理的区域。我国大面积、高级别的自然保护区主要分散分布在西部和北部地区，数量多、面积小、级别低的自然保护区更多地集中分布在东南部地区。我国西部和东北部的自然保护区面积比较大，特别是西藏、青海、新疆、内蒙古、四川、甘肃6省（自治区）。国家级自然保护区面积空间分布的中心偏西北部，县级自然保护区面积空间分布集中在东南部。国家级自然保护区大面积分布在西藏、青海、新疆等省（自治区），其他省（自治区、直辖市）零散分布；省级自然保护区大面积分布在新疆、甘肃等省（自治区），其他省（自治区、直辖市）零散分布小面积的保护区；市县级自然保护区面积较大的保护区主要分布在四川、新疆等省（自治区），其他省（自治区、直辖市）零散分布小面积的保护区。

　　从县域生态保护建设项目数量看，少于或等于 1 个生态保护建设项目的县域多分布于河北、山东、江苏、浙江、福建等东部沿海地区；有 3 个生态保护项目的县域主要分布在西部，特别是西南地区、黄土高原区；等于或大于 5 个生态保护项目的县域则多位于青海三江源、藏东南、川西、祁连山、新疆南部等区域。我国生态保护建设措施以封禁、造林、种草等为主，从空间分布上看，内蒙古中东部、天山北麓、塔里木河上游、鄂尔多斯高原、黑河流域、疏勒河流域、黄河西岸等地区结合实施造林、种草和封禁等措施；内蒙古、青海、西藏、新疆等草原区则更多采用封禁和轮牧等草地生态保护措施；秦巴、川南和滇西南、桂北、藏东南、武陵山区等森林保育区多结合造林与封禁措施。

三、城市绿色基础设施建设布局

　　绿色基础设施是实现城市生态系统服务功能综合效益最大化的前提。城市绿色基础设施包括城市地区范围的自然要素如园林、公园、花园、绿色屋顶、林地、水域、社区农场、森林和荒野地区。本研究针对城市公园、绿地等城市绿色基础设施进行分析研究。

　　城市公园是城市生态系统、城市景观的重要组成部分，能够满足城市居民的休闲需求，提供休息、游览、锻炼、交往，以及举办各种集体文化活动的场所。从全国城市公园分布可看出，城市公园呈现明显的梯度分布，东南侧的上海市、浙江省、北京市、广东省的城市公园密集分布，西北侧城市公园分布零散。

　　城市绿地是指城市专门用以改善生态，保护环境，为居民提供游憩场地和美化景观的绿化用地。城市绿地是构筑和支撑城市生态环境的绿色基础，不但能提升人居环境，还是居民的重要财产。从全国绿地空间分布格局看，城市绿地分布较为分散零碎，我国东南地区城市绿地分布集中，城市人均绿地和人均水域面积较高，绿地空间覆盖度高，集聚分布在北京-天津地区、江浙沪地区、广东省三个主要区域，其他省（自治区、直辖市）零星分布城市绿地。

四、国内外典型区域生态空间格局对比

分析国内外典型都市圈和城市生态空间格局（图 3-5），北京市生态空间占比较高，其次是广州市，纽约市生态空间占比较低。美国大平原的生态空间比例高达 99.27%，广东省生态空间比例高达 88.98%，东京都市圈、纽约都市圈用地结构相似，生态空间比例达 67%以上，江苏省和伦敦都市圈生态空间占比相差不多。我国经济发达地区与国际大都市圈、美国大平原国土空间格局比较，江苏省农业空间比例较高，占 43.10%；广东省林地比例较高，占 63.49%；美国大平原草地比例较高，占 37.10%。江苏省水域面积比例较高，达 27%。东京都市圈城镇空间比例较大，达 32.94%。

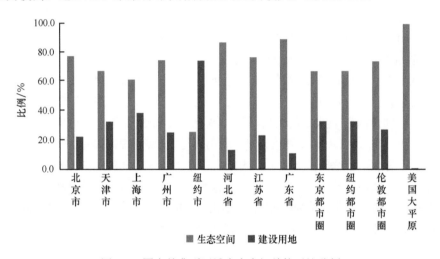

图 3-5　国内外典型区域生态空间结构对比分析

与国际大城市和都市圈相比，我国大城市、城市群区域农业空间和生态空间比例相对较高，北京市、上海市和天津市城镇空间比例远远低于纽约市；河北省、江苏省和广东省的生态空间和农业空间比例远低于东京都市圈、伦敦都市圈和纽约都市圈。因此，针对城市群和大城市的城镇发展，应合理配置生态空间，提高各类生态空间的生态效益，进一步提升城市生态系统的生态功能，构建城市绿色基础设施网络；并强化生态空间管理，而不是无限制地扩大生态空间面积。

第四节　人类活动对生态空间和生态系统服务供给影响

一、人类活动对生态空间演变影响

针对我国不同时期的土地资源调查，本研究将 1996～2015 年全国生态空间时空变化按照 1996～2008 年和 2009～2015 年两个阶段进行分析。全国不同类型生态空间时空变化区域差异显著，自然、社会、经济条件的区域差异和政策实施对不同类型生态空间变化影响较大。中华人民共和国成立初期，我国实施重工业优先发展战略，直至 1978 年

《中华人民共和国宪法》颁布，规定"国家保护环境和自然资源，防止污染和其他公害"，才将我国生态保护纳入法制化建设。1979～1991 年，我国进入生态保护的发展阶段，随着改革开放经济的快速增长，资源、生态、环境问题逐步显现，我国耕地面积急剧减少，尤其是东部地区水田减少较多。我国在加强耕地保护的同时，逐步开始加强生态保护和建设，开始关注经济、社会与环境协调可持续发展问题。1992 年我国实施可持续发展战略，标志着我国生态保护进入一个新阶段。1998 年国务院公布《中华人民共和国土地管理法（修订草案）》，并开始实施天然林保护、退耕还林还草国家重大生态保护和建设工程，1999 年对坡耕地有计划有步骤地退耕还林还草成为实施西部大开发、开展生态环境建设的切入点。在此期间我国生态保护与生态建设工程取得一定成效，局部地区生态环境得到明显改善，但生态空间减少趋势仍未控制。2003 年以后我国进入生态保护政策的完善深化阶段，生态文明建设进入新阶段。优化国土空间开发格局，加大自然生态系统和环境保护力度成为生态文明建设主要内容。1996～2015 年全国典型生态空间净增减比例如图 3-6，2000～2005 年我国 7 类典型生态空间类型除林地面积增加外，大部分生态空间类型减少趋势突出，尤其是滩涂和水田，主要原因是此阶段我国乡镇企业快速发展，经济发展过热，生态退耕政策实施效果明显。各类生态空间时空变化区域差异显著。中部地区天然草地减少明显，西部地区有林地呈增加趋势。1996～2008 年，中部地区天然草地减少量大于西部和东部地区，内蒙古自治区天然草地减少较多。2009～2015 年，西部地区天然草地减少量略大于中部地区。2000～2005 年、2005～2008 年两个时段东部地区林地增加量大于西部和中部地区，而 1996～2000 年中部地区林地增加量较多。总之，全国不同类型生态空间时空变化特征在社会经济不同发展阶段具有明显差异。

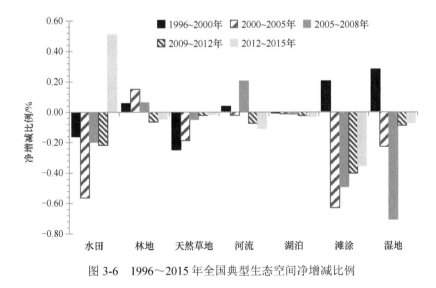

图 3-6　1996～2015 年全国典型生态空间净增减比例

生态空间变化与政府政策、人类活动和社会经济发展的变化密切相关。1996～2015年，房地产过度开发和经济过热导致草地、森林和湿地生态系统被占用开发（表 3-2）。中西部城市和交通快速发展地区天然草地面积减少了 $245.49×10^2\ km^2$。为防止生态空间急剧减少导致生态安全问题，国家实施了一系列土地政策，包括《中华人民共和国土地管理法》（修订版）、耕地征用补偿平衡和退耕还林计划。退耕还林工程实施使得中西部地区森林生态系统的面积增加，通过植树造林森林生态系统服务供给能力提高，西北地区的生态环境明显改善，生态空间生态功能的重要性逐渐得到公众的重视，对重大自然生态系统保护工程和土地综合整治投资逐渐加强（Wang，2015）。为了保护和恢复天然草地生态系统，实施了禁止或限制放牧，鼓励牧场轮作，2003 年以后与生态保护和建设有关的此类活动有所增加，大大减缓了天然草地减少的趋势。湿地和水域生态系统在全球生态系统中发挥着不可替代的作用。2000~2015 年，我国沼泽地减少，最显著的减少发生在东部地区，仅 2000~2005 年东部沿海地区的滩涂面积减少了 $28.4×10^2\,km^2$，退耕还林还草还水工程实施对于东部地区湿地生态系统减少趋势不显著，受到耕地占补平衡政策影响，不少滩涂和沼泽地被开发为耕地。城镇快速增长造成土地供给压力增大，土地资源的资本化是中国城市化进程中经济发展的重要驱动力。不同社会经济发展土地政策的演变是生态空间变化的主要驱动力（张晓娟等，2017），土地政策和决策实施可缓解或加剧耕地保护、生态保护和城市发展的困境；反过来也可能产生社会、经济和环境后果，从区域和国家角度应综合协同。

表 3-2　1996~2015 年典型生态空间的流向类型　　　　　（单位：$10^2\,km^2$）

类型	河流	湖泊	滩涂	沼泽
耕地	5.85	2.41	42.77	22.30
园地	0.50	0.02	0.97	0.09
林地	2.16	0.31	4.27	1.92
其他草地	0.16	1.37	2.59	1.02
城镇用地	6.65	0.67	14.57	1.96
其他	5.75	2.16	18.73	2.96
总计	21.07	6.94	83.90	30.25

以全国土地资源调查数据为基础，分析我国由人类活动（城镇建设、土地开发）及其土地政策造成的生态空间减少。采用偏相关回归（PLSR）方法变量重要性（variable importance on projection，VIP）指数，分析比较全国土地利用总体规划九大区域生态空间、农业空间和城镇空间时空变化与社会经济驱动因子的相互关系，研究发现固定资产投资、地均 GDP 和人均 GDP 对九个区域生态空间变化影响作用显著，城市化水平对沿海经济发达地区苏浙沪区影响作用显著（图 3-7 和图 3-8），固定资产投资在欠发达区域和发展中区域，如西南区、东北区、西北区等生态空间变化影响作用显著。

分析不同时期城市群地区生态空间演变与城市扩张的关系，快速城市化和工业化导致经济发达地区生态空间显著减少。自 2010 年以来，除珠江三角洲和长江三角洲城市群外，我国经济中心也发生了战略转移，向京津冀和中原城市群转移，城市用地和交通用地的年增长趋势与生态空间年变化面积，以及地区生产总值的年增长趋势显著一致（图 3-9），符合区域经济发展规律。城市群快速增长以消费生态空间为代价，部分沿海地区和城市群地区湿地和水域生态系统减少显著，土地资源的资本积累在我国城市化进程中

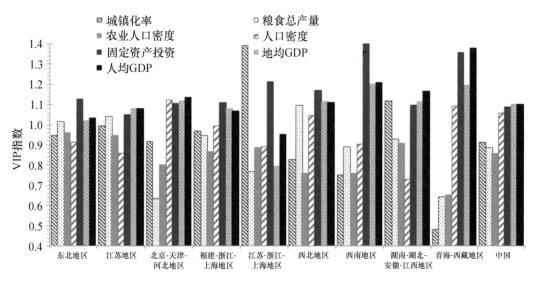

图 3-7　全国及不同区域生态空间变化的社会经济驱动因子 VIP 指数比较

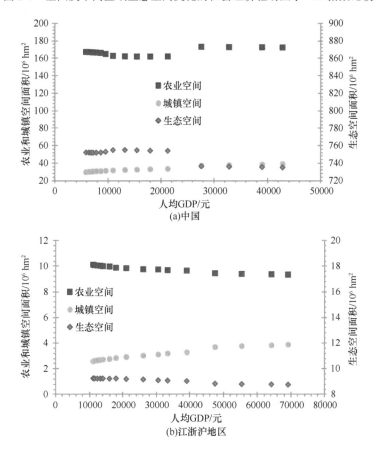

图 3-8　全国和江浙沪地区生态空间、农业空间、城镇空间变化与人均 GDP 的关系

发挥重要作用，生态空间减少导致不透水表面扩大，失去不可替代的生态商品和服务，包括植被和生物生产功能，造成了一定环境问题。

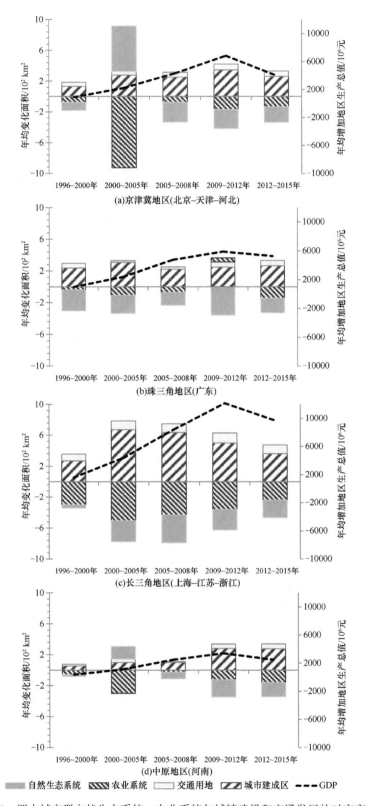

图 3-9 四大城市群自然生态系统、农业系统与城镇建设和交通发展的时空变化

二、人类活动对生态系统服务供给影响

（一）生态系统服务供给指数计算

本研究参考千年生态系统服务评估分类体系，以供给服务、调节服务、支持服务为主体内容，确定三大类 13 小类的生态系统服务分类框架体系（王静等，2015；Wang et al.，2018a）。基于文献分析和案例研究，获取气候因子、地形因子、土壤因子、水文水资源、生物因子、社会经济因子等，分析我国不同生态功能区生态系统服务供给类型及其重要程度，以及各类生态因子对不同生态系统服务供给能力的影响，明确不同生态因子在不同生态功能区生态系统服务供给中的重要性程度；采用层次分析方法和偏好比率法，分析各生态功能区生态系统服务供给能力与生态因子关系；以此为基础，采用多指标集合度量方法，对中国不同类型的生态系统服务进行量化，构建生态系统服务供给指数（ecosystem service supply index，ESPI）。具体计算过程可见参考文献（王静等，2015）。根据 2009 年生态系统的分布和 ESPI 分布，计算和分析了各县不同生态系统单位面积的ESPI，以此计算研究区 2000 年、2005 年、2008 年、2012 年和 2015 年各县生态系统服务供给指数 ESPI。图 3-10 为 2015 年全国单位面积生态系统服务供给的空间分布。

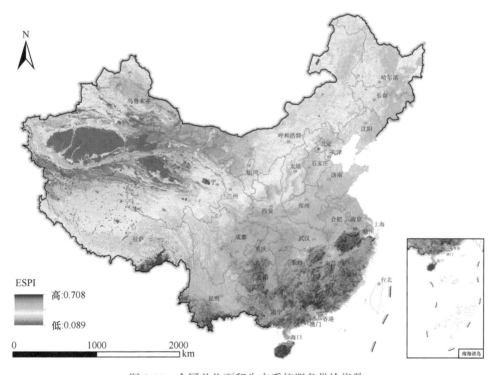

图 3-10　全国单位面积生态系统服务供给指数

（二）生态系统服务供给空间格局

单位面积生态系统服务供给指数反映区域生态系统服务的供给能力。全国生态系统

服务供给指数图见图 3-10。从整体上看，全国生态功能区单位面积生态系统服务供给指数从南到北呈现出明显的梯度分布，生态功能区单位面积生态系统服务供给指数较高值位于长江以南，较低值主要分布在华北和西北地区。长江以南主要以亚热带和热带季风气候为主，地表植被主要为常绿阔叶林，包括天目山–怀玉山山地常绿阔叶林生态区、湘赣丘陵山地常绿阔叶林生态区、浙闽山地丘陵常绿阔叶林生态区、南岭山地丘陵常绿阔叶林生态区、藏东南热带雨林季雨林生态区（III-9）。华北和西北地区的单位面积生态系统服务供给指数较低，其中，以塔里木盆地–东疆荒漠生态区、内蒙古高原西部–北山山地荒漠生态区、京津唐城镇与城郊农业生态区最低。其他生态系统服务供给指数较低的区域还包括华北平原农业生态区、辽东–山东丘陵落叶阔叶林生态区、燕山–太行山山地落叶阔叶林生态区、柴达木盆地荒漠生态区、帕米尔–昆仑山–阿尔金山高寒荒漠草原生态区、内蒙古高原中部–陇中荒漠草原生态区。位于西北的生态区的地表土地类型主要以沙漠，其他生态系统服务供给指数较低的生态区主要位于人类活动很频繁的地区，各类农业生产活动和开发建设活动对单位面积生态系统服务供给指数影响很大。藏东–川西寒温性针叶林生态区、秦巴山地落叶与常绿阔叶林生态区、江河源区–甘南高寒草甸草原生态区、淮阳丘陵常绿阔叶林生态区等中部地区的生态区，单位面积生态系统服务供给指数处在南部和北部之间。

　　同一生态空间类型的单位面积生态系统服务供给能力具有空间差异。总体上呈现东部季风生态大区强于青藏高原生态大区，青藏高原生态大区强于西北干旱生态大区。以全国范围内分布最为广泛的森林生态系统为例，东部季风生态大区的丘陵常绿阔叶林生态区的平均单位面积生态系统服务供给指数高于青藏高原生态大区的寒温性针叶林生态区，而西北干旱生态大区的天山山地森林与草原生态区生态系统服务供给指数最低。此外，东部季风生态大区内部也存在明显的南北分异，同为农业生态区，南方区域供给能力强于北方区域。而从生态功能区类型上看，同一区域内总体上呈现森林生态区生态系统服务供给能力强于草地生态区，草地生态区强于农业生态区，农业生态区强于荒漠生态区。

　　全国县域生态系统服务供给指数呈现出明显的南高北低的情况，与生态区生态系统服务供给分布规律一致。华北、东北和西北大部分县区单位面积生态系统服务供给指数为 0～20，明显低于南方。南方的长江三角洲、珠江三角洲、广西西北部、滇黔交界处、四川盆地、江汉平原等部分区县生态系统服务供给指数也比较低。南方生态系统服务供给较高的区域主要位于浙江、福建、广东、湖南、江西等省。上述省（自治区、直辖市）的多数区县生态系统服务供给指数为 41～63，其中单位面积生态系统服务供给指数处在前列的区县有婺源县、井冈山市、连山壮族瑶族自治县、炎陵县、仁化县、将乐县、蕉岭县、会昌县、靖安县、铜鼓县、全南县、始兴县、新丰县、广宁县、崇义县、万山区、巴州区，其中以巴中市巴州区为最高，达到了 63.37。上述地区由于处在亚热带季风区，气候温暖，雨量充沛，植物生长条件良好，植物种类繁多，南方林区又处在该区域，故而生态系统服务供给指数很高。

（三）生态空间演变对生态系统服务供给影响

改革开放以来我国社会经济长期保持快速增长，其中土地资源是其重要的支撑要素之一。由于土地的经济功能不断被最大化，城镇发展和交通建设，大量生态空间和农业空间呈现逐年减少趋势，生态空间的生态系统服务供给能力呈现下降趋势。通过分析生态空间演变对生态系统服务供给能力的影响，典型生态空间类型减少导致生态系统服务供给指数下降。从全国来看，1996~2008 年，尽管生态空间比例变幅较小，但生态系统服务供给能力呈现显著下降，这期间约下降了 22.5%。生态系统退化问题在一些区域表现得十分突出，如西北干旱区尤其是农牧交错带的土地沙化、黄土高原和西南喀斯特地区的土壤侵蚀以及东部地区耕地质量下降明显等。分析生态系统服务供给指数的变化，内蒙古高原和新疆北部也出现生态系统服务供给能力显著下降，上述地区通过将草地和森林开发为农田，森林和天然草地的减少，导致植被覆盖丧失，威胁到继续提供生态系统服务以支持生物循环系统和人类福祉。

单位面积生态系统服务供给指数减少的区域分布与生态空间减少区域分布和区域经济发展密切相关，特别是在中国南方地区。单位面积的生态系统服务供给指数下降范围为–4.99~–0.6，热点区域分布在人类活动影响较大的东部沿海长江三角洲、山东半岛和辽东半岛。生态系统服务供给能力下降与区域经济发展密切相关，生态系统服务供给能力与区域经济发展程度在一定约束条件下呈反向曲线（Zhang et al.，2013；Chuai et al.，2016）。2009~2015 年尽管生态空间比例变幅较小，但我国东部和西南部地区生态系统服务供给能力显著下降，由生态空间演变导致的生态系统服务供给能力变化县域达到9.51%。

另外，土地利用对生态系统服务有重大影响，尤其我国的退耕还林工程实施改变了区域生态系统的结构和功能（Zhang et al.，2013；Chuai et al.，2016；Abulizi et al.，2017）。我国在土地综合整治、自然生态保护、退耕还林等大型国家生态建设项目中持续投入大量生态建设资金，改善和恢复生态系统是关系到我国生态文明建设的关键。在生态文明建设背景下，土地整治和生态系统恢复要实现预期目标，迫切需要加强科学决策，区域经济的快速发展应建立在可持续生态空间管理的基础上，加强对自然地理条件、生态系统与人类活动之间密切关系的认识。

第五节　人类活动对沿海地区生态风险影响

沿海地区是海洋与陆地相互作用的关键区域，提供了多种生态系统服务，包括旅游休闲、食物供应、气候调节和生物多样性保护（Costanza et al.，1997 ；Daily，1997；Yanes et al.，2018）。在过去的几十年里，沿海地区快速的城市化和工业化对沿海生态系统造成了严重的影响（He et al.，2014）。以城市扩张、农业生产、工业活动、采矿和潮汐平地养殖为代表的人类活动，导致了沿海物种的丧失、生境破碎和丧失、海洋污染、外来物种入侵，对人类福祉造成了严重的损害（Pejchar and Mooney，2009；Adhikari and Hansen，2018）。联合国可持续发展目标 14.1 和 14.2 提出要从陆海协调发展的角度，减少人类在陆地上的活动造成的海洋污染，可持续地管理和保护海洋与沿海生态系统。因此，准确评估人类活动对沿海生态空间功能的影响，对确保持续提供生态系统服务、防止生物多样性丧失和实现整体生态系统管理至关重要（Oliver et al.，2015）。

一、人类活动造成的生态风险评估方法

本研究选择我国沿海从北到南的 11 个省（自治区、直辖市），分别是辽宁、河北、北京、天津、山东、江苏、上海、浙江、福建、广东和广西，并将距离海岸线 12n mile 的海域也纳入研究范围。沿海地区土地利用数据来源于中国科学院资源环境科学与数据中心，分辨率为 1km×1km。土地利用类型包括 6 个一级类型，25 个二级类型。港口兴趣点（POI）数据来自谷歌地图 Google Maps，人口密度和经济密度数据来自全球变化科学研究数据出版系统，工业用地分布来自全国地理国情普查。生境质量模型和生境风险评估（HRA）模型将水田、旱地、城乡居民点等视为生境威胁，近海区域、林地、草地、河流、湖泊等生态用地被视为生境因子。Tallis 等（2016）指出所考虑的威胁可能存在于研究区域的边界之外，本研究将人类活动区域及其缓冲区与生境重叠的区域视为人类生态压力源，并利用生境质量模型中威胁的最大影响距离建立缓冲区。

（一）生境质量模型

生境质量模型能够较好地评价人类活动对陆地生态系统影响。生境质量模型核心是建立生境质量与生境威胁之间的联系，即计算生境威胁对生境质量的负面影响，得到生境退化程度，通过生境适宜度和退化程度来计算生境质量。生境质量指数反映了受威胁影响的生境质量和土地利用类型破碎化程度。在高价值地区，生态系统结构稳定，生境质量良好。在低价值地区，抗干扰能力差，生态环境容易受到破坏。生境质量计算公式如下：

$$Q_{xj} = H_j \left[1 - \left(\frac{D_{xj}^z}{D_{xj}^z + k^z} \right) \right] \tag{3-1}$$

式中，Q_{xy} 为地类 j 栅格 x 的生境质量；H_j 为 j 地类的生境适宜度；D_{xj} 为地类 j 中的栅格 x 的生境退化程度；k 为半饱和常数，通常设置为生境退化程度最大值的一半；z 为模型默认参数，通常为 2.5。D_{xj} 的计算方法如下：

$$D_{xj} = \sum_{r=1}^{R}\sum_{y=1}^{Y_r} \left(\frac{w_r}{\sum_{r=1}^{R} w_r} \right) r_y i_{rxy} \beta_x S_{jr} \tag{3-2}$$

式中，R 为生境的威胁源个数；Y_r 为威胁因子层在土地利用类型图中的栅格个数；W_r 为不同威胁权重，代表威胁因子对所有生境的相对破坏性，取值范围为[0，1]；r_y 为栅格 y 中威胁因子的值，取值范围为[0，1]；i_{rxy} 为栅格 y 中的威胁因子 r 对栅格 x 的影响；β_x 为生境抗干扰能力，取值范围为[0，1]；S_{jr} 为生境 j 对威胁因子 r 的相对敏感程度，取值范围为[0，1]，敏感性随该数值增大而增大。i_{rxy} 可以计算如下：

$$i_{rxy} = 1 - \left(\frac{d_{xy}}{d_{r\,\max}} \right) \quad (\text{线性}) \qquad (3\text{-}3)$$

$$i_{rxy} = \exp\left[-\left(\frac{2.99}{d_{r\,\max}} \right) d_{xy} \right] \quad (\text{指数}) \qquad (3\text{-}4)$$

式中，d_{xy} 为栅格 x（生境）与栅格 y（威胁源）的距离；$d_{r\,\max}$ 为威胁源 r 最大影响范围。

参照 InVEST 模型实例数据和前人研究（Li et al.，2018；Sun et al.，2019；Xu et al.，2019），本研究根据研究区域的实际情况和专家建议，对威胁因子和威胁因子敏感度进行了划分，如表 3-3 和表 3-4 所示。参照我国生态环境部公布的《生态红线划定技术导则》中的分位数法，将结果分为低、较低、中等、较高、高 5 个等级。

表 3-3 威胁因子最大影响距离、权重及其空间衰退类型

威胁因子	最大影响范围/km	权重	空间衰减类型
水田	6	0.5	线性
旱地	6	0.7	线性
城市	9	1	指数
农村	5	0.6	指数
其他建设用地	4	0.6	指数
裸地	4	0.3	指数

表 3-4 土地利用类型对生境威胁因子的敏感度

土地利用类型	生境适宜度	威胁因子					
		水田	旱地	城市	农村	其他建设用地	裸地
水田	0.60	0.00	0.30	0.50	0.35	0.20	0.10
旱地	0.40	0.30	0.00	0.50	0.35	0.20	0.10
有林地	1.00	0.80	0.50	1.00	0.85	0.60	0.30
灌木林地	1.00	0.80	0.50	0.60	0.45	0.20	0.20
疏林地	1.00	0.80	0.55	1.00	0.90	0.65	0.30
其他林地	1.00	0.80	0.90	1.00	0.95	0.70	0.30
高覆盖草地	0.80	0.40	0.40	0.60	0.50	0.20	0.20
中覆盖草地	0.75	0.45	0.45	0.60	0.45	0.25	0.25
低覆盖草地	0.70	0.50	0.50	0.70	0.60	0.30	0.30
河流	0.90	0.60	0.60	0.90	0.80	0.70	0.30
湖泊	0.90	0.70	0.70	0.90	0.75	0.50	0.30
水库沟渠	0.70	0.70	0.70	0.90	0.75	0.50	0.30
滩涂	0.60	0.70	0.60	0.95	0.75	0.50	0.30
滩地	0.60	0.75	0.75	0.95	0.85	0.55	0.50
城市	0.00	0.00	0.00	0.00	0.00	0.00	0.00
农村	0.00	0.00	0.00	0.00	0.00	0.00	0.00
其他建设用地	0.00	0.00	0.00	0.00	0.00	0.00	0.00
裸地	0.00	0.00	0.00	0.00	0.00	0.00	0.00
沼泽	0.50	0.20	0.20	0.70	0.60	0.50	0.50

（二）生境风险评估模型

生境风险评估模型可评估各种人类活动对重要栖息地的风险。在模型中，风险被定义为人类活动降低近岸生境质量从而导致其提供生态系统服务供给能力损伤的可能性。生境风险评估模型类似于栖息地质量模型，适合筛选当前和未来人类活动的风险，从而优先考虑最佳减轻风险的管理策略。

生境风险评估模型选择两个维度的信息来计算生态系统的风险或影响，分别称为"暴露"和"后果"（Duggan et al., 2015）。其中"暴露"是人类活动导致的湿地暴露在压力源中的程度；"后果"反映了湿地对不同人类活动相关的压力源特定反馈。生境风险评估模型充分利用 GIS 空间叠加分析技术，并根据若干"暴露"和"后果"指标评估不同压力源造成的生境退化风险（Wyatt et al., 2017）。"暴露"的指标包括空间叠置、时间叠置、强度、管理有效性 4 种，"后果"的指标包括面积变化、结构变化、自然干扰频率等7种。考虑到数据的可获取性，这里仅选择空间重叠、时间重叠、强度、面积变化、结构变化和自然干扰频率 6 个指标来开展评估。空间重叠、时间重叠、面积变化、结构变化和自然干扰频率指标得分可通过表 3-5 划分方法获得，强度指标得分通过专家评判获取。

表 3-5 "暴露"和"后果"指标等级划分

指标		得分			
		0	1	2	3
暴露	空间重叠	不重叠	重叠	—	—
	时间重叠	—	0~4 个月	4~8 个月	8~12 个月
	强度	—	低	中	高
后果	面积变化	—	低损失（0~20%）	中等损失（20%~50%）	高损失（50%~100%）
	结构变化	—	结构损失小（0~20%）	结构损失中等（20%~50%）	结构损失高（50%~100%）
	自然干扰频率	—	频繁（每周）	中频（每年几次）	罕见（每年或更少）

"暴露"（E）和"后果"（C）都是通过为每个属性的一组指标指定一个评级（通常是 1~3，0 代表没有得分）确定的。总"暴露"E 和总"后果"C 的得分是每个评价指标 i 的"暴露"值 e_i 和"后果"值 c_i 的加权平均值。

$$E = \frac{\sum_{i=1}^{N} \dfrac{e_i}{d_i \cdot w_i}}{\sum_{i=1}^{N} \dfrac{1}{d_i \cdot w_i}} \qquad (3-5)$$

$$C = \frac{\sum_{i=1}^{N} \dfrac{c_i}{d_i \cdot w_i}}{\sum_{i=1}^{N} \dfrac{1}{d_i \cdot w_i}} \qquad (3-6)$$

式中，d_i 为指标 i 的数据质量得分；w_i 为指标 i 的重要性权重；N 为用于评价的每个生境的指标个数。

然后，由生态威胁因子 j 引起的湿地 i 风险计算如下：

$$R_{ij} = \sqrt{(E-1)^2 + (C-1)^2} \qquad (3-7)$$

最后，模型会量化所有压力源对生境的累积风险，生境 i 的累积风险是每个生境的所有风险评分的总和：

$$R_i = \sum_{j=1}^{J} R_{ij} \qquad (3-8)$$

式中，R_{ij} 表示由生态威胁因子 j 造成的生境 i 的风险；R_i 为生境 i 的生境风险值；J 为生态威胁因子 j 的总数。

生境风险评估模型可识别不同类型人类活动对生境的影响，本研究采用生境风险评估模型开展近海地区生态风险评估，使用分位数法将生境风险评估的结果分为 5 个等级：低、较低、中等、较高、高。

二、陆地生态系统生境质量与影响因素

沿海地区生境质量空间异质性明显，南部高，北部低。沿海地区北部以平原为主，地形起伏小，适宜耕种，山东、河北等我国农业大省均在此区域，该地区土地开发利用强度较高，包括农业生产和水产养殖在内的非点源污染相当突出。有研究表明，通过施肥向环境中输入的硝酸盐量是自然过程的 2 倍以上，会造成研究区域土地质量严重退化（Lü et al.，2018）。研究区域内的工业用地，造成了水污染、空气污染、土壤污染等诸多环境问题，导致了城市自然环境的破坏和环境质量的恶化（Zhang et al.，2016；Cheng et al.，2019）。研究结果表明，沿海地区工业用地与生境质量指数较低地区的空间分布一致，并且工业用地的缓冲距离与生境质量呈正相关（图 3-11），拟合结果均通过了显著性检验。北部（辽宁、河北、天津、山东）沿海地区的拟合直线斜率低于南部（福建、广东、广西）和中部（江苏、上海、浙江）沿海地区。随着缓冲距离的增加，沿海地区北部的生境质量改善率明显低于南方和中部，这主要是由于北部海岸带人类活动强度大，植被覆盖率低；同时，城市的建设用地也占用了大量的生态空间，景观破碎化程度也在不断加剧（Wang et al.，2018c；Wang et al.，2019）。城市空间的快速扩张加剧了整体生态景观的破坏。研究区域内许多城市人类对生态系统服务的过度使用和滥用，导致自然资产的储备和生态系统服务供给急剧下降，而对生态系统服务需求却在上升，增加了区域生态风险（Liu et al.，2018）。生态系统服务的供需失衡也非常严重。有学者发现，京津冀地区的碳固存量从 1990 年的 40.55×10^8 t 下降到 2015 年的 40.04×10^8 t（Wang et al.，2018a）。2000～2010 年，京津冀地区的生态风险随着该地区的快速城市化进程而增加（Kang et al.，2018）。长江三角洲、珠江三角洲、京津冀地区的城市多为低生态系统服务供给-高生态系统服务需求类型（Wang et al.，2019）。

南部沿海地区包括广西、福建和广东北部，温差小，降水丰富，植被茂密，生

物多样性明显好于北方地区。同时，该地区土地利用强度低，人类活动对环境的影响相对较小，生境质量较好。南部沿海地区工业用地缓冲距离与生境质量拟合直线的斜率和截距均大于中部及北部沿海地区，但生境质量较好的地区仍然面临着许多威胁，如资源的过度使用、工业和城市的快速发展以及气候变化加剧了物种与栖息地的损失等（Ali et al.，2018；Lin et al.，2019）。我国南方以人工林为主，森林生态系统破碎化程度高，过度砍伐森林、掠夺性矿产开采、不合理的土地利用等广泛的人类活动削弱了生物多样性和水源涵养等生态服务功能，生物多样性下降的总体趋势没有得到有效遏制。

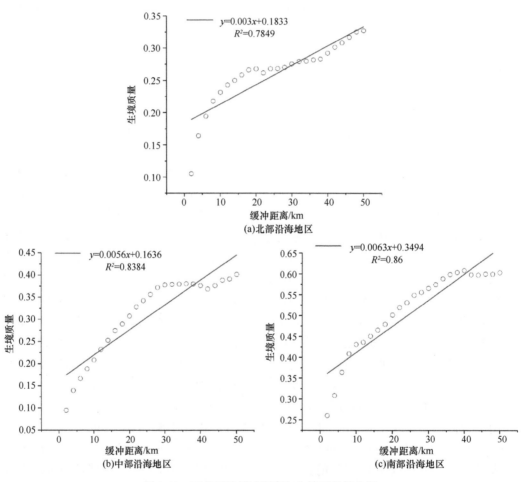

图 3-11　工业用地缓冲距离与生境质量拟合图

　　为了更好地分析人类活动对生境质量的影响，本研究统计了人口密度和经济密度与生境质量水平的匹配状况，如表 3-6 和表 3-7 所示。在本研究中，以人口密度和经济密度的不同等级表示人类活动强度，共分为 6 个等级。在生境质量水平较低的地区，不同强度的人类活动对其影响差别不大。随着人类活动强度的增加，生境质量水平较高和高的地区逐渐减少，证明人类活动强度与生境质量水平成反比。该结果与以往的研究一致

表 3-6　不同的经济密度和生境质量水平的匹配状况

经济密度/（元/km²）	生境质量				
	低	较低	中等	较高	高
1 级（0~100）	67.93	39.14	97.13	159.02	237.30
2 级（101~300）	31.97	68.65	76.40	53.65	12.15
3 级（301~1000）	29.14	55.06	35.18	15.43	2.60
4 级（1001~3000）	38.98	53.25	26.80	9.77	1.29
5 级（3001~10000）	45.63	30.80	14.37	6.94	0.70
6 级（>10000）	37.32	7.51	2.84	1.62	0.17

表 3-7　不同的人口密度和生境质量水平的匹配状况

人口密度/（人/km²）	生境质量				
	低	较低	中等	较高	高
1 级（0~50）	77.36	53.80	83.62	129.47	208.26
2 级（51~200）	40.11	52.93	69.92	57.80	34.57
3 级（201~500）	40.45	71.76	62.48	38.49	9.75
4 级（501~1000）	34.35	47.71	25.52	13.79	1.19
5 级（1001~5000）	40.63	26.40	10.34	6.21	0.40
6 级（>5000）	18.07	1.82	0.84	0.67	0.05

（Wang et al.，2016；Yanes et al.，2018），人类活动对生态系统服务有负面影响。因此，应该对人类活动进行有效管理，促进生态系统健康，最大限度地减少人类活动的负面影响，降低生态风险。

三、人类活动对近海区域的生态风险

（一）近海区域生态风险空间差异

近海地区生态风险分析结果表明，辽东半岛、山东半岛、福建、浙江、广东沿海风险明显高于其他地区。沿海自然湿地的人工化、湿地开垦（工业港口建设）和城市化扩张是辽宁沿海地区生态风险高的主要原因（Chu et al.，2015）。山东半岛部分海岸带的开发利用也不尽合理，削弱了海岸带生态系统服务功能（Yang and Gao，2019）。山东半岛莱州湾典型的生态系统长期处于亚健康状态。同时，该地区广泛的海水养殖模式造成了海洋环境污染，带来了较大的生态风险。浙闽两地资源短缺与生态环境恶化的矛盾日益突出，具体表现为水体污染、海洋渔业过度捕捞、湿地和潮汐滩地过度开垦等问题。目前福建部分海岸带存在诸多生态环境问题，如淤积加重、红树林面积大量减少等。2017年，广东海洋 GDP 占全国的 1/5，连续 23 年位居全国第一。然而，在实现巨大经济效益的同时，也破坏了近海生态环境。如今广东约有 21.6%的海岸线受到不同程度的侵蚀。渔业资源密度不到 20 世纪 70 年代的 1/9。红树林、珊瑚礁、海草床等典型海洋生态系统严重退化。

　　山东与河北交界处的近海地区受人类活动影响较小。该地区位于黄河三角洲，河口面积占全国河口湿地总面积的 10%，总面积达 50 万亩[①]。该区域内多种类型的生态系统错落有致，生态环境较好。同时，该区域也是以保护河口湿地生态系统和珍稀濒危鸟类为目的的自然保护区。建设和开发活动受到法律的限制。江苏近海地区受人类活动的影响也较小。江苏是沿海滩涂资源最丰富的省，占我国沿海滩涂总面积的 1/4，但受湿地保护法、地形等多种因素影响，近海开发强度明显弱于其他省（自治区、直辖市）。2017年，江苏海洋产业产值仅占全国海洋产业总产值的 9%。

（二）人类活动对近海区域生态风险的影响

　　以沿海城市化为代表的陆地人类活动对沿海生态系统产生了巨大影响。人类工农业活动和城市发展造成了许多环境问题，包括重金属污染、持久性有机污染物污染、塑料废弃物污染等，威胁着海洋生态系统的健康。Meng 等（2014）和 Yuan 等（2012）的研究发现，随着沿海地区工业化和经济的快速发展，沿海陆源排放和河源输入可能是中国海域沿海沉积物中汞 Hg 的主要来源。城乡居民点对研究区近海区域的影响也很大（图 3-12），其他建设用地包括矿山、油田、盐田和采石场对辽宁、河北、山东和江苏的近海区域影响大，沿海地区的矿产开采导致沿海生境退化，影响水质，对沿海地区的旅游和休闲活动产生不利影响（Mas et al.，1999；Mateos，2001）。我国四大盐场包括长芦盐区、辽东湾盐区、莱州湾盐区和淮盐产区，都分布在这四个省，这一地区的石油资源也十分丰富。据统计，全国 40% 的石油探明储量和 30% 的石油资源是在渤海湾盆地发现的。同时，四个省在沿海地区建设了大量不同类型的工业区。江苏、山东的国家级经济开发区数量分别居全国第一和第三位。

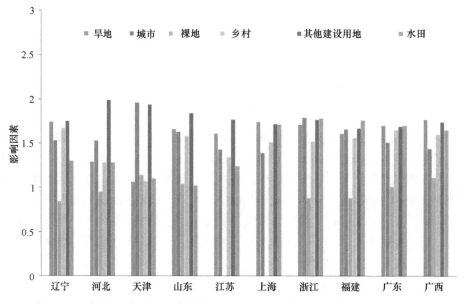

图 3-12　不同省（自治区、直辖市）人类活动对近海区域生态风险的影响因素

_____

① 1 亩≈666.7m²。

农业活动对我国南方近海地区的影响很大。水田对浙江、福建、广东近海地区的影响最大。研究表明，这三个省水、热、肥、土等自然条件较好，区域耕地的复种指数大于其他省（自治区、直辖市）（Xie and Liu，2015）。旱地对广西和上海近海地区影响最大。据统计，广西海岸线 10 km 范围内，旱地面积为 1021 km^2，明显多于其他威胁。上海崇明岛东部和浦东新区东部的土地利用类型多为旱地。上海由于面积较小，也面临较多的来自江苏的旱地威胁。华南地区农业生产中氮、磷排放过多，对海岸带的生物地球化学循环和生态系统健康造成影响。海水富营养化导致藻类快速生长，生物资源死亡，生物丰富性/多样性下降。富营养化加剧了世界各地海洋死区的形成，并对生态系统功能造成严重破坏（Diaz and Rosenberg，2008）。长江口已被联合国环境规划署的年度报告列为极难恢复的永久性"近岸死区"，珠江口和浙江近海地区也被列为季节性"近岸死区"。

港口会成为人类大规模干扰海洋及邻近陆地生境的来源（Chatzinikolaou et al.，2018）。在港口开发建设过程中，改变了现有的海洋和湿地功能，物质循环速度明显提高，导致原有生态功能丧失，生态承载力下降。港口运营期间，海上船舶繁忙，对水生生物洄游通道影响较大。同时，船舶废气、污水、溢油事故、石油衍生品和防污涂料泄漏、垃圾排放等问题突出，对环境的影响将进一步扩大（Nunes et al.，2019）。利用沿海港口 POI 数据，从核密度分析可以看出，福建、浙江、广东的数值最大，江苏和河北、山东交界处的数值最小。这一结果与生境风险评估结果一致，在一定程度上证明了生境风险评估结果的准确性。

第六节　土地利用视角下人类活动对湿地的影响

近年来，随着长江经济带建设上升为新一轮的国家战略，沿江开发和湿地保护的矛盾势必越显突出，实现长江湿地资源的可持续利用迫在眉睫。本研究选择长江经济带中的具有代表性的重庆、武汉和南京三大城市作为研究区，基于中国科学院资源环境科学与数据中心（RESDC）1∶100000 比例尺土地利用现状遥感监测数据库提供的 1990～2015 年土地利用数据，结合元胞自动机–马尔可夫（CA-Markov）模型和栖息地风险评估模型，分析人类活动对湿地生态系统的综合影响，并定量预测未来湿地所遭受的生态压力，为长江经济带湿地保护提供理论支撑。

一、湿地变化预测与风险评估方法

（一）湿地变化 CA-Markov 模型预测

元胞自动机（cellular automata，CA）是一个具有离散时间、空间和状态的动态系统，由元胞及其状态、元胞空间、元胞邻域和转换规则 4 部分组成（井云清等，2016）。CA 不是一个确定的数学函数，而是一种自下而上的研究思想，即局部个体的简单行为能够产生全局、有秩序模式的复杂系统。可以用如下公式表示：

$$S^{t+1} = f_N \left(S^t \right) \tag{3-9}$$

式中，S 为元胞离散、有限的状态集合；f 为元胞从时刻 t 到时刻 $t+1$ 的转化规则；N 为元胞的邻域。

马尔可夫（Markov）模型是一种基于事件现状的预测模型，用于预测未来可能发生的变化，其特点是稳定性好，无后效效应（张晓娟等，2017）。土地利用和土地覆被变化也具有无后效的特征，该模型可以用来预测土地利用和土地覆被变化的趋势。Markov模型的公式如下：

$$X(t+1) = X(t) \times P \tag{3-10}$$

$$P = (P_{ij}) = \begin{bmatrix} P_{11} & P_{12} & \cdots & P_{1m} \\ P_{21} & P_{22} & \cdots & P_{2m} \\ \vdots & \vdots & & \vdots \\ P_{m1} & P_{m2} & \cdots & P_{mm} \end{bmatrix} \tag{3-11}$$

式中，$X(t)$ 为随机事件在 t 时刻的状态；$X(t+1)$ 为随机事件在 $t+1$ 时刻的状态；P 为状态的转移概率矩阵，取值范围 $0 \leqslant P_{ij} \leqslant 1$，$\sum P_i = 1$。

使用 Kappa 系数评估模拟结果的准确性（Fu et al.，2018）。公式如下：

$$K = \left(P_o - P_c \right) / \left(1 - P_c \right) \tag{3-12}$$

式中，K 为 Kappa 系数；P_o 为正确模拟栅格单元比例；P_c 为随机情况下的正确模拟栅格单元比例。Kappa 系数取值范围为 $[-1, 1]$，它可以分为六个等级来表示不同的一致性水平：$\leqslant 0$（差）、$0.01 \sim 0.20$（较差）、$0.21 \sim 0.40$（一般）、$0.41 \sim 0.60$（中等）、$0.61 \sim 0.80$（较好）和 $0.81 \sim 0.99$（几乎完美）。

CA-Markov 模型结合了 Markov 链和 CA 模型的优点，可以基于 Markov 模型的数量预测重建未来土地利用的空间格局，具体步骤如下。

（1）确定转化规则。使用研究区 2005 年和 2010 年的土地利用数据，利用 Markov 模型将数据时间间隔和预测时间周期均设置为 5 年，比例误差设置为 0.15，得到 2005～2010 年土地利用转换面积和转移概率矩阵。

（2）制作适宜性图集。参考相关文献，结合研究区特点，本研究将湿地作为限制因子，将高程、坡度、离城镇建设用地距离、离道路距离和离湿地距离作为限制条件，利用 MCE 和 Colletion Edit 模块制作研究区适宜性图集，根据适宜性图集确定元胞在下一时刻的状态。

（3）确定 CA 滤波器。经多次试验，并参照有关研究成果（井云清等，2016），构建 5 像元×5 像元的 CA 模型空间滤波器，即一个元胞周围 5 像元×5 像元元胞范围内的矩阵空间对该元胞状态的改变具有显著的影响。

（4）验证模型。以 2010 年为起始时间，CA 迭代次数取 5，结合适宜性图集和土地利用转移矩阵，模拟 2015 年研究区土地利用格局。利用 Kappa 系数将模拟结果与研究区 2015 年实际土地利用数据进行比较，验证模型的可行性。重庆、武汉和南京的 Kappa 系数分别为 0.8526、0.9002 和 0.8913，实验结果较好，能够满足模拟需求。

（5）设定情景。通过改变模型 2010～2015 年土地利用转移矩阵的参数，设置研究区自然发展情景（natural development scenario，NPS）和生态保护情景（ecological protection scenario，EPS）两种模拟情景。其中自然发展情景依然按照原始土地利用转移矩阵开展模拟；生态保护情景严格控制建设用地向生态用地的转换，将转移概率均控制在 10%以下，同时提高建设用地向生态用地的转换比例，林地、草地、湿地的转移概率分别提高 2%、1%和 1%。

（6）模拟未来多情景。以 2015 年为起始时间，CA 的迭代次数取 15，分别模拟 2030 年研究区自然发展情景和生态保护情景的土地利用格局。

（二）栖息地风险评估模型

栖息地风险评估（InVEST-HRA）模型可评估各种人类活动对重要栖息地的风险。在模型中风险被定义为人类活动降低近岸生境质量从而导致其提供生态系统服务能力损伤的可能性。土地利用是人类经济社会活动作用于陆地表层资源和自然环境的综合反映，是人类活动与自然过程共同作用的结果（吴传钧和郭焕成，1994）。人类对陆地表层自然覆被利用、改造和开发的程度，可通过土地利用/覆被类型得到反映（徐勇等，2015）。本研究以不同土地利用/覆被类型表征不同类型人类活动，将湿地作为栖息地风险评估对象；同时选择旱地、城镇用地、农村居民点、其他建设用地作为人类活动的生态压力源。以旱地代表农业发展、城镇用地代表城市发展、农村居民点代表农村发展、其他建设用地代表城镇基础设施建设。可将水田视为一种人工湿地，考虑到水田是兼具生态属性和人工属性的复杂系统，其虽能提供较多的生态服务，但又受人类活动影响较大。将水田包含在湿地范围内，水田的人工属性会给研究带来潜在的误差；将水田纳入生态压力源范围内，水田的生态属性使其与其他地类差异很大，同时不符合湿地定义。为尽可能提高研究精确度，本研究的湿地未将水田包含在湿地范围，排除水田具有多重属性而可能存在的误差。考虑到人类活动影响具有超出其所在区域的延展性，本研究将人类活动区域及其缓冲区与湿地的重叠部分作为人类生态压力源和湿地重叠部分，以旱地、城镇用地、农村居民点、其他建设用地建立 1.5 km 缓冲区。使用的软件是 ArcGIS 10.4、IDRISI 17 和 InVEST 3.1.3。

二、典型城市湿地变化及其压力源

分析研究区 1990～2015 年重庆、武汉和南京三个城市湿地与生态压力源面积变化（图 3-13），城镇扩张及退耕还林还草、退耕还湖等工程的实施，导致城镇用地、农村居民点及其他建设用地等生态压力源面积不断扩大，旱地面积不断减少，其中，南京旱地向城镇用地转出面积达 258.1 km^2，重庆有 61 km^2 的旱地转变为林地。大量林地资源也被侵占为建设用地，各城市转入面积均超过 30 km^2。不同城市湿地面积变化趋势不同，长江中、下游的武汉和南京湿地面积增加明显，上游的重庆湿地面积则基本保持稳定，分析其原因，武汉、南京由于退耕还湖等政策实施，并通过建立湿地生态保护区及湿地公园，湿地面积均有所增加；重庆由于湖泊面积很少，且湿地类型主要为河流湿地，加之地貌多为丘陵，受人类建设开发活动影响相对较小，面积基本保持稳定。重庆、武汉和南京三个城市 2030 年自然发展情景和生态保护情景土地利用格局继续呈现建设用地面积均增加、旱地面积减少的趋势，而湿地面积则相对保持稳定。从数量上看，重庆、武汉在两种情景下湿地、城镇用地和农村居民点面积变化相对较小，而旱地与其他建设用地面积差异较大；南京则是城镇用地、农村居民点和其他建设用地面积差异相对较大，旱地和湿地面积差异相对较小。生态保护情境下，严格控制生态空间向建设用地的转换，研究区各类建设用地面积几乎都小于自然发展情景，旱地和湿地的面积均大于自然发展情景。从空间布局看，三大城市发展方向也有所不同：重庆发展方向基于 2015 年现状向城市四周发展，沿江北区、大渡口区、渝北区和南岸区长江两岸是其主要发展方向；武汉主要发展方向是向西南和东南发展；南京则是在现有城市基础上，向外围有所扩张。值得注意的是，重庆和武汉情景不同，其他建设用地面积差异极大，但相较于下游的南京，两市其他建设用地面积都呈现显著的增加趋势。这主要是由于目前长江上中游地区还处在快速城镇化阶段，目前武汉和重庆的城区人口占比分别为 52.86% 和 36.48%，远低于长江下游南京的 73.02%，在城市未来发展过程中仍不可避免侵占其他

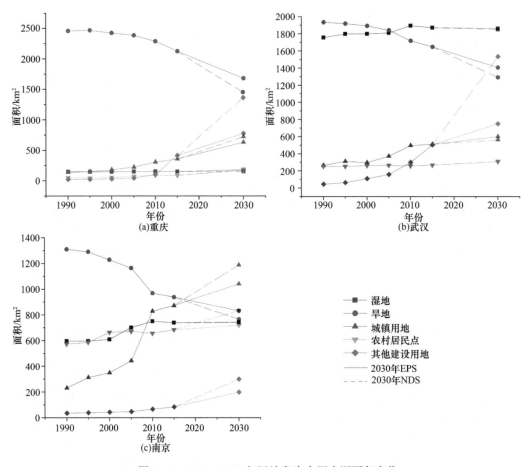

图 3-13 1990～2030 年湿地和生态压力源面积变化

用地来进行城市建设。因此，在长江上中游的城市未来发展过程中，应严格留意各地类向其他建设用地的转化，控制其规模，防止生态破坏。

三、人类活动对湿地的影响及预测

结合 HRA 模型与 CA-Markov 模型，分析不同年份不同情境下人类活动对湿地的影响。为便于比较不同年份结果，采用极差标准化方法将研究结果标准化。重庆2015 年受人类活动影响较大的湿地主要集中在江北区与渝中区交界处、大渡口区与巴南区交界处、沙坪坝区与江北区嘉陵江段交界处，如图 3-14 所示。这些地区主要位于城市主城区的外围地带，湿地不仅受城市人类活动的影响，同时农业活动及其他一些建设活动都会在一定程度上增加湿地所面临的风险。受人类影响活动较小区域则主要位于重庆主城区核心区渝中区、南岸区和九龙坡区的交界处，该地区湿地虽受城市发展的影响较大，但是受其他各种人类活动的影响小很多；同时江北区、渝北区和巴南区交界处湿地受人类影响活动也较小，这主要是由于该地区湿地远离城市，更多地面临的是农业生产活动对其的影响，影响相对偏小。2015 年、2030 年两种情景下人类活动对湿地的影响有所差异。自然发展情景下，由于沿江北区、大渡口区、渝北区和南岸区长江两岸是其主要发展方向，城镇建设用地扩张，使重庆东段长江遭受到更多来源于城市发展和城市基础设施建设的影响，其面临的风险明显加大，而南段长江和主城区核心区的湿地所面临的风险则所有降低。生态保护情景下，由于严格控制建设用地增量，虽然重庆东段长江面临的风险也有所增强，但远小于自然发展情景，仅在江北区与巴南区交界处增加较为明显，南段长江和主城区核心区人类活动的影响也有所降低。

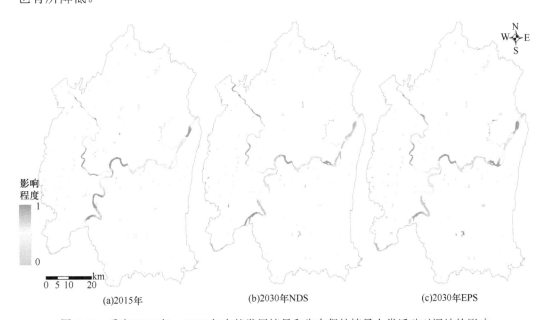

图 3-14　重庆 2015 年、2030 年自然发展情景和生态保护情景人类活动对湿地的影响

武汉 2015 年受人类活动影响较大的区域主要分布在二环线外，并向外扩散分布，这主要是由于该地区的湿地面临多种人类活动的复合影响，如城市扩张与城市基础设施建设、农业种植等；远城区的梁子湖、斧头湖、涨渡湖、鲁湖、武湖等湖泊湿地则更多受单一的农业生产影响，生态风险较低。类似于重庆中心城区，武汉二环内地区主要受城市发展影响，其他人类活动影响少，故生态风险偏低。2030 年自然发展情景下，由于城镇建设用地的扩张，全市湿地面临的生态风险明显增加，从图 3-15 中可以看出，生态风险高值区半径明显大于 2015 年，远城区主要湖泊除中心区域风险较低外，近岸区将会面临更多的人类影响。2030 年生态保护情景下，人类活动对湿地影响相较于 2015 年也有所增强，增强的区域主要位于武汉西南部和东南部，这主要是由于该地区城镇用地和其他建设用地扩张，加大了对湿地的影响。2030 年两种情景下，城市核心区湿地面临的风险变化不大，更多地受单一城市发展影响。

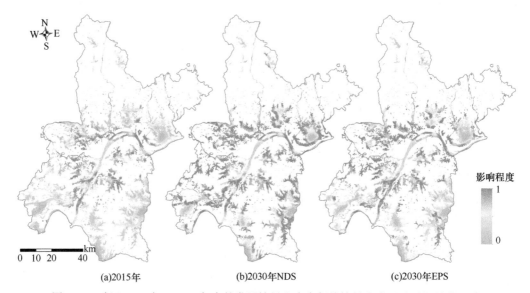

图 3-15　武汉 2015 年、2030 年自然发展情景和生态保护情景人类活动对湿地的影响

南京 2015 年受人类活动影响较大的湿地主要分布在城郊地区，如图 3-16 所示。其中，六合区与栖霞区交界处、雨花台区与浦口区交界处、八卦洲（东北段除外）地区长江湿地生态风险最高；滁河六合区段、长江江宁区段、溧水河等湿地面临的风险也偏高。风险偏低的区域零散分布在风险高值区周围，南京南部的石臼湖、固城湖更多面临来自农业生产活动的影响，湿地面临的风险也较低。南京 2030 年两种情景下人类活动对湿地的影响相差不大。由于城镇建设用地面积扩张，南京主城区湿地面临的风险均有所增强，其中，自然发展情景下建邺区北部和浦口区北部湿地面临的风险更大；石臼湖、固城湖周边由于旱地和建设用地面积有所增加，农业生产及建设开发活动会给湿地带来更大的生态风险。

为更好分析研究区不同情景下人类活动对湿地的影响差异，对 2015 年、2030 年自然发展情景和生态保护情景的生态风险评估标准化结果进行分级，以 0~0.2、0.201~0.4、0.401~0.6、0.601~0.8、0.801~1.0 为间隔，将其分为五个级别，级别越高，人类活动影响越大，生态风险越大，见表3-8。2015年，重庆湿地风险相对偏高，3级、4级和5级面积约占其土地面积的3.12%；武汉总体上风险也较高，3级、4级和5级面积占其土地面积的20.72%；南京湿地风险更多的是处在中等水平，2级、3级和4级总面积约为其土地面积的11.69%。总体来看，不同城市湿地所受到的人类影响与各地区自然地理条件、社会经济发展密切相关。重庆多山地，在一定程度上限制了人类各类开发活动，湿地受到影响有限；武汉市域面积约有1/4为水体，加之武汉作为我国华中地区的中心城市，目前城市发展实际上已进入了临界跃变阶段，湿地将会面临更多的人类风险；南京目前已处在城镇化后期，城市发展空间日益狭窄，同时从模拟结果看，南京2030年模拟结果较2015年差距较其他城市偏小，各项人类活动趋于稳定，给湿地带来的风险相对较低。

图3-16　南京2015年、2030年自然发展情景和生态保护情景人类活动对湿地的影响

表3-8　2015年生态风险评估结果

等级	重庆		武汉		南京	
	面积/km²	面积占比/%	面积/km²	面积占比/%	面积/km²	面积占比/%
1级	23.40	0.43	137.56	1.62	96.71	1.47
2级	27.45	0.50	377.57	4.44	234.25	3.55
3级	48.97	0.90	584.26	6.88	344.08	5.22
4级	72.67	1.33	735.20	8.66	192.64	2.92
5级	48.92	0.89	440.16	5.18	66.03	1.00

　　从图3-17能够看出，研究区2030年自然发展情景湿地生态风险评估结果中1级、2级、3级、4级面积均要小于生态保护情景，而5级的面积要大于生态保护情

景。这说明自然发展情景下人类活动给湿地带来的影响使高风险等级面积明显增加，尤其是以建设用地扩张带来的影响更为突出；而生态保护情景带来的风险更多地集中在 3 级和 4 级。研究同时发现，武汉和南京 2030 年两种情景下湿地生态风险 1~4 级的面积基本上都小于 2015 年，而 5 级均大于 2015 年，未来武汉和南京应控制城市建设用地规模，实行区域城乡建设用地的整体控制，提高城镇土地利用率，建设宜居生态健康城市。重庆 2030 年两种情景下湿地生态风险 2 级和 4 级面积较 2015 年增加明显，说明重庆湿地面临较多的低强度人类影响，这与重庆多山地地形有较大关联。未来重庆应强化土地监管，加强重视城乡统筹发展，合理实施退耕还林，建设资源节约型和环境友好型城市。

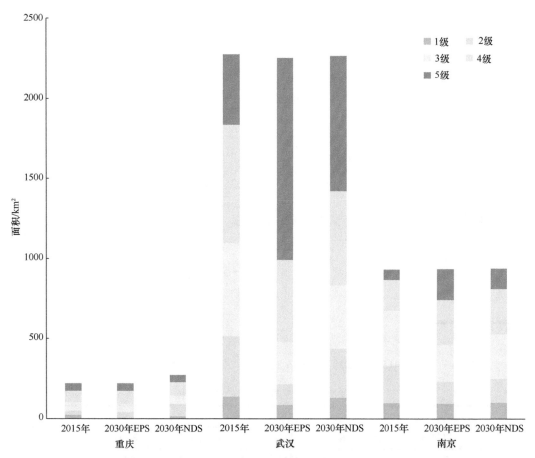

图 3-17　2015 年、2030 年自然发展情景和生态保护情景生态风险评估不同等级面积

　　湿地面临的风险是由多种人类影响因素复合造成的，但不同地区人类活动对湿地的影响有所差异。2015 年重庆对湿地影响最大的是旱地（R=1.63），其次是交通等其他建设用地和城镇用地，农村居民点影响最小；武汉湿地受交通等其他建设用地（R=1.78）影响最大，城镇用地发展影响最小；南京农村居民点（R=1.62）和城镇用地（R=1.59）带来的风险较大，旱地的影响最小，如表 3-9 所示。管理者应合理规划土地利用，减少人类活动导致的湿地风险。2030 年，不同情景下各地类对湿地的影响有所变化。自然

表 3-9　不同城市土地利用对湿地的影响

土地利用类型	重庆			武汉			南京		
	2015 年	2030 年 NDS	2030 年 EPS	2015 年	2030 年 NDS	2030 年 EPS	2015 年	2030 年 NDS	2030 年 EPS
农村居民点	1.42	1.30	1.35	1.49	1.51	1.47	1.62	1.55	1.55
旱地	1.63	1.80	1.53	1.59	1.58	1.58	1.29	1.27	1.27
交通等其他建设用地	1.45	1.80	1.80	1.78	1.82	1.61	1.40	1.68	1.68
城镇用地	1.43	1.56	1.55	1.33	1.90	1.79	1.59	1.71	1.48

发展情景下，由于城市扩张等因素更多的地类转为建设用地，导致了研究区城镇开发建设活动对湿地的影响越来越大，其中，武汉（$R=1.90$）和南京（$R=1.71$）城镇用地影响较大，重庆（$R=1.80$）交通等其他建设用地影响较大。生态保护情景下，限制了生态用地向建设用地的转换，研究区建设用地对湿地的影响明显小于自然发展情景，但城镇用地（重庆 $R=1.55$，南京 $R=1.48$，武汉 $R=1.79$）依然对研究区湿地影响最大。农村居民点和旱地对湿地的影响各不相同，不同情景下，对湿地影响差异较大，其中，2030 年重庆自然发展情景旱地造成的湿地风险较高（$R=1.80$）。

总体来看，研究区 2030 年自然发展情景和生态保护情景在不同土地利用类型上规模有所差异，但建设用地面积增加，农田面积减少趋势没有改变。该趋势与中国其他地区土地利用变化趋势相差不大。据统计，到 2017 年末，全国减少耕地面积 6.09 万 hm²，新增建设用地 53.44 万 hm²（自然资源部，2018）。中国多数城市地区都存在着耕地减少，建设用地增加的问题，这主要是由于我国仍处在快速城镇化过程中，各类城市开发建设活动不可避免地占用耕地及其他生态用地，随着人口增长、发展需求等因素，耕地保护形势仍然十分严峻。国家应继续坚持最严格的耕地保护制度和最严格的节约用地制度，加强耕地数量、质量、生态"三位一体"保护，加强土地规划管控和用途管制，严格控制建设占用耕地，遏制农田及生态用地无节制缩减，这对维持区域生态平衡、实现"绿水青山就是金山银山"具有重要意义。三大城市主城区外围的湿地受人类活动影响较大，城市核心区及远郊地区湿地受人类活动影响相对较小，未来更多面临的是以建设用地带来的生态风险。未来应根据不同城市特点，维护和修复城市自然生态系统，加强城市绿色基础设施建设，强化生态环境质量保障，扩大城市绿地、水域等生态空间，建设生态廊道，使城市绿地、湿地、耕地形成完整的生态网络。此外，长江中下游地区湿地面积明显大于上游地区，中下游地区湿地将面临更多的生态风险。2017 年《长江流域及西南诸河水资源公报》也显示，长江废污水排放主要集中在洞庭湖水系–太湖水系的长江中下游段，湖南、湖北、江苏是污水排放量最多的省，人类活动给该地区湿地带来的影响更大。因此，长江中下游地区应健全和完善湿地管理体制，控制污染，实施湿地保护修复工程，健全湿地监测评价体系，合理规划和可持续利用湿地资源。

参 考 文 献

井云清, 张飞, 张月. 2016. 基于 CA-Markov 模型的艾比湖湿地自然保护区土地利用/覆被变化及预测.

应用生态学报, 27(11): 3649-3658.

李国伟, 赵伟, 魏亚伟, 等. 2015.天然林资源保护工程对长白山林区森林生态系统服务功能的影响 .生态学报,35(4):984-992.

李山羊, 郭华明, 黄诗峰, 等. 2016.1973-2014 年河套平原湿地变化研究.资源科学,38(1):19-29.

刘晖, 胡森林. 2019.中国人才的空间集聚格局及时空演化.经济经纬,36(5): 1-8.

刘洋, 余建新, 向冬蕾, 等. 2020.基于局部空间自相关的思茅区耕地利用保护综合分区.水土保持研究,27(1): 183-188.

王静,等. 2015. 土地生态管护研究范式及其应用. 北京: 地质出版社.

吴传钧, 郭焕成. 1994. 中国土地利用. 北京: 科学出版社.

徐勇, 孙晓一, 汤青. 2015. 陆地表层人类活动强度: 概念、方法及应用. 地理学报, 70(7): 1068-1079.

张晓娟, 周启刚, 王兆林, 等. 2017. 基于 MCE-CA-Markov 的三峡库区土地利用演变模拟及预测. 农业工程学报, 33(19): 268-277.

自然资源部. 2018. 2017 年中国土地矿产海洋资源统计公报.(2018-05-18) [2019.04.23]. http: //gi.mlr.gov. cn/201805/t20180518_1776792.html.

Abulizi A, Yang Y G, Mamat Z, et al. 2017. Land-use changes and its effects in charchan Oasis, XinJiang, China. Land Degradation & Development, 28: 106-115.

Adhikari A, Hansen A J. 2018. Land use change and habitat fragmentation of wildland ecosystems of the North Central United States. Landscape and Urban Planning, 177: 196-216.

Ali M, Kennedy C M, Kiesecker J, et al. 2018. Integrating biodiversity offsets within circular economy policy in China. Journal of Cleaner Production, 185: 32-43.

Chatzinikolaou E, Mandalakis M, Damianidis P, et al. 2018. Spatio-temporal benthic biodiversity patterns and pollution pressure in three Mediterranean touristic ports. Science of the Total Environment, 624: 648-660.

Cheng X, Chen L, Sun R, et al. 2019. Identification of regional water resource stress based on water quantity and quality: A case study in a rapid urbanization region of China. Journal of Cleaner Production, 209: 216-223.

Chu L, Huang C, Liu Q, et al. 2015. Changes of coastal zone landscape spatial patterns and ecological quality in Liaoning Province from 2000 to 2010. Resources Science, 37(10): 1962-1972.

Chuai X W, Huang X J, Wu C Y, et al. 2016. Land use and ecosystems services value changes and ecological land management in coastal Jiangsu, China. Habitat International, 57: 164-174.

Costanza R, Cumberland J H , Daly H , et al. 2014. An Introduction to Ecological Economics. 2nd edition. Boca Raton: Crc Press.

Costanza R, D'Arge R, Groot R D, et al. 1997. The value of the world's ecosystem services and natural capital. Nature, 387(1): 3-15.

Daily G. 1997. Nature's Services: Societal Dependence on Natural Ecosystems. Washington D C: Island Press.

De Groot R S, Alkemade R, Braat L, et al. 2010. Challenges in integrating the concept of ecosystem services and values in landscape planning, management and decision making. Ecological Complexity, 7(3): 260-272.

Diaz R J, Rosenberg R. 2008. Spreading dead zones and consequences for marine ecosystems. Science, 321(5891): 926-929.

Duggan J M, Eichelberger B A, Ma S, et al. 2015. Informing management of rare species with an approach combining scenario modeling and spatially explicit risk assessment. Ecosystem Health and Sustainability, 1(6): 1-18.

Fu X, Wang X, Yang Y J. 2018. Deriving suitability factors for CA-Markov land use simulation model based on local historical data. Journal of Environmental Management, 206: 10-19.

He Q, Bertness M D, Bruno J F, et al. 2014. Economic development and coastal ecosystem change in China. Scientific Reports, 4: 5995.

Kang P, Chen W, Hou Y, et al. 2018. Linking ecosystem services and ecosystem health to ecological risk assessment: A case study of the Beijing-Tianjin-Hebei urban agglomeration. Science of the Total

Environment, 636: 1442-1454.

Li F, Wang L, Chen Z, et al.2018. Extending the SLEUTH model to integrate habitat quality into urban growth simulation. Journal of Environmental Management, 217: 486-498.

Lin Y, Qiu R, Yao J, et al.2019. The effects of urbanization on China's forest loss from 2000 to 2012: Evidence from a panel analysis. Journal of Cleaner Production, 214: 270-278.

Liu B, Peng S, Liao Y, et al.2018. The causes and impacts of water resources crises in the Pearl River Delta. Journal of Cleaner Production, 17: 413-425.

Lü Y, Wang C, Cao X. 2018. Ecological risk of urbanization and risk management. Acta Ecologica Sinica, 38(2): 359-370.

Mas P J, Montaner J, Sola J. 1999. Groundwater resources and quality variations caused by gravel mining in coastal streams. Journal of Hydrology, 216(3-4): 197-213.

Mateos J C R. 2001. The case of the Aznalcóllar mine and its impacts on coastal activities in Southern Spain. Ocean & coastal management, 44(1-2): 105-118.

Meng M, Shi J B, Yun Z J, et al. 2014. Distribution of mercury in coastal marine sediments of China: sources and transport. Marine Pollution Bulletin, 88(1-2): 347-353.

Millennium Ecosystem Assessment. 2005. Ecosystems and Human Well-being: Synthesis. Washington D C: Island Press.

Oliver T H, Heard M S, Isaac N J, et al.2015. Biodiversity and resilience of ecosystem functions. Trends in Ecology & Evolution, 30(11): 673-684.

Pejchar L, Mooney H A. 2009. Invasive species, ecosystem services and human well-being. Trends in Ecology & Evolution, 24(9): 497-504.

Perez S M, Petit S, Jones L, et al. 2008. Land use functions: a multifunctionality approach to assess the impacts of land use change on land use sustainability//Helming K, Tabbush P, Perez-Soba M. Sustainability Impact Assessment of Land Use Changes. Berlin: Springer.

Sun X, Jiang Z, Liu F, et al.2019. Monitoring spatio-temporal dynamics of habitat quality in Nansihu Lake basin, eastern China, from 1980 to 2015. Ecological Indicators, 102: 716-723.

UN. 2015. Transforming our world: the 2030 agenda for sustainable development. Resolution Adopted by the General Assembly on 25 September 2015. SeventiethSession, Agenda Items 15 and 116.

Verburg P H, Steeg J, Veldkamp A, et al. 2009. From land cover change to land function dynamics: a major challenge to improve land characterization. Journal of Environmental Management, 90: 1327-1335.

Wang H, Zhou S, Li X, et al. 2016. The influence of climate change and human activities on ecosystem service value. Ecological Engineering, 87: 224-239.

Wang J. 2015. Research Paradigm of Land Ecosystem Management and Preservation and Application. Beijing: Geology Press.

Wang J, Chen Y Q, Shao X M, et al. 2012. Land use changes and policy dimension driving forces in China: present, trend and future. Land Use Policy, 29(4): 737-749.

Wang J, He T, Lin Y. 2018b. Changes in ecological, agricultural, and urban land space in 1984-2012 in China: Land policies and regional social-economical drivers. Habitat International, 71: 1-13.

Wang J, Lin Y, Glendinning A, et al. 2018c. Land-use changes and land policies evolution in China's urbanization processes. Land Use Policy, 75: 375-387.

Wang J, Lin Y, Zhai T, et al. 2018a. The role of human activity in decreasing ecologically sound land use in China. Land Degradation & Development, 29(3): 446-460.

Wang J, Zhai T, Lin Y, et al. 2019. Spatial imbalance and changes in supply and demand of ecosystem services in China. Science of the Total Environment, 657: 781-791.

Wood S A, Karp D S, DeClerck F, et al. 2015. Functional traits in agriculture: agrobiodiversity and ecosystem services. Trends in Ecology and Evolution, 30: 531-539.

Wyatt K H, Griffin R, Guerry A D, et al. 2017. Habitat risk assessment for regional ocean planning in the US Northeast and Mid-Atlantic. PloS One, 12(12): e0188776.

Xie H, Liu G. 2015. Spatiotemporal difference and determinants of multiple cropping index in China during 1998-2012. Acta Geographica Sinica, 70(4): 604-614.

Xu Q, Zheng X, Zheng M. 2019. Do urban planning policies meet sustainable urbanization goals? A scenario-based study in Beijing, China. Science of the Total Environment, 670: 498-507.

Yanes A, Botero C M, Arrizabalaga M, et al.2018. Methodological proposal for ecological risk assessment of the coastal zone of Antioquia, Colombia. Ecological Engineering, 130: 242-251.

Yang B, Gao X. 2019. Chromophoric dissolved organic matter in summer in a coastal mariculture region of northern Shandong Peninsula, North Yellow Sea. Continental Shelf Research, 176: 19-35.

Yuan H, Song J, Li X, et al.2012. Distribution and contamination of heavy metals in surface sediments of the South Yellow Sea. Marine Pollution Bulletin, 64(10): 2151-2159.

Zhang H, Wang S, Hao J, et al. 2016. Air pollution and control action in Beijing. Journal of Cleaner Production, 112: 1519-1527.

Zhang J J, Fu M C, Zeng H, et al. 2013. Variations in ecosystem service values and local economy in response to land use: a case study of Wu'an, China. Land Degradation & Development, 24: 236-249.

第四章 生态系统服务供需及其相互关系

第一节 研究背景与现状

目前，有关生态系统服务研究多集中在生态系统服务供给方面（Burkhard et al.，2012）。然而，生态系统服务不仅受生态系统功能影响，也受社会系统影响，且生态系统服务研究越来越强调以人类为中心的思想，离开人类受益者，生态系统的结构和过程无法形成生态系统服务（翟天林等，2019）。生态系统和生物多样性经济学（TEEB）报告指出，利益主体的经济活动对生态系统服务产生了巨大需求，并导致生态系统服务状态发生改变（Kumar，2012）。人类社会发展和科技进步在不同程度上满足了一定区域人类生态系统服务需求，但人类社会产生的废物、废水、废渣等造成生态环境的严重污染和恶化，也导致很多地区生态系统供给和人类需求在空间出现不匹配的问题，导致生态赤字现象。要实现人类与自然可持续发展，人类对生态系统服务消费必须在自然承载能力之内，如果只考虑生态系统服务供给，而忽视人类生态系统服务需求，将无法准确获取区域生态系统服务平衡关系（Mehring et al.，2018；Wang et al.，2019）。正确理解生态系统服务供给与需求之间关系是可持续生态系统服务管理的前提，可帮助改善人类福祉（Owuor et al.，2017）。因此，不仅要了解生态系统服务供给能力，还要了解人类社会对生态系统服务的需求（Wei et al.，2017）。基于生态系统服务供需关系，对生态系统服务变化进行识别和空间可视化是将生态系统服务概念纳入生态系统管理决策和实施过程的关键步骤。近年来，随着生态系统服务研究不断深入，评估生态系统服务供需关系已成为全球研究重点。

生态系统服务供给具有很强的时空特征，其形成往往依赖于特定时空尺度的生物物理过程（张宏锋等，2007）。不同空间尺度下，生态系统服务供给主导类型和效果差异显著（Kremen，2005），如森林生态系统，在微观上其主要提供的生态系统服务多为提供原材料、水果生产等供给服务，中观尺度上主要提供景观载体功能，宏观尺度上更多提供气候调节、水土保持等调节服务。生态系统服务需求量化受特定文化和社会环境影响，并且可能随时间和空间规模发生变化。性别、年龄、婚姻状况、教育程度、收入和种族是影响生态系统服务需求的重要因素（Neuvonen et al.，2010；Bertram and Rehdanz，2015；Wang et al.，2015；Mensah et al.，2017）。例如，政府将维护生物多样性作为主要目标，而当地人更关心生态产品价值。生态系统管理理想目标是实现供给和需求的完全匹配，不同时空尺度下的利益相关者所需的生态系统服务种类和数量具有较大差异（Wang et al.，2019），应权衡不同时空尺度的生态系统服务供需关系，满足人类生态系统服务需求，也从长远考虑满足后人的生态系统服务需求（严岩等，2017；傅伯杰等，2017；Wei et al.，2017）。因此，开展不同尺度的生态系统管理，制订满足生态系统服务的可持续供给模式，是实现社会和自然可持续发展的关键（于贵瑞等，2002；Cash et al.，2006；Castro et al.，2014；严岩等，2017）。

本章从生态空间功能与提供人类福祉的相互关系入手，基于生态系统和社会系统综合视角，研究揭示不同时空尺度生态系统服务供需格局的演变规律及其相互关系。利用多年份多尺度土地利用变更调查、社会经济、基础地理等多源数据，从宏观到中观再到微观尺度，以中国、沿海地区、烟台市等不同尺度为研究区，开展多尺度生态系统服务供需格局时空动态演变研究，分析人类活动等社会经济要素对生态系统服务供需格局演变的影响机制与相互作用，探讨不同尺度、不同区域生态系统服务供给与需求的相互关系，以及生态系统服务供需格局与以环境公正为代表的人类福祉的关系。

第二节　中国生态系统服务供需格局演变及其区域差异

当今，生态文明建设被提到前所未有的战略高度，迫切需要将生态系统可持续管理的观点纳入土地管理决策。宏观尺度生态系统管理应从满足国家经济社会发展和生态保护需要出发，开展生态系统服务供给和需求综合评估，揭示我国不同地区生态系统服务供需格局。本章采用县域、市域或流域和相关社会经济栅格数据，构建生态系统服务供给指数和土地开发指数来分别表征生态系统服务供给和需求，揭示我国生态系统服务供需格局区域差异及时空演变规律，同时研判中国不同区域经济发展和城市化驱动因素下土地开发与生态系统服务供给的互动关系，为宏观尺度生态系统可持续管理提供支撑。

一、生态系统服务供需测算方法

（一）生态系统服务需求计算

当前国内外学者对生态系统服务需求的理解各不相同。Burkhard 等（2012）认为生态系统服务需求是在一定时间段内特定区域内当前消费或使用的所有生态系统商品和服务的总和。Geijzendorffer 等（2015）认为生态系统服务需求是购买或保护某种生态系统服务的支付意愿，以金钱、时间和距离成本表示。Villamagna 等（2013）全面考虑了人类生产生活对生态系统服务的消费和偏好需求，并表明生态系统服务需求是社会所需要或期望的，或期望获得的生态系统服务的数量。在参考彭建等（2017）相关研究的基础上，本研究生态系统服务需求被定义为人类对生态系统商品和服务的生产、消费的需求量与偏好，实际上代表了土地开发的强度或人类活动的干扰程度。在文献分析和数据可获取性的基础上，选取了反映区域生态系统服务需求的三个典型指标，即建设用地比例、人口密度和经济密度，构建土地开发指数（land development index，LDI）。建设用地比例越高，说明对人类某地区的土地开发强度越大，人类对生态系统服务的需求也越高。人口密度越大，相应地对生态系统服务需求也越大。经济密度反映了某地区富裕程度，根据马斯洛需要层次论，生产力越发展，社会越发达，对生态系统服务需求越多。

由于中国东部和西部地区人口密度和经济密度差异显著，在不影响整体分布趋势的前提下，这里采用取对数方法，以消除指标波动。

$$\text{LDI} = D_i \times \lg(P_i) \times \lg(E_i) \tag{4-1}$$

式中，LDI 为土地开发指数；D_i 为建设用地比例；P_i 为人口密度；E_i 为经济密度。

本研究计算了 2000 年、2005 年、2008 年、2009 年、2012 年和 2015 年全国生态系统服务需求。

（二）生态系统服务供需格局划分

参照彭建等（2017）和黄智洵等（2018）的方法，采用 Z-Score（Z 得分）标准化方法分别对研究区 ESPI 和 LDI 进行标准化处理，以此划分中国生态系统服务供需匹配格局。这里以标准化后 ESPI 为 X 轴，标准化后 LDI 为 Y 轴，划分出四个象限：高供给–高需求（H-H）、低供给–高需求（L-H）、低供给–低需求（L- L）和高供给–低需求（H-L）。具体公式如下：

$$x = \frac{x_i - \bar{x}}{s}$$
$$\bar{x} = \frac{1}{n}\sum_{i=1}^{n} x_i \tag{4-2}$$
$$s = \sqrt{\frac{1}{n}\sum_{i=1}^{n}(x - \bar{x})^2}$$

式中，x 为标准化后的 ESPI 和 LDI；x_i 为第 i 个评价单元的 ESPI 和 LDI；$\bar{x}$ 为所有县的平均值；s 为所有县的标准偏差；n 为所有县的数目。

研究中利用 ArcGIS，对 2000 年、2005 年、2008 年、2009 年、2012 年和 2015 年标准化后的 ESPI 和 LDI 进行空间叠加分析，以此分析生态系统服务供需匹配格局。在研究中，同时利用转移矩阵方法分析了 2000～2008 年和 2009～2015 年两个时期的供需匹配格局的变化。

（三）生态系统服务供给与需求关系模型

本研究使用 ESPI 和 LDI 分析生态系统服务供给与需求关系。由于我国不同地区自然地理环境和社会经济发展水平差异显著，参考中国综合自然区划，分别建立了七大地理分区的供给与需求关系模型（黄秉维，1958）。七大地理分区为华东、华南、华北、华中、西南、西北和东北。

研究中使用 SPSS 对 ESPI 和 LDI 以及不同地区的影响因素进行了统计分析。利用皮尔逊（Pearson）相关系数计算了各县域 LDI 分别与 GDP、人均 GDP 的相关关系，以及 ESPI 分别与生态用地比例、平均海拔、NDVI 的相关关系。并对七大地理分区的 ESPI 和 LDI 进行多元回归分析。为便于模型精度的比较，这里采用线性回归模型和非线性回归模型分别建立了 ESPI 与 LDI 的关系模型。采用 R^2 和均方根误差（RMSE）作为 ESPI 与 LDI 关系模型的精度评价指标，选择精度较高的模型。

二、中国生态系统服务供需格局划分

（一）中国生态系统服务供给分布

2015 年中国生态系统服务供给能力强的区域主要分布在南方地区,而北部地区生态系统服务供给能力偏弱,呈现明显的南强北弱的格局。尤其是西北地区的新疆、甘肃、内蒙古西部等地,干旱气候和脆弱的生态环境导致生态系统的生产能力与生物多样性降低,生态系统自我调节能力较弱,导致西北地区生态系统 ESPI 偏低,生态系统极度脆弱。生态系统服务供给能力低的区域还包括长江三角洲、珠江三角洲、京津冀地区及一些地区中心城市,如武汉、成都、西安等地,这些地区经济发达,人口稠密,建设用地比例很高。由于该地区缺乏生态用地,加之剧烈的人类活动影响生态系统结构和功能,生态系统服务供给能力也很弱。

生态系统服务供给能力较弱的地区主要位于新疆和西藏北部、青海东部、黄淮海平原中东部、关中平原、江汉平原、四川盆地、东北平原中部等地。新疆和西藏北部、青海东部等地自然条件较为恶劣,降雨偏少,不适宜植被生长,植被覆盖率较低,生态系统服务供给能力偏弱;而黄淮海平原中东部、关中平原、江汉平原等地农业发达,也是我国主要粮食生产基地。受到自然和人为因素影响,黄淮海平原森林覆盖率较低,同时不合理的耕作造成了一系列生态问题,风沙、旱涝等灾害频发,导致黄淮海平原生态产品供应减少（Wang et al.,2018b）。灌溉农业过度发展也导致了河套平原土地沙漠化和土壤盐碱化（李山羊等,2016）。在江汉平原,频繁的人类活动破坏了纵横交错的河流湖泊生态系统,受到快速城镇化影响,江汉平原湖泊湿地大面积萎缩,减少了生态产品供给（赵艳等,2000）。在中国最大的水稻和油菜籽产区四川盆地,耕地大量减少和长期过度开发破坏了自然生态系统原始功能,对生态系统服务供给造成较为严重影响（彭文甫等,2014）。

生态系统服务供给能力中等地区大都位于农牧交错带及黄淮海平原南部。农牧交错带气候大都为半湿润–半干旱气候,自然状况好于西北干旱地区,地表多有植被覆盖,该地区以畜牧业和种植业为主,拥有一定的生态系统服务供给能力。黄淮海平原南部雨热条件相较于北部地区较好,有利于植被生长,生态系统服务供给能力稍强于其他地区。生态系统服务供给高和较高地区主要分布我国东北部和南部。高生态系统服务供给能力的分布特征与我国天然林分布特征一致。天然林是陆地生态系统重要组成部分,在水源涵养、气候调节、固碳释氧等方面发挥着不可替代的作用,具有很强的生态系统服务供给能力。加之该地区气候多为季风气候,雨热同期,更加有利于生态系统服务的产生。

此外,本研究的结果也与谢高地等（2015）的结果一致。结果表明,生态系统服务供给能力高值区主要分布在中国南部、西南和东北,并且从东南向西北生态系统服务供给能力呈现逐渐减小的趋势。各个地区生态系统服务供给能力空间差异与中国自然地理条件、社会经济发展有密切关系。

（二）中国生态系统服务需求分布

中国人口分布与区域经济发展不平衡，人口密度最大地区主要集中在我国长江三角洲、珠江三角洲、黄淮海平原、关中平原、四川盆地及部分东南沿海县市。东北平原及长江以南地区大片地区人口密度也相对较高；中国西部和北部的西藏、新疆、内蒙古等地是中国人口密度最小的地区。经济密度与人口密度的空间分布较为一致，呈现出从东到西逐渐减少的格局，山区和西部地区经济发展水平明显落后于中东部地区，东中西部地区经济差距较大。人口聚集与经济发展的空间格局反映了土地开发强度差异。建设用地比例空间分布也与人口密度和经济密度空间分布一致。不同地区经济发展和人口状况决定了生态系统服务需求差异。我国西部和北部大部分地区 LDI 水平相对较低，表明生态系统服务需求相对较低。相反，LDI 较高地区主要集中在长江三角洲、珠江三角洲、京津冀地区和一些人口密集的市区以及黄淮海平原。

（三）中国生态系统服务供需格局划分

根据生态系统服务供需象限图，将生态系统服务供需格局划分为四种类型：高供给-高需求（H-H）、低供给-高需求（L-H）、低供给-低需求（L-L）和高供给-低需求（H-L）。从图 4-1 和表 4-1 可以看出，大多数县属于 L-H 型、L-L 型和 H-L 型，数量分别为 682 个、750 个和 1402 个。H-H 型最少，面积仅占全国总面积的 0.28%。

从空间分布看，H-L 型地区主要分布在中国东北、西南和东南部的草地与森林地区，那里经济发展相对滞后，城市化水平相对较低。这些地区拥有完整的自然生态系统，是大量珍稀物种资源的生物基因库。H-L 型地区，面积占全国的 45.34%，GDP 占中国经济总量的 25.99%，人口占全国人口的 44.34%（表 4-1）。东北地区森林资源丰富，总量约占全国的 1/3，作为中国北方生态屏障，东北地区在保护水源、保持水土、改善小区域气候等方面发挥着重要作用。华南地区以灌丛和森林为主，生物量和植被覆盖率高。该地区多为丘陵，土地开发难度较大，人类活动干扰相对较小，生态系统

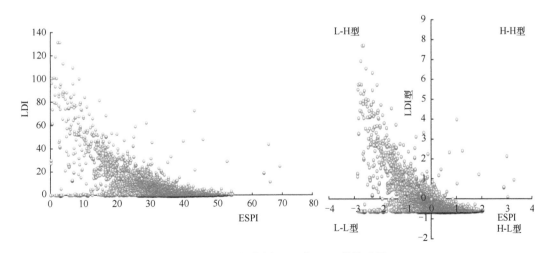

图 4-1　2015 年中国 ESPI 与 LDI 的关系图

表 4-1 2015 年中国不同生态系统服务供需格局中面积、人口与 GDP 的比例分布（单位：%）

类型	面积	人口	GDP
H-H	0.28	2.48	2.65
L-H	3.27	28.95	51.93
L-L	51.11	24.23	19.43
H-L	45.34	44.34	25.99

服务供给较高。未来，要维护现有自然生态系统完整性，恢复山区自然植被，严格限制土地开发规模。

L-H 型主要集中在发达地区，包括长江三角洲、京津冀、珠江三角洲、四川盆地、黄淮海平原，以及郑州、济南、武汉、成都等一些省会城市及其周边地区（Zhang et al.，2018）。2015 年 L-H 型地区占全国土地总面积的 3.27%，占全国总人口的 28.95%，占全国 GDP 的 51.93%。这些地区人口密度大，经济发达，工业化程度高，生态系统服务消耗水平高。建设用地是这些地区主要土地利用类型之一，人类活动对自然生态系统造成极大干扰，生态环境问题和人地矛盾突出，并且该地区林地、草地等生态用地较少，生态系统服务供给能力较弱。生态系统服务供需失衡较为严重。随着城市化进程加快，势必加剧这些地区生态系统服务供给与人类需求空间不平衡。有研究发现，京津冀地区碳固存量从 1990 年的 $40.55×10^8$ t 下降到 2015 年的 $40.04×10^8$ t，而需求不断增长（Wang et al.，2019）。2000~2010 年，京津冀地区的生态风险随着城市化进程加快而增加（Kang et al.，2018）。因此，提高生态产品供给能力、严格有效地保护自然生态系统至关重要。在 L-H 型区域，应减少不必要人类活动对生态系统的干扰，改善城市绿色基础设施建设，增加城市公园绿地面积，同时要控制不同地区建设用地扩张，提高土地利用效率。

在这四种类型中，L-L 型面积最大，面积占国土总面积的 51.11%，主要集中分布在西北地区、东北平原、华北平原、四川盆地等部分地区。这些地区由于经济发展水平相对落后，城市化水平相对较低，生态系统服务需求也处于较低水平。西北地区土地类型以沙漠和戈壁为主，生态系统服务供给能力较弱。由于平原地区不合理开发，水污染、水土流失、湖泊萎缩等一系列生态环境问题也影响了生态系统服务供给。在 L-L 型区域，应着重保护自然区域，恢复自然生态系统，禁止毁林、开垦和过度放牧，改善生态系统服务供给。在上述平原地区，应加强土地生态化管理，控制不合理人类活动。同时，要挖掘区域发展潜力，加快区域产业经济结构向生态经济优化升级。

H-H 型地区最少，主要分布在淮河流域上游和浙江省中北部。这些地区社会经济发展水平相对较高，生态环境较好，绿化率较高。这些地区应进一步缓解人类对生态系统的压力，加强城市绿地建设，调整区域土地利用结构，保持良好的经济和生态优势。

三、中国生态系统服务供需格局变化分析

ESPI 和 LDI 在 2000 年、2005 年、2008 年、2009 年、2012 年和 2015 年的匹配格

局如图 4-2 所示。本研究还分析了各时期生态系统服务供需格局转移矩阵，以了解不同时期生态系统服务供需格局是如何变化的。结果表明，2000～2008 年和 2009～2015 年我国生态系统服务供需格局发生了显著变化。在 2000～2008 年，L-L 型和 L-H 型比例有所下降，而在 2009～2015 年略有上升。H-L 型在 2000～2008 年所占比例大大增加，2009～2015 年略有下降；H-H 型总体格局变化不大。

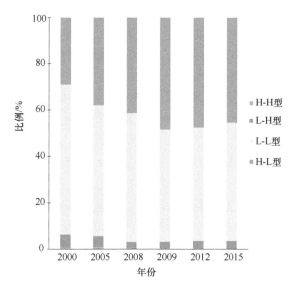

图 4-2　2000～2008 年和 2009～2015 年中国四种生态系统服务供需格局比例变化

　　在 2000～2008 年，从 L-L 型到 H-L 型和从 L-H 型到 L-L 型变化明显，发生变化的面积分别占国土面积的 12.44% 和 2.64%（表 4-2）。其中，从 L-L 型至 H-L 型区域主要分布在东北、西南、长江流域、黄河流域和淮河流域，这些地区生态系统服务供给能力有了很大提升。这主要归功于长江中上游和黄河流域实施了退耕还林工程和天然林保护工程。生态修复工程恢复了森林生态系统，极大地改善了生态环境，减少了水土流失。张亚玲（2014）类似结果表明，长江上游和黄河流域大部分地区植被覆盖已经恢复。同时，东北地区供需格局积极变化与东北地区实施"湿地保护区建设工程"和"引水入湿地工程"等生态保护项目有着密切关系。2000～2007 年，湖沼湿地面积分别增加 817.1 km^2 和 1791.35 km^2。湿地环境改善逐步恢复和提高了湿地自然保护区生态服务供给和调节能力。总体而言，从 1998 年起中国开始实施的天然林保护、退耕还林、退耕还草、京津风沙源治理、三北及长江流域等防护林、野生动植物保护与自然保护区建设工程、草原生态保护与建设工程、湿地生态保护和建设工程等国家重大生态保护和建设工程，扭转了生态环境恶化势头，中国生态保护与建设工程及政策实施取得了一定成效（Li et al.，2016）。尽管 LDI 与 ESPI 之间存在负相关关系，但这些生态建设项目和政策对 ESPI 影响已经大于土地开发对 ESPI 影响。从 L-H 型到 L-L 型的区域大部分位于华北平原。这主要是由于中国近几十年来快速发展和区域经济水平提高，导致了不同地区对生态系统服务需求差异显著。根据中国国家统计局发布结果，中国基尼系数自 2000 年以来一直在上升，

2008 年达到历史最高值 0.491，而自 2009 年以来逐年下降。

2009～2015 年结果表明，生态系统服务供需格局略有消极变化，最明显变化是从 H-L 型到 L-L 型。变化区域主要分布在中国三、四线城市。2008～2009 年，中国政府投资 4 万亿元，以刺激国内需求，确保经济增长，但 4 万亿元投资资金主要流向房地产、装备制造、钢铁、有色金属、水泥等产能过剩行业，大大增加了我国各种自然资源消耗，造成较为严重的大气污染、水污染、土壤污染。有研究表明，中国经济复苏是基于传统增长模式，主要依赖于短期内迅速增加投资（Lardy and Subramanian，2011）。一些研究也表明，财政刺激计划使中国年度实际 GDP 增长约 3.2%，但只是暂时的（Ouyang and Peng，2015）。自 2008 年以来，中国政府从保护耕地红线和保障粮食安全角度，暂停了大规模退耕还林工程。这也对植被恢复和生态环境改善产生了一定负面影响。此外，一些研究发现 4 万亿投资和房地产过度开发对自然生态系统保护也有显著负面影响（姚士谋等，2014；Lyu et al.，2016）。类似结果也表明，生态系统显著退化主要发生在土地开发集中地区（Wang et al.，2018a）。

从表 4-2、表 4-3 和图 4-1、图 4-2 可以看出，我国生态系统服务供需格局的空间不平衡态势有所减弱。总体来看，从 H-L 型到 L-L 型等消极变化地区呈下降趋势，从 L-L 型到 H-L 型等积极变化地区呈上升趋势。这种改善主要原因是国家加强了生态建设项目建设和生态系统治理改善力度。目前，中国仍处于城镇化加速阶段，生态环境保护仍面临巨大压力，经济发展与自然生态系统保护矛盾越发突出。加大环境投资和改善环境治理任务艰巨。

表 4-2　2000～2008 年中国生态系统服务供需格局变化矩阵　（单位：%）

2008 年	2000 年				
	H-H 型	L-H 型	L-L 型	H-L 型	总和
H-H 型	0.06	0.24	0.01	0.00	0.31
L-H 型	0.16	2.08	0.23	0.25	2.72
L-L 型	0.12	2.64	52.08	0.80	55.64
H-L 型	0.23	0.75	12.44	27.92	41.34
总和	0.57	5.71	64.76	28.97	0.00
变化	0.50	3.63	12.68	1.05	0.00

表 4-3　2009～2015 年中国生态系统服务供需格局变化矩阵　（单位：%）

2015 年	2009 年				
	H-H 型	L-H 型	L-L 型	H-L 型	总和
H-H 型	0.16	0.04	0.00	0.09	0.29
L-H 型	0.22	2.64	0.30	0.10	3.26
L-L 型	0.02	0.03	47.97	3.03	51.05
H-L 型	0.00	0.02	0.17	45.22	45.41
总和	0.40	2.73	48.44	48.44	0.00
变化	0.24	0.09	0.47	3.22	0.00

四、不同区域生态系统服务供给与需求关系差异分析

为更深入了解中国不同地区经济发展和城市化驱动因素下土地开发与生态系统服务供给之间的关系，本研究分析了 ESPI 与其影响因素的相关性，并在全国七大地理分区建立了 ESPI 和 LDI 之间的关系模型。将 ESPI 和 LDI 利用极差标准化方法进行处理。相关分析结果表明，生态用地比例与生态系统服务供给显著相关，不同地区相关系数均大于 0.5。华东、华中和华南地区 NDVI 和海拔也与生态系统服务供给显著相关。NDVI 越高，植被茂密，对生态系统服务供给贡献越大。随着山区海拔升高，人类活动对生态系统影响减少，可能会导致生态系统服务供给增加。

研究以华中地区为例，表 4-4 列出了华中地区 ESPI 与 LDI 之间线性、对数、逆、二次曲线、三次曲线模型。结果表明，线性模型、对数模型、二次曲线模型和三次曲线模型均有较高的 R^2，其中三次曲线模型 R^2 最高，为 0.762。因此，本研究选择三次曲线模型作为生态系统服务供需关系模型。

表 4-4　华中地区 LDI 与 ESPI 的关系模型

模型	模型摘要					参数估计值			
	R^2	F	df1	df2	Sig.	Constant	b_1	b_2	b_3
线性	0.655	726.490	1	382	0.000	0.390	−0.723		
对数	0.758	1195.145	1	382	0.000	0.082	−0.079		
逆	0.242	122.234	1	382	0.000	0.296	0.001		
二次曲线	0.738	536.724	2	382	0.000	0.418	−1.328	1.160	
三次曲线	0.762	404.959	3	382	0.000	0.436	−1.918	3.812	−2.669

注：df 为自由度，即 degree of freedom；Sig. 值是指显著性（significance）也就是 P 值，统计显著性（sig.）就是出现目前样本这结果的概率；Constant 为常数。

图 4-3 为华北、华东、西南、东北、华南、华中使用三次曲线模型的 ESPI 与 LDI 的关系。结果表明，2015 年大部分地区 ESPI 与 LDI 呈负相关关系。高 LDI 地区反映了经济快速增长和土地集约利用使该地区 ESPI 降低。结果还表明，生态系统服务供给与需求关系存在区域差异。随着 LDI 增加，华东和华南地区 ESPI 下降幅度远高于华北和东北地区。中国东部和南部地区经济快速增长和土地集约开发利用使 ESPI 下降幅度大于华北和东北地区。特别是在发达地区，土地开发是影响 ESPI 下降的关键因素。类似结果表明，中国城市化进程中人类活动的干扰，导致发达地区自然生态系统和农田减少，生物生产功能和植被减少，以及中国不可替代的生态产品和服务的损失（Wang et al.，2018a，2018b，2018c）。研究结果也与约束条件下生态系统服务功能与当地经济的关系呈反曲线的结论一致（Zhang et al.，2013）。

值得注意的是，中国西北地区 ESPI 与 LDI 之间没有显著相关关系。这可能是西北特殊的地理环境以及相对落后的社会经济对土地开发产生了较大负面影响，从而导致 LDI 相对较低。此外，还有其他可能相互作用的一些因素，如 ESPI 低值区的广泛分布以及国家在西北地区为改善 ESPI 进行的生态修复和农业方面的投资，使得 ESPI 与 LDI

之间的关系变得复杂。

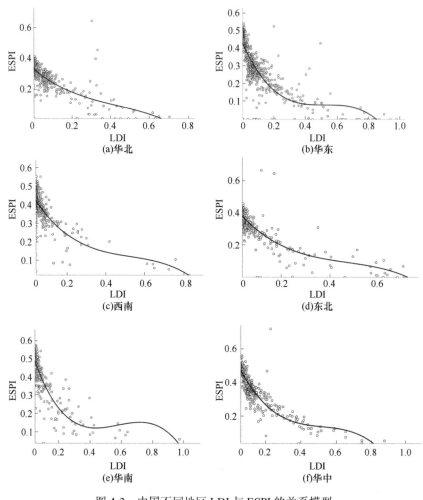

图 4-3　中国不同地区 LDI 与 ESPI 的关系模型

第三节　沿海地区生态系统服务供需格局演变与环境公正

　　不合理的人类活动，如乱砍滥伐、过量使用化学有毒制剂等，威胁着多种生态系统服务的可持续供给，部分地区生态系统服务供需失衡较为严重。生态系统服务供需失衡引发了生态用地占用、生物多样性减少等诸多环境问题，加剧了区域生态系统服务供需风险，使生态系统服务稳定性降低，制约着社会经济可持续发展。厘清生态系统服务供需失衡与生态风险之间的关系，辨识生态高风险区，可为风险管控提供决策支持，提升区域人类福祉（王壮壮等，2020）。生境质量通常能够反映特定区域生物多样性状况，同时也能够表征地区生态系统服务水平，是生态系统健康状况的重要指标。利用 InVEST 模型中的生境质量模块，评估分析人类活动对陆地生态系统的生态风险，识别生态高风险区域，分析生态系统服务供需与生境质量的关系，有利于区域生态环境保护和自然资源优化配置，是保障区域生态安全健康发展与提升人类福祉的关键。

环境公正是人类福祉的重要体现。生态系统服务供给空间分布不平衡又导致环境不公。量化生态系统服务供给和需求，研究生态系统服务供需变化及其自然和社会驱动机制，揭示生态系统服务供需与环境公正之间的关系，对于协调区域生态系统服务供需关系，改善区域人类福祉，实现区域生态系统可持续管理具有重要意义。

沿海地区是生态系统服务供需格局变化较为剧烈的典型地区，沿海地区已成为中国当前国土空间开发和生态文明建设重点关注区域（欧维新等，2018）。沿海地区是海洋生态系统与陆地生态系统的相互作用区域，自然要素变化剧烈，人类经济活动最为活跃（Lotze et al.，2006）。迫切需要全面考虑人类活动对沿海地区生态系统的影响，识别生态高风险区域，为新一轮国土空间规划和海岸生态系统管理决策提供参考。

一、生态系统服务供需指数构建与相互关系研究方法

（一）生态系统服务供需指数构建

本节引入生态系统服务供需指数（ecosystem services supply and demand index，ESSDI）来衡量区域生态系统供需状态。ESSDI 是指区域生态系统服务供给和生态系统服务需求的比值，其实现了生态系统服务供给和需求耦合。

$$ESSDI = \frac{ESPI}{LDI} \qquad (4-3)$$

根据全国县域生态环境质量分布结果，某地区如果生态环境状况指数大于 55，则植被覆盖度较高，生物多样性较丰富，适合人类生活，本研究认为该地区生态系统服务供需状况良好，供大于需；如果某地区生态环境状况指数<35，该地区生态环境质量差，植被覆盖较差，物种较少，存在明显限制人类生活的因素。则认为该地区生态系统服务状态差。本研究分别选择生态环境状况指数大于 55 和小于 35 的部分县区作为生态系统服务供需状态好和生态系统服务供需状况差的样本，通过统计分析，得到生态系统服务供需状况好与差地区的均值。在此基础上，参考生态环境部《生态保护红线划定技术指南》中的分位数划分方法结果，结合专家意见，将生态系统服务供需指数（ESSDI）结果划分为 5 级，见表 4-5。由于沿海地区生态环境状况指数良好地区较多，故而本研究在此参考沿海地区国家生态文明建设示范市县和国家园林县城结果，在一定程度上减少生态环境状况指数良好地区选择的样本数量，同时也可以更好地说明样本选择科学性。

表 4-5 沿海地区生态系统服务供需指数分级标准

类型	供需状态	ESSDI
生态赤字区	严重超载	ESSDI<0.92
	超载	0.92≤ESSDI<3.9
生态平衡区	平衡	3.9≤ESSDI<12.15
生态盈余区	较盈余	12.15≤ESSDI<50.6
	盈余	ESSDI≥50.6

（二）探索性空间数据分析

探索性空间数据分析（exploratory spatial data analysis，ESDA）是指利用统计学原理和图形表达相结合对空间信息的性质进行分析和鉴别，从而发现数据的空间分布规律，揭示数据的空间依赖性和空间异质性等现象（郝金连等，2017；高康等，2019；刘晖和胡森林，2019）。空间自相关分析是 ESDA 的核心内容，本节采用两类空间自相关指标来测算生态系统服务供需指数 ESSDI 的空间分布模式。一类是全局空间自相关指标 Moran I，用来度量生态系统服务供需指数 ESSDI 在整个研究区的空间分布。Moran I 计算公式如下：

$$I = \frac{\sum_{i=1}^{n}\sum_{j\neq 1}^{n} W_{ij}(x_i - \overline{x})(x_j - \overline{x})}{S^2 \sum_{i=1}^{n}\sum_{j\neq 1}^{n} W_{ij}} \tag{4-4}$$

式中，n 为研究区域总数；x_i 和 x_j 分别为 i 地区和 j 地区的生态系统服务供需指数；$S^2 = \frac{1}{n}\sum_{i=1}^{n}(x_i - \overline{x})^2$；$\overline{x} = \frac{1}{n}\sum_{i=1}^{n} x_i$；$W_{ij}$ 为空间权重矩阵，通过 Rook 邻接矩阵获得。Moran I 取值范围为[-1，1]，若 Moran I<0，则表明生态系统服务供需指数呈空间负相关，不同地区 ESSDI 存在较大空间异质性；若 Moran I>0，则表明生态系统服务供需指数呈空间正相关，不同地区 ESSDI 之间存在着一定空间关联影响，且越趋近于 1，空间相关性越显著；若 Moran I=0，则表明生态系统服务供需指数呈随机分布态势。

另外一类是局部空间自相关指标，用来探索生态系统服务供需指数在子区域上与其邻近位置同一属性相关程度（江振蓝等，2018；刘洋等，2020）。本研究主要用到 LISA 分析和 Moran 散点图。LISA 分析表示的是通过检验相似的观测值之间的聚集程度，实质是将 Moran I 指数分散到了每个观测值。计算公式如下：

$$I_i = \frac{x_i - \overline{x}_n}{S}\sum_{j=1}^{n} W_{ij}(x_j - \overline{x}) \tag{4-5}$$

式中，$S = \sum_{i=1}^{n}\frac{(x_i - \overline{x})^2}{n}$。$I_i$ 为正数时，表明研究区周围相似值的空间聚集，I_i 为负数时，表明研究区周围非相似值的空间聚集。

Moran 散点图主要用来解释研究区单元异质性，共有四个象限，分别代表不同空间自相关关系。第一象限代表 H-H（高–高）特征，生态系统服务供需指数高值地区被高值包围，呈现集聚状态；第二象限代表 H-L（高–低）特征，生态系统服务供需指数高值地区被低值包围，呈现离散状态；第三象限代表 L-L（低–低）特征，生态系统服务供需指数低值地区被低值包围，呈现集聚状态；第四象限代表 L-H（低–高）特征，生态系统服务供需指数低值地区被高值包围，呈现离散状态。结合 Moran 散点图和 LISA 聚集图，能够更好地解释研究区单元之间的空间关系。

（三）灰色关联分析

生态系统具有开放性、自维持、自调控功能等特征，是一个涉及自然因素和社会因素相互作用的典型复杂系统（陈小燕，2011；赵旭阳等，2008）。生态系统服务供需同时受自然环境和社会因素影响。本研究运用灰色关联分析方法来研究生态系统服务供需指数与自然因素和社会因素指标之间关联性。

灰色关联分析属于多因素统计分析方法，该方法根据系统影响因素差异判断不同影响因素对整个系统影响程度（唐宏等，2011）。影响因素差异越大，关联度越低，对系统影响越小。影响因素差异越小，关联度越高，对系统影响越大（王新越等，2014）。利用灰色关联分析步骤如下：

$$r_{0i} = \frac{1}{N}\sum_{k=1}^{N} L_{0i}(k) = \frac{1}{N}\sum_{k=1}^{N} \frac{\Delta_{\min} + \rho\Delta_{\max}}{\Delta_{0i}(k) + \rho\Delta_{\max}} \tag{4-6}$$

式中，r_{0i} 为子序列 i 与母序列 0 的关联度；N 为比较序列的长度（数据个数）；$L_{0i}(k)$ 为 k 时刻的相关系数；$\Delta_{0i}(k)$ 为 k 时刻两个比较序列的绝对差，$\Delta_{0i}(k) = |x_0(k) - x_i(k)|$ $(1 \leqslant i \leqslant m)$；$\Delta_{\min}$ 和 $\Delta_{\max}$ 分别为所有比较序列各个时刻绝对差中的最大值和最小值；ρ 为分辨系数，$\rho \in (0, 1)$（Tang and Zhang，2013）。本研究选取生态土地比例、年降水量、NDVI、年平均气温 4 个自然因子，人均 GDP、人口、第一产业增加值、社会固定资产投资、GDP 5 个社会因子，分析生态系统服务供需格局变化驱动机制。

二、生态系统服务供需评价

在研究区生态系统服务供给和需求的基础上，结合 ESSDI 分级标准，对研究区生态系统服务供需状态进行评价。从土地面积看，盈余区、较盈余区和平衡区面积最多，超载区次之，严重超载区最少。从研究区 GDP 比例看，超载区和严重超载区所贡献的 GDP 占全国的比例在 60% 以上，平衡区次之，较盈余区和盈余区最少；平衡区和超载区所容纳人口分别占全国人口近 30%，盈余区和严重超载区次之，盈余区所容纳人口仅占全国人口 6.34%（表 4-6）。

表 4-6　不同级别 ESSDI 的统计结果　　　　　　　（单位：%）

类型	供需状态	GDP	人口	土地面积
生态盈余区	盈余	2.70	6.34	24.89
	较盈余	8.68	16.98	30.04
生态平衡区	平衡	20.92	28.16	25.63
生态赤字区	超载	34.43	29.00	15.90
	严重超载	33.27	19.52	3.53

从空间布局看，盈余区多集中在广东、广西、福建、河北北部等植被覆盖率较高地区；平衡区多集中在黄淮海平原、辽河平原等粮食产区；超载区多集中在长江三角洲、珠江三角洲和沿海发达地区，也有部分位于泉山区、皇姑区等内陆较发达地区。总体而言，生态系统服务供需呈现明显的空间不平衡性。严重超载区以 3.53% 的土地，却承载着研究区 33.27% 的 GDP 和 19.52% 的人口，同时由于这些地区多处在较发达地区，随着经济

发展，势必会有更多人迁入其中，势必会加剧以上县（区）生态超载，导致生态环境状况进一步恶化。城市是人类文明产物，具有居住、工作、游憩、交通四大功能，而沿海城市又是人类主要集聚地，生态系统好坏决定人类福祉。因此，在进行决策时，一定要妥善协调好生态环境保护与城市发展之间的关系，并有必要将生态系统服务供需平衡状况作为决策制定和实施的重要依据（刘耀彬和宋学锋，2005）。

三、生态系统服务供需指数时空分异

为更好揭示生态系统服务供需能力空间特征差异，这里引入探索性空间数据分析方法，对 2000～2015 年沿海地区 ESSDI 进行测度和识别区域差异。

（一）全局空间自相关

表 4-7 给出了 2000～2015 年不同时期各地区 ESSDI 全局空间自相关系数 Moran I 指数的值，并通过了 $P<0.05$ 的显著性检验。研究区不同时期 ESSDI 均表现正相关性，这就说明相邻地区 ESSDI 在空间分布上呈现出集聚现象，ESSDI 较高地区相互临近，ESSDI 较低地区相互临近。并且，随着时间推移，Moran I 呈现出上升趋势，从 0.4815 上升到 0.7014，空间分布聚集现象呈现加强趋势。这些结果表明，随着我国各项环境保护政策实施，生态环境质量得到改善，ESSDI 空间自相关性不断提高，空间分布集聚度逐渐提高。

表 4-7　2000 年、2005 年、2009 年和 2015 年生态系统服务供需指数的全局空间自相关

类型	2000 年	2005 年	2009 年	2015 年
Moran I	0.4815	0.6416	0.7033	0.7014
P	0.001	0.001	0.001	0.001
Z	24.1926	31.7701	34.7082	34.8816

（二）局部空间自相关

全局 Moran I 是用于验证整个研究区域的空间模式，不能辨认高值和低值的空间聚类内部状态，并隐藏了偏离整体分布模式的空间关系。为研判各研究区 ESSDI 是否存在局部集聚现象，更直观地反映各地区 ESSDI 空间关联模式，则需结合 Moran I 散点图和局部 Moran I 指数。在 Moran I 散点图中，以 ESSDI 空间滞后值为纵坐标，以 ESSDI 为横坐标，以散点横纵坐标的平均值为中心坐标，将平面图分为四个象限。四个象限分别对应着 ESSDI 不同的局部空间集聚类型。结合 Moran 散点图和局部 Moran I 指数，分别做出 2000～2015 年研究区在不同时期 ESSDI 的 LISA 集聚图（图 4-4、表 4-8）。

H-H 聚类是指 ESSDI 高值区被 ESSDI 也高的区域包围。2000 年，河北北部、广西北部、闽浙交界地区共有 75 个 H-H 聚类县。2005 年，H-H 聚类数量大幅增加，增长主要集中在广西、广东、辽宁等地区。天然林保护和退耕还林工程在改善生态系统服务方

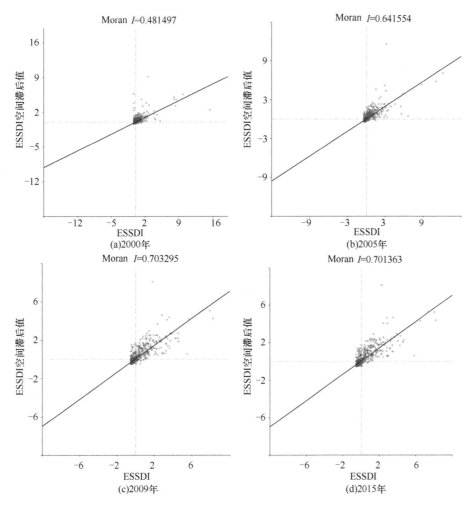

图 4-4 中国沿海地区 2000 年、2005 年、2009 年和 2015 年 ESSDI 的 Moran 散点图

表 4-8 中国沿海地区 **2000 年、2005 年、2009 年和 2015 年 ESSDI 的不同类型县域个数**（单位：个）

类型	2000 年	2005 年	2009 年	2015 年
H-H	75	116	120	120
L-L	174	177	161	156
H-L	0	0	1	1
L-H	9	4	6	6

面发挥了重要作用（赵丽等，2010；赖元长等，2011；王鸽等，2012；李国伟等，2015）。2000～2010 年，辽宁东部山区实施了天然林保护工程，天然林保护面积增加了 3846 万亩，蓄积达到 11871 万 m^3，天然林区森林健康程度提高，水土流失减少，生态系统得到改善。1999 年以来，广东省开展了"四江"流域水源涵养林工程、沿海防护林建设和森林改良工程。2011 年，实施生态景观林带、森林碳汇、森林进城围城三大林业生态工程，扩大了广东省森林面积，增加了森林覆盖率。2009 年之后，这一数字趋于稳定，主要原因是 2008 年以来暂停了大规模退耕还林工程。这些结果也证实，随着大量生态保

护项目实施，生态系统服务供需格局空间失衡有所改善。

L-L 聚类是指 ESSDI 低值区被 ESSDI 也低的区域包围。该地区类型位于长江三角洲、珠江三角洲、天津、江苏、山东、河北以及辽宁一些县。这些地区大多是经济发达地区，人口密度高，工业化程度高，能源消耗大。经济发展也带来了一系列生态环境问题。对此，中国政府也越发重视生态环境问题，并出台了相应政策，制定并实施了生态城市、低碳生态城市和低碳省市等规划（de Jong et al.，2016）。随着时间推移，L-L 聚类县域有所减少，表明我国实施的相关政策取得了初步成效。

H-L 聚类和 L-H 聚类是 ESSDI 高值区和低值区之间的过渡区，分布在 H-H 聚类和 L-L 聚类周围。从图 4-4 和表 4-8 可以看出，这两种类型县市明显偏少，主要为 H-H 聚类和 L-L 聚类两种类型。通过分析可知，ESSDI 始终具有空间自相关和空间异质性，并形成了相对稳定的空间格局。H-H 聚类主要分布在生态较好的地区，而 L-L 聚类主要分布在经济发达的地区。沿海地区 ESSDI 仍存在一定提升空间。

四、生态系统服务供需格局的影响因素分析

（一）自然因素对生态系统服务供需格局的影响

自然因素与生态系统服务供需格局指数具有一定相关性。从表 4-9 可以看出，相关系数均在 0.8 以上，表明所选因素均与 ESSDI 密切相关。生态用地比例、年降水量、NDVI、年平均气温 4 个因子在不同年份均排在前 4 位。4 个自然因子排序为生态用地比例>年降水量> NDVI >年平均气温。生态系统服务供给取决于自然生态系统本身规模和功能，因此生态用地比例变化对生态系统服务具有决定性影响。生态用地比例和年降水量直接影响 ESSDI。植被具有多种生态、社会和经济功能，在维持生态平衡、调节气候、保护生物多样性等方面发挥着重要作用（郑江坤等，2010）。植被数量、组成结构及其分布特征直接影响着生态系统服务供给。同时，温度对沿海地区植被有很大影响（王晓利和侯西勇，2019）。沿海地区多热多雨湿润季风气候可以加速植物光合作用，促进根系生长，增加生态系统服务供给。NDVI 和年平均气温对 ESSDI 也有较大影响。

表 4-9 2000 年、2005 年、2009 年和 2015 年 ESSDI 影响因子的关联系数及排序

影响因子	2000 年		2005 年		2009 年		2015 年	
	相关系数	排序	相关系数	排序	相关系数	排序	相关系数	排序
生态用地比例	0.9659	1	0.9503	1	0.9003	1	0.8966	1
年降水量	0.9605	2	0.9415	2	0.8704	2	0.8833	2
NDVI	0.9563	3	0.9333	3	0.8619	3	0.8610	3
年平均气温	0.9554	4	0.9331	4	0.8615	4	0.8595	4
人均 GDP	0.9467	5	0.9166	7	0.8326	6	0.8307	6
人口	0.9455	6	0.9190	5	0.8341	5	0.8297	7
第一产业增加值	0.9454	7	0.9181	6	0.8326	7	0.8327	5
社会固定资产投资	0.9438	8	0.9101	9	0.8228	8	0.8211	8
GDP	0.9415	9	0.9111	8	0.8224	9	0.8183	9

（二）社会因素对生态系统服务供需格局的影响

从社会因素看，第一产业增加值对 ESSDI 影响较大，这主要是由于在农业生产过程中，不可避免地产生了土壤沉积物、重金属、农药等污染物，对生态系统产生了很大负面影响。人均 GDP 与 ESSDI 之间序列在 2000～2015 年呈现倒 "U" 形变化。随着经济发展，沿海地区逐渐进入了工业化中后期阶段。在工业化进程中，随着人均 GDP 进一步提高，环境污染程度将呈现逐年下降趋势，对生态系统影响也将逐渐减小。研究结果与库兹涅茨曲线相似（de Jong et al.，2016），从而验证了沿海地区生态环境变好的趋势。Wu 等（2018）还发现，中国东部大多数城市已经到了倒 "N" 形曲线的第二个拐点，步入双赢阶段。2000～2015 年，人口与 ESSDI 之间序列呈 "U" 形变化。究其原因，是随着科学技术发展和人口素质提高，沿海地区更加重视生态保护，人口对生态系统影响逐渐减小。王坤等（2016）也有类似结果，城市化带来的人口增长不仅没有导致城市整体生态系统质量下降，而且改善了城市和远郊区生态系统质量。李宪宝和陈东景（2009）也发现，上海、天津、广东、浙江、江苏、山东、福建和辽宁人力资本对区域可持续发展做出了巨大贡献。周明等（2013）也发现，东部地区正处于人口质量驱动的持续经济优化阶段。

社会固定资产投资与 ESSDI 关联系数的顺序变化相对较小。从 2000～2005 年，排序从 8 变为 9，这段时期中国实施了许多生态保护环境政策。从 2005～2015 年，排序从 9 变为 8。在 2004～2013 年，中国房地产经历了 "黄金十年"。市场供不应求，商品房总销售面积继续攀升。为满足房地产市场需求，投入了大量土地资源和资金，但是也出现了无序发展现象，特别是在大中城市边缘，盲目扩张，从而导致水土资源退化和生态系统失衡。从 ESSDI 局部空间自相关结果看，L-L 聚类也主要位于上述区域。为应对 2009 年爆发的经济危机，中国土地利用战略也发生重大变化（郑振源，2011）。将 "严格保护耕地，严格控制建设用地" 和 "保障发展，保护资源" 的战略转变为 "在集约利用土地的基础上，保发展，保资源，保环境" 的土地资源利用战略，导致在 2009～2015 年，社会固定资产投资排序有所上升。GDP 和 ESSDI 关联系数的顺序通常在最后，这可能是第一、第二和第三产业综合发展的原因，从而削弱了对生态系统服务供需影响。2000～2015 年，相关系数最大值和最小值的差值呈上升趋势，这表明随着城市和社会经济发展，各个驱动因素对研究区 ESSDI 影响差异越来越大，驱动机制更多地体现在各个因素个体作用上。

五、生态系统服务供需空间格局与生境质量的相互关系

（一）生境质量与人口和经济密度的空间匹配

沿海地区生境质量空间异质性明显，南高北低。研究区北部以平原为主，地形起伏较小，适宜耕种。包括山东、河北、江苏在内的中国农业大省都位于这一地区。山东、河北及江苏三省整体上以中低等级生境质量区域占据主导地位。该地区土地开发利用强度较高，农业生产、水产养殖等非点源污染比较突出。有研究表明，施肥对环

境的硝酸盐输入量是自然过程的两倍多，这直接导致区域土地质量严重退化（吕永龙等，2018）。工厂，特别是城市中工厂，造成许多环境问题，包括水、空气和土壤污染，导致城市自然环境遭到破坏，环境质量恶化（Zhang et al.，2016；Cheng et al.，2019）。同时，城市大量生态空间被占用作为建设用地，景观破碎化程度不断加大。城市空间快速扩张加剧了整体生态景观破坏。天津、江苏、上海等经济发达区域高生境质量面积不足研究区总面积的 1%。研究区内许多城市过度使用和滥用生态系统服务，导致自然资产储量和生态系统服务供给锐减，而生态系统服务需求上升，增加了区域生态风险（Liu et al.，2018）。

研究区南部，包括广西、福建和广东北部，温差小，降水丰富，植被茂密。南部地区生物多样性明显好于北部地区。根据表 4-10 统计结果，福建、广西、广东较高和高生境质量地区面积分别占研究区总面积的 6.82%、12.09%、7.77%。同时，该地区土地利用强度较低，人类活动对环境影响较小，生境质量较好。然而，生境质量较好地区仍然面临许多威胁。过度使用资源、工业和城市快速发展以及气候变化导致物种和栖息地丧失（Ali et al.，2018；Lin et al.，2019）。并且，中国南方以人工林为主，森林生态系统破碎化程度较高。过度砍伐森林、掠夺性开采矿产、不合理利用土地等人类活动，削弱了包括维护生物多样性和水源涵养在内的生态服务。

表 4-10　不同省（自治区、直辖市）不同级别生境质量面积占比　（单位：%）

省（区、市）	低	较低	中等	较高	高
辽宁	2.04	1.80	4.66	1.76	1.43
河北	1.96	4.28	4.23	2.56	2.04
天津	0.46	0.38	0.09	0.01	0.00
山东	3.29	6.57	2.58	0.11	0.01
江苏	2.87	2.94	1.52	0.81	0.04
上海	0.38	0.15	0.08	0.02	0.00
浙江	1.50	1.27	0.99	2.03	2.35
福建	1.53	0.46	0.90	3.72	3.10
广西	2.89	0.93	3.07	4.92	7.17
广东	2.76	1.54	2.07	3.73	4.04

在生境质量低的地区，第 1 级经济密度和人口密度区域面积最大，面积分别占研究区总面积的 5.39%和 6.03%（表 4-11 和表 4-12）。生境质量低、人口密度低的地区主要出现在京津冀和长江三角洲城市群外围。这些区域人口密度明显小于城市核心区，土地类型是生境威胁主要来源，生境质量指数很低。在生境质量水平较低的地区，第 2 级经济密度和第 3 级人口密度所占面积比例最大，分别占研究区总面积的 5.51%和 5.76%。在中等生境质量的地区，中低强度人类活动影响相对较大，主要集中在 1 级、2 级和 3 级。1 级和 2 级人口密度和经济密度区域的面积在高和较高等级的生境质量中面积占比最大，远高于其他等级。并且，随着经济密度和人口密度增加，生境质量较高和高的地区面积逐渐减少，这证明人类活动强度与栖息地质量成反比。这个结果与以前研究一致（Wang et al.，2016；Yanes et al.，2019），人类活动对生态系统服务产生了负面影响并降

低了生境质量。因此，必须有效地管理人类活动，最大程度地减少人类干预的负面影响并降低生态风险，以促进生态系统健康。

表 4-11 不同水平的经济密度与生境质量匹配状况 （单位：%）

经济密度	级别	低	较低	中等	较高	高
0～100	1	5.39	3.09	7.74	12.71	18.87
101～300	2	2.55	5.51	6.12	4.28	0.95
301～1000	3	2.29	4.40	2.81	1.21	0.20
1001～3000	4	3.04	4.25	2.14	0.78	0.10
3001～10000	5	3.46	2.45	1.15	0.56	0.06
>10000	6	2.90	0.60	0.23	0.13	0.01

表 4-12 不同水平的人口密度与生境质量匹配状况 （单位：%）

人口密度	级别	低	较低	中等	较高	高
0～50	1	6.03	4.24	6.64	10.27	16.50
51～200	2	3.06	4.21	5.57	4.64	2.78
201～500	3	3.19	5.76	5.02	3.10	0.78
501～1000	4	2.76	3.84	2.06	1.11	0.10
1001～5000	5	3.25	2.12	0.83	0.50	0.03
>5000	6	1.33	0.14	0.07	0.05	0.00

（二）生态系统服务供需失衡造成的生态风险

对沿海地区的生境质量与 ESSDI 进行相关分析，并建立二者之间的线性关系模型。将研究区分为三个部分，北部沿海地区（辽宁、河北、天津、山东）、中部沿海地区（上海、江苏、浙江）和南部沿海地区（福建、广东、广西）。从图 4-5 和表 4-13 可以看出，研究区生境质量与 ESSDI 呈现明显正相关，相关系数达 0.738。ESSDI 越高地区生态系统服务供给大于需求，地区的生境质量也较高。北部沿海地区、中部沿海地区和南部沿海地区相关系数存在一定差异，北部沿海地区和中部沿海地区相关系数较高，而南部沿海地区相关系数较低。这主要是由于南部沿海地区不同地区分异显著，经济发达的珠江三角洲及福建沿海地区生态系统服务供给低于需求，生境质量较低；而广东北部、广西及福建西部生态环境状况较好地区，生境质量很高，两者之间显著差异在一定程度上降低了二者之间相关性。

利用一元回归来分析 ESSDI 与生境质量之间的关系，所有回归结果均通过显著性检验（表 4-14）。北部沿海地区、中部沿海地区和南部沿海地区均呈现正相关，生态系统服务供给大于需求的地区，具备良好自然环境，植被覆盖率较高。良好环境能够为个体和种群持续生存与发展提供适宜条件，生境质量很高。生态系统服务供给小于需求的地区人口密度大，经济发达，剧烈人类活动带来严重生态风险，生境质量较低。上述结果与相关性分析结果一致。同时，研究还发现，ESSDI 与生境质量之间的关系存在少许差异，不同地区拟合直线斜率不同。中部地区斜率大于北部和南部地区，表明随着 ESSDI 变化，中部沿海地区生境质量变化幅度大于北部沿海地区和南部沿海地区，这主要由不

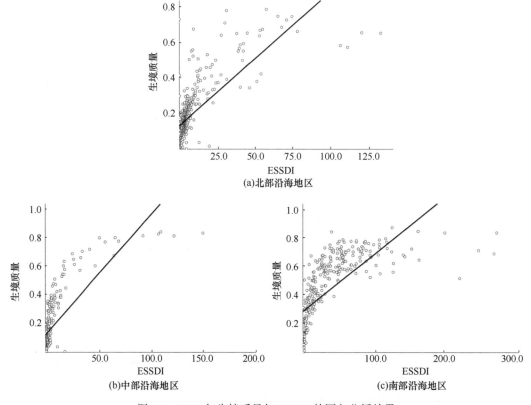

图 4-5　2015 年生境质量与 ESSDI 的回归分析结果

表 4-13　ESSDI 与生境质量的相关性

	研究区	北部	中部	南部
ESSDI	0.738**	0.738**	0.767**	0.685**

** 在 0.01 级别（双尾），相关性显著。

表 4-14　不同沿海地区回归模型参数

沿海地区	模型摘要			参数估算值	
	R^2	F	显著性	常量	b_1
北部	0.544	514.625	0.000	0.132	0.007
中部	0.588	313.478	0.000	0.124	0.008
南部	0.469	277.869	0.000	0.290	0.004

同地区社会经济发展状况及自然本底决定。中部沿海地区生境质量明显低于北部沿海地区和南部沿海地区，该地区多数为生态赤字区，城市发展和人类活动干扰在一定程度导致了区域自然生态系统生物生产功能降低和植被减少，人类对生态系统服务过度利用和滥用导致自然资产储量、生态系统服务供给能力急剧下降，而生态系统服务消费总量却急剧攀升。中部沿海地区 ESSDI 对生境质量影响敏感，生态系统服务供需变化导致生态风险可能性较大。

六、生态系统服务供需空间失衡与环境正义之间的关系

沿海地区生态系统服务供需格局存在明显的空间失衡，生态系统服务供需格局空间失衡也造成了环境不公。改革开放后，我国制定了优惠政策，允许深圳等沿海城市优先发展，西部等地区则提供了水资源、矿产和电力等原材料。尽管东部沿海城市工厂化经济模式极大地促进了当地经济发展，但随之而来的水污染和空气污染却使东部沿海地区遭受了生态灾难。此外，西部地区大都是生态脆弱地区（经济贫困地区），在发展经济的同时，为保护生态环境，必须要牺牲一定经济发展利益（Yao and Xie，2016）。西部地区生态保护成果被东部地区无偿占有和使用，这造成了环境不公。

另外，由于劳动力成本低、资源能源丰富、环保意识淡薄、经济发展空间广阔，许多高耗能、高污染企业正通过产业转移和贸易转移，不断向西部转移（陆张维等，2013）。这也是沿海地区环境改善的一个重要的原因（李方一等，2013）。Zheng 和 Shi（2017）研究还发现，2004～2013 年，东部地区每家企业平均每年缴纳的排污费为 800351元，明显高于中部（497235 元）和西部（369416 元）内陆地区。经济手段区域差异导致污染行业从东部地区向内陆地区转移，在一定程度上也造成了环境不公（Sun et al.，2017）。在其他发展中国家也发现这种现象。由于发展中国家环境标准相对较低，大多数外国投资都集中在高污染地区。例如，加纳发展了一个具有相对优势的污染密集型产业，并成为世界污染产业避风港之一（Solarin et al.，2017）。在尼日尔三角洲，当地社区承担了石油开采大部分环境成本，而石油工业收益却几乎不回归三角洲（Adekola et al.，2015）。多项研究还表明，世界许多城市公园面积、质量和安全方面存在不公平现象，低收入群体和少数族裔通常无法获得更多生态系统服务（Boone et al.，2009；Rigolon et al.，2018）。

为解决环境不公问题，我国实施了系列政策，已累计投入 219 亿元用于湿地恢复，并启动了多种海岸带修复项目。2011～2015 年，国家海洋局共安排了 230 多个修复项目，其中最重要的是海滩修复与维护、海岸带湿地植被培育与恢复以及海岸带生态廊道建设等（Liu et al.，2018）。一些研究还发现，我国红树林总面积不断增加，这证明了海岸带生态修复项目的有效性（He et al.，2014）。上一轮退耕还林工程共完成 4.47 亿亩，林地总面积和森林总蓄积量分别增长 15.4%和 10%以上；退耕还林工程使农民人均纯收入由2000 年的 1945 元提高到 2014 年的 7602 元，剔除价格因素，年均增长率为 9.3%，高于全国农村居民年均纯收入增长率。1996 年中央做出了"东西部扶贫协作"重大决策，沿海地区 260 个县市与西部地区 287 个县市建立了对口帮扶关系；1996～2015 年东部地区累计向西部扶贫协作区提供帮扶资金 160 多亿元，引导企业实际投入 1.5 万亿元，实施了一大批帮扶项目和民生工程，目前东西部地区已形成多层次、多形式、全方位的扶贫合作和对口支援结构，形成了优势互补、长期合作、重点扶贫的良好局面，扶贫政策取得了巨大成功（Meng，2013；Liu et al.，2017）。所有项目在实施中都取得了很大成效，环境不公现象有所改善（Yin et al.，2014；Zhou et al.，2018）。目前，我国已建立了森林生态效益补偿基金制度，草地、湿地、矿山生态补偿制度，重点生态功能区转移支付

制度，流域生态保护补偿机制（潘鹤思和柳洪志，2019；杨清等，2020）。2017年，生态补偿被纳入《生态文明体制改革总体方案》和《关于加快推进生态文明建设的意见》。

第四节　烟台市生态系统服务供需格局演变与空间流转

生态系统作为一个连续的资源系统，其产生的生态系统服务具有明显的社会性和外部性，在特定区域内产生的生态系统服务，会在域外发生效用，不同地区受益者所享受到的生态系统服务是有差异的。不同人类活动和自然因素，都会对生态系统服务流向、流量及流速造成影响。分析生态系统服务空间流转对开展生态补偿工作具有重要意义。本研究基于已有数据，以烟台市为研究区，研究分析了本区域具有代表性的食品供给、固碳、产水三类生态系统服务供需格局的时空演变规律，揭示了三类生态系统服务类型的权衡/协同关系及其驱动机制；在海域生态风险评估基础上，基于三类生态系统服务供需格局，开展了基于陆海统筹的烟台市生态系统服务供需分区；以固碳生态系统服务类型为例，提出了固碳服务的空间流转表征方法与流转方式，为烟台市生态系统管理及生态补偿提供一定参考。

一、不同类型生态系统服务供需测算与空间流转研究方法

（一）生态系统服务供给和需求测算

1. 产水服务

淡水供给是一项重要生态系统服务，对灌溉农业发展、确保人口增长、工业和旅游业发展和生活水平提高具有重要的意义。本研究使用 InVEST 年产水量模型估算研究区域年产水量。年产水量模型主要基于 Budyko 水热耦合平衡假设，模型假设除了蒸散发以外其他水都到达流域出水口。利用研究区土地利用、气候、土壤等数据，获取研究区年产水量（吴瑞等，2017）。根据《山东统计年鉴》公布的烟台市用水总量数据和烟台市人口数据，得到烟台市 2009 年和 2015 年人均耗水量；使用烟台市边界数据对世界人口计划数据集 WorldPop 项目组发布的中国 2009 年和 2015 年人口密度数据进行裁剪，结合人均耗水量最终得到烟台市 2009 年和 2015 年产水服务需求图。产水服务供给和需求具体计算公式如下。

供给：

$$S_{wp} = \left(1 - \frac{AET_{xj}}{P_x}\right) \times P_x$$

$$\frac{AET_{(x)}}{P_{(x)}} = 1 + \frac{PET_{(x)}}{P_{(x)}} - \left[1 + \left(\frac{PET_{(x)}}{P_{(x)}}\right)^W\right]^{\frac{1}{W}} \quad (4\text{-}7)$$

$$PET_{(x)} = K_{c(x)} \times ET_{O(x)}$$

$$W_{(x)} = \frac{AWC_{(x)} \times Z}{P_x} + 1.25$$

需求：

$$D_{wp} = D_{pcwc} \times P_{pop} \tag{4-8}$$

式中，S_{wp} 为年产水量，mm；AET_{xj} 为 j 类土地利用类型、栅格 x 的年实际蒸散量；$AET_{(x)}$ 为栅格 x 的年实际蒸散量，为 mm；$P_{(x)}$ 为栅格 x 的年降水量，单位为 mm；$PET_{(x)}$ 为栅格 x 的潜在蒸散量；W 为非物理参数，用来表示自然气候土壤性质；$K_{c(x)}$ 为植物（植被）蒸散系数；$ET_{O(x)}$ 为参考植被蒸散量，反映当地的气候条件；$AWC_{(x)}$ 为植物可利用含水量；$W_{(x)}$ 为经验系数；Z 为 Zhang 系数；D_{wp} 为水资源需求量，m^3；D_{pcwc} 为烟台市人均耗水量；P_{pop} 为人口密度。

年产水量模型能够较为灵活地在标准计算机上运行，并且所需数据较为容易获取。数据主要包括土地利用数据、年均降水量数据、年均潜在蒸散量数据、土壤深度数据、植物有效水分含量数据及生物物理参数表。

（1）土地利用数据

研究中使用的土地利用数据为烟台市土地利用变更调查数据，年份为 2009 年和 2015 年。

（2）年均降水量数据

本研究使用的年均降水量数据来自中国科学院资源环境科学与数据中心。通过烟台市矢量边界裁剪得到烟台市 2009 年和 2015 年年均降水量。

（3）年均潜在蒸散量数据

研究中使用的年均潜在蒸散量来自 MODIS 标准数据产品 MOD16。MOD16 全球蒸散量产品可用于计算区域水和能量平衡、土壤水分状况，能够为水资源管理提供关键信息。使用长时间分辨率 MOD16 数据，可以量化气候、土地利用和生态系统扰动的变化对区域水资源和土地表面能量变化的影响。该产品包括 8 天、每月和每年的蒸散发（ET）、潜热通量（LE）、潜在蒸散发（PET）和潜在潜热通量（PLE）产品（贺添和邵全琴，2014）。MOD16 产品目前由地球动态数值模拟研究组（NTSG）制作，该数据集涵盖 2000～2014 年时间段，空间分辨率为 1 km。使用烟台市矢量边界，通过裁剪得到烟台市年均潜在蒸散量。该数据是基于受到普遍认可的 Penman-Monteith 方程获取的，该方程要求参数较多，相较于 InVEST 推荐的 Modified Hargreaves 方法，结果更为准确。由于该数据缺乏 2015 年数据，这里使用 2000～2014 年共 15 年平均潜在蒸散发来代替 2015 年数据。

（4）土壤深度数据

土壤深度又名为根系限制层深度，是由于物理或化学特性而强烈抑制根系渗透的土壤深度。利用烟台市边界数据对全国土壤调查数据进行裁剪，通过空间插值得到烟台市土壤深度数据。

（5）植物有效水分含量数据

植物有效水分含量（plant available water content，PAWC）定义为田间持水量和永久萎蔫系数的差值。根据烟台市矢量边界，通过裁剪全国土壤图，根据周文佐（2003）提出的公式，得到烟台市植物有效水分含量图。具体公式如下：

$$AWC(\%) = 54.509 - 0.132 \times SAN\% - 0.003 \times (SAN\%)^2 - 0.055 \times SIL\%$$
$$- 0.006 \times (SIL\%)^2 - 0.738 \times CLA\% + 0.007 \times (CLA\%)^2 - 2.668 \qquad (4\text{-}9)$$
$$\times C\% + 0.501 \times (C\%)^2$$

式中，SAN%、SIL%、CLA%、C%分别为沙粒、粉粒、黏粒、有机质的含量。

（6）生物物理参数表

生物物理参数表主要包括了土地利用类别、蒸散系数、根系深度等内容。其中蒸散系数根据联合国粮食及农业组织蒸散系数指南，同时参考相关研究成果（荣检，2017）获取；根系深度参考 InVEST 模型系数表并结合有关研究成果获取（荣检，2017）。

2. 食品供给服务

食品供给服务是人类从生态系统中获取的一项重要生态系统服务，对保障人类正常生产、生活发挥着重要的作用。有研究表明，粮食总产量与 NDVI 线性相关。可以将粮食总产量按照 NDVI 分配给农用地栅格（武文欢等，2017）。因此，本研究基于土地利用类型，将粮食、油料作物、蔬菜总产量按照栅格 NDVI 与耕地总 NDVI 的比值进行分配，瓜果产量按照栅格 NDVI 与园地总 NDVI 的比值进行分配。基于此，能够表示不同栅格食品供给能力，并最终得到烟台市 2009 年和 2015 年食品供给服务图。食品需求量则根据人均食品需求量乘以人口密度来进行获取。其中人口密度数据来源于世界人口计划数据集 WorldPop，分辨率为 100m×100m。烟台市人均粮食需求量来源于《烟台统计年鉴》。食品供给服务供给和需求具体计算公式如下。

供给：

$$G_i = G_{sum} \times \frac{NDVI_i}{NDVI_{sum}} \qquad (4\text{-}10)$$

需求：

$$D_i = D_{pcfc} \times P_{pop} \qquad (4\text{-}11)$$

式中，G_i 为栅格 i 分配的食品产量；G_{sum} 为烟台市食品总产量；$NDVI_i$ 为栅格单元 i 的归一化植被指数；$NDVI_{sum}$ 为烟台市耕地和园地的归一化植被指数的和；D_i 为食品需求量；D_{pcfc} 为人均食物需求量；P_{pop} 为人口密度。

3. 固碳服务

区域碳储存一项重要的生态系统调节服务，与陆地生态系统生产力和气候调节能力密切相关。研究使用 InVEST 模型固碳模块来计算烟台市 2009 年和 2015 年固碳服务。InVEST 固碳模块利用土地利用数据以及四个碳库（地上生物量、地下生物量、土壤和死亡有机物质）中的存量来估算当前在景观中存储的碳量。地上生物量包括土壤上的所有植物物质（如树皮、树干、树枝、树叶）。地下生物量主要包括地上生物量的活的根系。土壤有机质是土壤有机组成部分，是陆地上最大碳库。模型所使用碳密度数据主要通过参考与研究区相关文献资料并结合模型提供示例数据获取（黄卉，2015）。为保证模型 2009 年和 2015 年固碳服务计算结果具有可比性，本研究不考虑植被覆被变化造成的碳密度变化。固碳服务需求通过将人均碳排放数据乘以人口密度数据获得，从而得到烟台市固碳服务需求空间分布图。其中，人均碳排放数据来源于世界银行和全球大气研究排放数据库公布的中国人均碳排放量数据。固碳服务供给和需求具体计算公式如下。

供给：

$$C_{\text{total}} = C_{\text{above}} + C_{\text{below}} + C_{\text{soil}} + C_{\text{dead}} \tag{4-12}$$

需求：

$$D_{\text{cp}} = D_{\text{pccc}} \times P_{\text{pop}} \tag{4-13}$$

式中，C_{total} 为固碳总量；C_{above} 为地上生物碳；C_{below} 为地下生物碳；C_{soil} 为土壤碳；C_{dead} 为死亡碳；D_{cp} 为固碳需求量；D_{pccc} 为人均碳排放量；P_{pop} 为人口密度。

4. 生态系统服务变化分析

为更好分析生态系统服务供给在空间上的变化，这里运用差值法来判断各项服务在 2009～2015 年变化。计算公式如下：

$$\text{ESC}_i = \text{ES}_{it} - \text{ES}_{ip} \tag{4-14}$$

式中，ESC_i 为 i 类型生态系统服务的变化值；ES_{it} 为 i 类型服务在 t 时刻的值，ES_{ip} 为 i 类型服务在 p 时刻的值。当 ESC>0 时，表明生态系统服务处于增益状态；当 ESC=0 时，表示生态系统服务无变化；当 ESC<0 时，表示表明生态系统服务处于损失状态。ESC_i 这里仅代表了每种生态系统供给服务的相对增益和损失。研究中以 ES_{it} 为 2015 年生态系统服务，以 ES_{ip} 为 2009 年生态系统服务。

（二）生态系统服务权衡/协同关系分析

为更好分析烟台市不同生态系统服务间权衡/协同关系，在 Raudsepp 等（2010）和 Turner 等（2014）的研究基础上，采用相关分析法，对研究区不同时间、不同生态系统服务间权衡/协同关系进行量化。当两种生态系统服务之间相关系数为负数，且通过了 0.05 水平显著性检验时，则认为两种生态系统服务之间存在显著的权衡关系；反之，若通过显著性检验，且相关系数为正数，则两种生态系统服务之间为显著的协同关系。

为更好地在空间上分析生态系统服务权衡/协同关系，本研究在借鉴 Pan（2013）和吴蒙（2017）的研究基础上，引入生态系统服务权衡/协同 T 指数，$-\infty < T < +\infty$。若 T 越接近于 0，则两种生态系统服务之间的权衡/协同 T 越弱，反之则表示越强。计算公式如下：

$$T_{ij} = \ln \frac{\text{ES}_{pi}}{\text{ES}_{pj}} \tag{4-15}$$

式中，T_{ij} 为 i 类型和 j 类型两种生态系统服务之间的权衡/协同 T 指数，二者之间的权衡/协同 T 关系通过相关性分析获取；ES_{pi} 和 ES_{pj} 分别为 i 类型和 j 类型的生态系统服务供给指数。当 $T_{ij}>0$ 时，表示 i 类型生态系统服务在权衡/协同关系中占据主导作用，反之则表示 j 类型生态系统服务占据主导作用。

（三）生态系统服务空间流转分析

受自然因素和人为因素影响，生态系统服务在空间上通常是流动的，会在域外发生效用。有研究表明，根据距离不同，生态系统服务影响大小不同，大都呈现随距离增加而衰减的规律（Kosoy and Corbera，2010；Bagstad et al.，2013）。生态系统服务受益者也随距离变化享受到不同层次的生态系统服务。在开展生态补偿时，必须要考虑生态系统服务流动性来制定政策。目前，生态系统服务流动的研究尚处在萌芽阶段，研究仍不够深入。结合目前已有研究成果，这里参考陈江龙等（2014）提出的地区比较生态辐射力概念来分析地区间生态系统服务流转。地区比较生态辐射力概念是基于物理学中的万有引力模型，利用断裂点公式定量研究两个区生态系统服务的相互作用（陈江龙等，2014）。生态系统服务断裂点公式如下：

$$A = \frac{D_{ij}}{1+\sqrt{N_i/N_j}} \tag{4-16}$$

式中，A 为不同区域间的生态辐射力；D_{ij} 为不同区域间的距离；N_i 和 N_j 分别为区域 i 和区域 j 的生态系统服务价值。

生态系统服务通常会在域外发生效用，并随距离增加而衰减，这里对 D_{ij} 进行修正，引入指数距离衰减函数：

$$W_{ij}=\mathrm{e}^{-D_{ij}/H} \tag{4-17}$$

式中，W_{ij} 为不同区域的指数衰减距离，H 为不同区域间的最大距离，本研究中为莱州市和牟平区间的距离，e 为自然常数。

最后得到地区比较生态辐射力公式：

$$E_C = \frac{W_{ij}}{1+\sqrt{N_i/N_j}} = \frac{\mathrm{e}^{-D_{ij}/H}}{1+\sqrt{N_i/N_j}} \tag{4-18}$$

式中，E_C 为地区比较生态辐射力。

二、烟台市生态系统服务供需时空演变

（一）生态系统服务空间分布及其变化

1. 产水服务

烟台市 2009 年和 2015 年产水服务格局差异较大（图 4-6 和图 4-7）。2009 年，产水服务较高地区主要集中在烟台市中东部的蓬莱市、栖霞市、海阳市及牟平区等。这主要与这些地区降雨较多有关，同时这些地区多为丘陵，海拔较高，是烟台市主要生态空间

分布地，地表蒸散作用弱于主城区及沿海发达地区。烟台市主城区（芝罘区、福山区、莱山区）、莱州市西部及龙口市北部地区产水服务明显偏弱。2015 年，海阳市和牟平区是烟台市产水服务能力最强地区。这与 2015 年降水分布有较大关联。从 2015 年降雨图可以看出，烟台市当年降雨呈现明显的南高北低格局。相较于 2009 年，烟台市主城区及沿海地区产水服务能力仍然偏弱。2015 年，莱州市产水服务供给能力明显增强。栖霞市 2015 年虽降水偏少，但产水能力仍在烟台市处中等水平。通过分析可知，降水与地形是影响产水服务的关键因素。

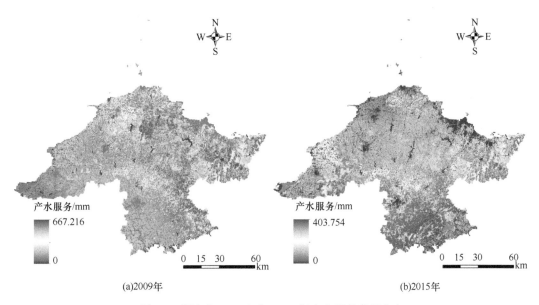

(a)2009年　　　　(b)2015年

图 4-6　烟台市 2009 年和 2015 年产水服务空间分布

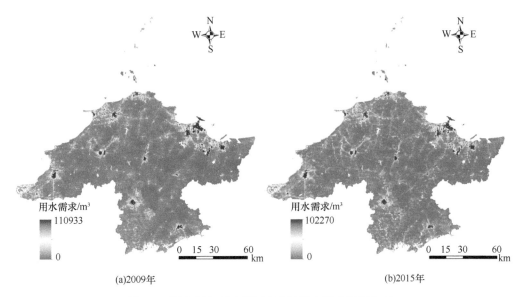

(a)2009年　　　　(b)2015年

图 4-7　烟台市 2009 年和 2015 年用水需求空间分布

分析产水服务变化可知，烟台市绝大多数地区产水服务表现为损失状态。其中损失最为严重地区主要集中在烟台市中北部的蓬莱市、龙口市、牟平区、福山区、莱山区以及招远市和栖霞市大部分地区，相较于 2009 年，2015 年该地区每个栅格上产水量损失值在–374～–238.001 mm。莱州市西部、莱阳市、海阳市产水服务损失相对较小，但也处在–238～–127 mm。莱州市西部是烟台市产水服务损失最小地区。烟台市产水供给服务增加地区很少，大多数分布在莱州市与海阳市的沿海地区。该地区产水服务增加很可能受该地区季风气候影响。

2. 固碳服务

2009 年烟台市固碳服务值高的地区主要集中在烟台市内陆的栖霞市及龙口市等地，该地区地形多为丘陵，林地和园地分布密集，相较于其他用地类型，能够存储更多碳。烟台市沿海地区与烟台市主城区（芝罘区、福山区、莱山区）是固碳服务值偏低的区域，此区域多为平原，人口密度大，经济发达，生态用地类型偏少，故而固碳能力较弱。相较于 2009 年，2015 年固碳服务变化很小。通过分析能够看出，烟台市大多数地区固碳能力有所降低，但降低有限。降低较多的地区主要为烟台市主城区及龙口市和蓬莱市。降低的主要原因是林地、草地等生态用地减少，从而降低了区域固碳能力。

3. 食品供给服务

2009 年食品供给服务高值区主要集中在烟台市中南部的栖霞市、海阳市及招远市、栖霞市和莱阳市的三市交界处。北部蓬莱市、龙口市是食品供给能力中等地区。莱州市及烟台市主城区是食品供给能力最弱的地区。2015 年，烟台市整体供给能力有所增强，但整体分布变化差异较小。分析 2009～2015 年食品供给服务变化，烟台市整体食品供给服务以增益为主，其中增益最强地区主要集中在栖霞市东部及莱州市东部，最大值为10.3 t。海阳市南部、龙口市和蓬莱市部分也有所增强，大都位于 2.001～3.5 t。增益在0～2 t 的地区分布较为零散，大都集中在烟台市北部和中部地区。烟台市也有部分地区食品供给能力有所较低，降低区域大多为烟台市建设用地及其周边。为了发展经济，不得不通过侵占农用地的方式开展经济建设活动。由烟台市土地利用变化分析也可知，烟台市大部分地区都呈现农用地减少、建设用地增加的趋势。

4. 生态系统服务需求

烟台市 2009 年和 2015 年各项生态系统服务需求空间分布趋势总体变化不大。其中，2009 年产水服务需求高于 2015 年，固碳服务需求则是 2015 年高于 2009 年，食品供给服务需求则为 2009 年高于 2015 年。事实上，生态系统服务需求通过人口密度和某些生态系统服务人均需求计算得到，人口密度很难在 6 年发生较大变化，更多受来源于生态系统服务人均需求的影响。

（二）生态系统服务供需差距及其变化

本研究利用差值法，通过生态系统服务供给减去生态系统服务需求，得到研究区

2009 年和 2015 年不同类型生态系统服务供需差距,并分析其变化。如果其大于 0,则该区域供大于需,反之,则供小于需。从图 4-8 能看出,烟台市食品供给服务多数地区属于生态系统服务盈余区,供需差距多数地区大于 10 t/hm²。烟台市各区县的郊区供需差距多处在 5.001~10 t/hm²,仍属于生态系统服务盈余区。各区县主城区周边地区供需差距在–5~5 t/hm²,属于供需相对平衡区。而烟台市各区县核心区属于生态系统服务超载区,供需差距超过–5 t/hm²。相较于 2009 年,2015 年各区间面积变化相对较小。变化较为剧烈的多集中在–5~5 t/hm²、5.001~10 t/hm² 及大于 10 t/hm² 三个区间。其中平衡区面积增加较为明显,到 2015 年增加面积占到烟台市面积的 0.87%。而 5.001~10 t/hm² 区间的生态盈余区面积减少明显,减少面积占烟台市面积的 1.23%,面积减少区域多位于烟台市主城区、莱州市及北部沿海地区。大于 10 t/hm² 区间的生态盈余区面积有所增加,到 2015 年增加面积占到烟台市面积的 0.35%(表 4-15)。

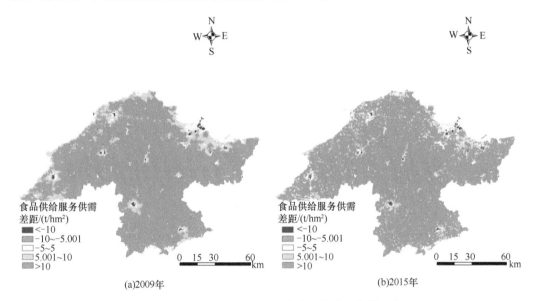

图 4-8 烟台市 2009 年和 2015 年食品供给服务供需差距

表 4-15 烟台市 2009 年和 2015 年不同区间食品供给服务供需差距面积占比(单位:%)

区间/(t/hm²)	2009 年	2015 年	面积变化
<−10	0.40	0.39	−0.01
−10~−5.001	0.29	0.32	0.03
−5~5	3.24	4.11	0.87
5.001~10	11.29	10.05	−1.24
>10	84.78	85.13	0.35

除各区市中心城区外,烟台市多数地区属于固碳服务盈余区(图 4-9)。其中大于140 t/hm² 的区域主要集中分布在栖霞市、牟平区、招远市及龙口市,面积超过烟台市总面积的 1/4。40.001~140 t/hm² 的区域生态盈余区面积最大,超过烟台市总面积的四

成，主要集中在烟台市中东部地区。–40~40 t/hm² 的供需相对平衡区面积较少，多数地区集中在莱州市、海阳市、龙口市和招远市。烟台市各区市中心城区属于固碳服务生态超载区，固碳服务供给小于需求，差距普遍超过–40 t /hm²。分析不同年份固碳服务供需差距，2015 年，生态盈余区面积减少明显，供需差距在 40.001~140 t/hm² 和大于 140 t/hm² 区间的面积分别减少 0.50%和 1.38%；生态超载区面积明显增加，供需差距在–140~–40.001 t/hm² 和小于–140 t/hm² 区间的面积分别增加 0.68%和 0.58%。其主要原因是烟台市建设用地面积增加，而生态用地减少，从而导致生态系统固碳能力下降（表 4-16）。

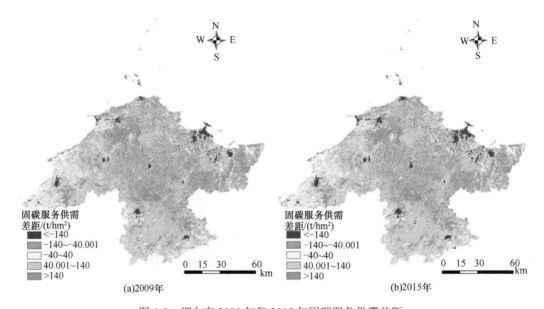

图 4-9　烟台市 2009 年和 2015 年固碳服务供需差距

表 4-16　烟台市 2009 年和 2015 年不同区间固碳服务供需差距面积占比（单位：%）

区间/（t/hm²）	2009 年	2015 年	变化
<–140	1.48	2.06	0.58
–140~–40.001	2.33	3.01	0.68
–40~40	24.75	25.37	0.62
40.001~140	42.99	42.49	–0.50
>140	28.46	27.08	–1.38

　　烟台市产水服务总体上呈现供小于需的格局，绝大多数地区产水服务供需差距普遍大于–1900 m³/hm²，烟台市各区市中心城区供需差距均超过–6300 m³/hm²。芝罘区生态超载现象最为严重，部分地方供需差距超过–36500 m³/hm²。相较于 2009 年，烟台市产水服务生态超载格局并没有发生明显变化，仅–6300~–1900 m³/hm² 和大于–1900 m³/hm² 区间的面积有所变化，分别增加和减少 0.11%和 0.16%（表 4-17）。

表 4-17　烟台市 2009 年和 2015 年不同区间产水服务供需差距面积占比（单位：%）

区间/（m³/hm²）	2009 年	2015 年	变化
<−36500	0.01	0.01	0.00
−36500～−16000.001	0.07	0.08	0.01
−16000～−6300.001	0.61	0.65	0.04
−6300～−1900	2.68	2.79	0.11
>−1900	96.63	96.47	−0.16

三、烟台市生态系统服务权衡/协同关系及其驱动机制

由表 4-18 可知，烟台市 2009 年和 2015 年食品供给–固碳、食品供给–产水、固碳–产水间均呈现协同关系，即一项生态系统服务会随着另外一项生态系统服务的增加而增加。2009 年食品供给–产水的协同关系最强，相关系数达到 0.311，固碳–产水的协同作用稍弱，相关系数为 0.281。食品供给–固碳是三对生态系统服务间协同关系最弱的，仅为 0.182。到 2015 年，食品供给-产水的协同关系继续增强，相关系数增加到 0.324，食品供给–固碳与固碳–产水的协同关系略有减弱，相关系数分别为 0.175 和 0.263。

表 4-18　烟台市 2009 年和 2015 年不同生态系统服务权衡/协同关系

	2009 年食品供给	2009 年固碳	2009 年产水		2015 年食品供给	2015 年产水	2015 年固碳
2009 年食品供给	1.000	0.182**	0.311**	2015 年食品供给	1.000	0.324**	0.175**
2009 年固碳	—	1.000	0.281**	2015 年产水	—	1.000	0.263**
2009 年产水	—	—	1.000	2015 年固碳	—	—	1.000

**在 0.01 级别（双尾），相关性显著。

图 4-10、图 4-11 和图 4-12 在空间上分别展示固碳–产水、食品供给–产水、食品供给–固碳三对生态系统服务之间的协同关系。分析固碳–产水的协同关系可知，烟台市整体上以产水服务为主导生态系统服务，具体表现为随着产水服务增加，固碳服务也相应增加。其中，烟台市主城区、莱州市及北部与南部部分沿海地区是协同作用最强地区。虽然产水服务受年降水量因素影响很大，但若能在该地区提高生态用地比例，加强中心城区和郊区绿地林地建设，也能够在一定程度上提高产水服务供给能力，固碳能力也能够随之增强。除上述区域外，烟台市大部分区域协同指数在−2～−0.5，固碳–产水协同关系稍弱。由于地表植被都对固碳服务和产水服务具有直接作用，通过加强农用地保护和林地保护，亦能够有助于增益固碳服务和产水服务。2009 年以固碳服务为主导的地区很少，其主要零散分布在莱州市，协同指数普遍大于 0.5，表明该地区随着固碳服务增加，产水服务也会相应增加。2015 年，烟台市固碳与产水服务之间的协同关系有较大变化。

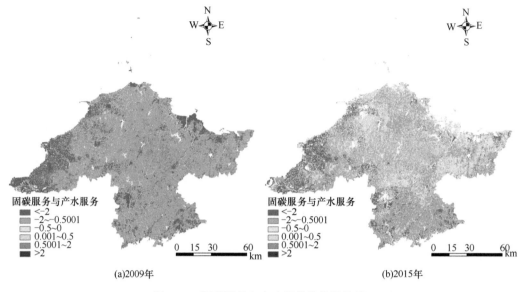

图 4-10　固碳服务与产水服务的协同关系

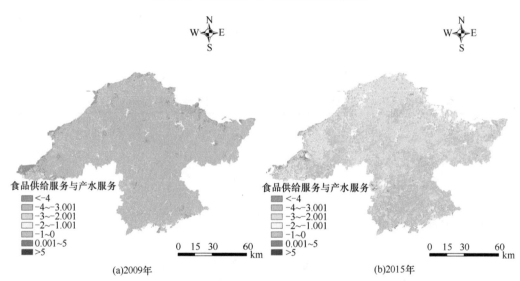

图 4-11　食品供给与产水服务的协同关系

以产水服务为主导作用的地区明显减少，而以固碳服务为主导作用的地区明显增多，并且在以产水服务为主导作用的地区，协同强度明显弱于 2009 年。可以看出，2009 年，烟台市中北部以产水服务为主导作用的地区协同指数在 –2～–0.5.001 的范围明显缩小。协同指数小于 –2 的地区也有所变化，烟台市主城区、蓬莱市等地多变为 –0.5～0 的区间。2015 年，栖霞市、蓬莱市、龙口市等部分地区变为以固碳服务为主导的生态系统服务，协同指数大都在 0.001～0.5，协同关系较弱。固碳与产水服务之间协同强度最大的地区主要集中在莱州市，该地区若加强林地、草地等生态用地保护提升固态服务功能，将同时有助于产水服务增加。2009～2015 年，固碳–产水之间的协同作用变化较大，与烟台市 2015 年降水偏少，从而产水服务减少有较大关联。此外，烟台市产水功能削弱还与烟台市大规模实施的荒山覆绿、村庄绿化和退耕还林等生态工程有关。2009~2015 年，烟台市森林覆盖率由 39%上升到 40%，实有林地面积从 53.46 万 hm² 增加到 54.65 万 hm²。研究表明，一方面，植树造林能够在一定程度上提高森林覆盖率，同时也对固碳等生态系统服务起到积极作用。另一方面，通过植树造林能够在一定程度上增强区域的蒸散作用，并削弱产水量。这也是 2015 年以固碳为主导生态服务的地区面积增加的一个重要原因。

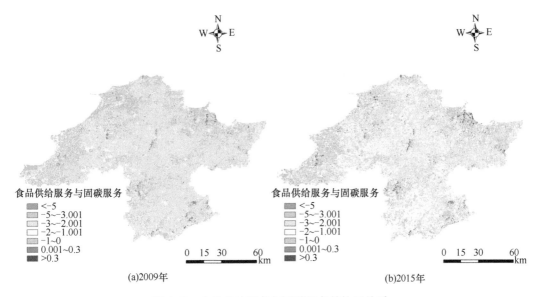

图 4-12 食品供给服务与固碳服务的协同关系

2009 年食品供给−产水的协同关系整体上以产水服务为主导生态系统服务，且食品供给−产水的协同关系普遍较强，绝大多数地区协同系数在−4~−3.001，这表明随着产水服务增加，食品供给服务也会相应增加。此外，很小部分地区食品供给服务−产水服务协同系数小于−4，产水服务主导作用更强。产水服务能够使植物组织吸水进行光合作用。而作物产量积累主要依赖绿色植物叶片光合作用，通过光合作用将太阳能转化为化学能。同时，土壤水分直接关系着植物根系吸水和叶片蒸腾作用，并影响干物质积累，最终对粮食作物产量造成影响。已有很多研究表明，NDVI 随降水呈现线性增长（李春晖和杨志峰，2004）。2015 年，食品供给−产水的协同强度有所降低。蓬莱市、龙口市、栖霞市、招远市等地协同系数由−4~−3 变为−3.001~−2.001。协同系数小于−4 的地区几乎没有。烟台市南部食品供给-产水的协同强度变化不大，仍维持在−4~−3.001，这与该地区 2015 年降水相对较多有较大关联。2015 年，有小部分地区的生态系统服务以食品供给服务为主导，即随着食品供给服务增加，产水服务也会相应增加。2009~2015 年，产水服务主导作用正在变弱，降雨减少是其中一个重要因素。

相较于食品供给−产水、固碳−产水两对生态系统服务之间的协同关系，食品供给−固碳的协同关系与前两者差别较小。三对生态系统服务之间在整体上均表现为以某一项生态系统服务为主导。2009 年，食品供给−固碳的协同关系更多以固碳服务为主导生态系统服务，即随着固碳服务增加，食品供给服务也相应增加。协同作用最强地区多集中莱州市、蓬莱市及海阳市部分地区，协同指数小于–5。烟台市广大内陆地区，包括栖霞市、蓬莱市、牟平区等，食品供给–固碳的协同关系也较强，协同指数大都在–3～–2.001。以固碳服务为主导生态系统服务的协同作用最弱地区主要在莱州市、芝罘区、福山区及海阳市部分，协同指数大都在–1～0。植物在生长过程中，主要依靠光合作用吸收二氧化碳，经过一系列复杂化学反应生成碳水化合物，其被植被存储，并最终以食物的方式直接提供给人类。这是食品供给–固碳该对生态系统服务间以固碳服务为主导的一个重要原因。2015 年，主导的生态系统服务依然为固碳服务，但协同强度有所降低。–3～–2.001 的面积明显降低，而–2～–1.001 的面积增加幅度较大。2015 年协同作用最弱的地区仍主要在莱州市、芝罘区、福山区等，整体变化不大。协同作用很强的地区面积大幅度减少，仅有少数部分集中在烟台市西部地区。2009～2015 年，食品供给–固碳的协同作用变弱，这主要是由于降水减少不利于植被生长，从而导致固碳服务减弱。

四、烟台市固碳服务空间流转

固碳服务属于调节服务，在减缓全球变暖，调节气候变化方面发挥着重要作用。开展固碳服务空间流转研究，更有益于完善我国生态补偿机制和推进区域可持续发展。使用 ArcGIS 近邻分析工具，得到烟台市不同地区相对距离，结合公式，得到烟台市不同地区比较生态辐射力。根据表 4-19 和表 4-20 的结果，从不同地区看，烟台市各地区对芝罘区的比较生态辐射力都很大，主要是由于芝罘区是烟台市主城区，人口集中，密度大，对生态系统服务需求很大。栖霞市位于烟台市中部，并且植被覆盖率较高，对其他地区的比较生态辐射力普遍较大，是典型的生态盈余区。长岛县由于远离陆地，对陆地上各地区的比较生态辐射力很小。海阳市、福山区、牟平区对莱山区的比较生态辐射力较大，对莱州市的比较生态辐射力较小。龙口市、招远市对牟平区的比较生态辐射力较小，对长岛县则相对偏大。莱州市和蓬莱市对长岛县的比较生态辐射力较大，对牟平区和海阳市较小。海阳市、莱阳市对蓬莱市的比较生态辐射力也相对较小。整体上看，栖霞市、牟平区及蓬莱市是烟台市比较生态辐射力较大的地区，流转到外部区域的固碳服务总量也偏大；长岛县是比较生态辐射力最小的地区，芝罘区、莱山区等中心城区比较生态辐射力也偏小，流转到外部区域的固碳服务总量偏小（图 4-13）。

本研究同时统计分析了烟台市不同地区从不同区域获取的生态系统服务比例。研究发现，不同地区距某一地区越远，获取的固碳服务越少，见图 4-14。从表 4-21 和图 4-14 可以看出，芝罘区从福山区、牟平区、莱山区及栖霞市获取的生态系统服务最多，从长岛县获取的生态系统服务最少；海阳市从莱阳市及栖霞市获取的最多；福山区从牟平区及栖霞市获取得最多；莱山市从牟平区获取的最多；莱阳市从海阳市及栖霞市获取的较多；招远市从栖霞市获取的最多；栖霞市从莱阳市、招远市及蓬莱市获取得最多。莱州市从莱阳市、招远市及栖霞市获取得最多；蓬莱市从栖霞市获取的最多。整体上看，栖霞市给烟台市其他区县提供的固碳服务比例均超过 10%，蓬莱市超过 9%，龙口市和招远市超过 8%，以上区域应作为重点生态补偿区。

表 4-19 烟台市各地区相对距离 （单位：km²）

	芝罘	海阳	福山	牟平	莱山	龙口	莱阳	招远	栖霞	长岛	莱州	蓬莱
芝罘	0.00	77.88	15.01	33.56	16.56	74.99	87.82	87.62	47.21	81.35	127.44	47.97
海阳	77.88	0.00	70.76	62.64	65.99	99.17	32.60	83.60	54.27	139.40	106.95	92.74
福山	15.01	70.76	0.00	40.77	23.55	61.60	76.03	72.65	32.80	76.36	112.43	36.72
牟平	33.56	62.64	40.77	0.00	17.65	100.63	84.31	104.74	60.09	114.75	141.51	77.47
莱山	16.56	65.99	23.55	17.65	0.00	84.61	81.18	91.96	48.10	97.22	130.35	60.23
龙口	74.99	99.17	61.60	100.63	84.61	0.00	81.22	31.52	47.30	55.48	66.42	29.33
莱阳	87.82	32.60	76.03	84.31	81.18	81.22	0.00	58.14	47.29	130.18	75.21	84.58
招远	87.62	83.60	72.65	104.74	91.96	31.52	58.14	0.00	44.66	87.00	40.35	52.98
栖霞	47.21	54.27	32.80	60.09	48.10	47.30	47.29	44.66	0.00	85.80	82.26	39.07
长岛	81.35	139.40	76.36	114.75	97.22	55.48	130.18	87.00	85.80	0.00	119.25	46.77
莱州	127.44	106.95	112.43	141.51	130.35	66.42	75.21	40.35	82.26	119.25	0.00	92.32
蓬莱	47.97	92.74	36.72	77.47	60.23	29.33	84.58	52.98	39.07	46.77	92.32	0.00

表 4-20 烟台市不同地区比较生态辐射力

	芝罘	海阳	福山	牟平	莱山	龙口	莱阳	招远	栖霞	长岛	莱州	蓬莱
芝罘	—	0.46	0.64	0.62	0.55	0.44	0.42	0.42	0.59	0.23	0.31	0.54
海阳	0.12	—	0.24	0.32	0.18	0.21	0.39	0.26	0.37	0.06	0.21	0.24
福山	0.26	0.37	—	0.45	0.33	0.35	0.35	0.35	0.51	0.12	0.25	0.44
牟平	0.17	0.32	0.30	—	0.26	0.21	0.27	0.23	0.36	0.07	0.17	0.27
莱山	0.34	0.44	0.52	0.62	—	0.36	0.39	0.36	0.53	0.15	0.26	0.44
龙口	0.15	0.28	0.30	0.28	0.19	—	0.31	0.43	0.44	0.13	0.32	0.43
莱阳	0.11	0.41	0.24	0.28	0.17	0.25	—	0.32	0.40	0.06	0.27	0.26
招远	0.12	0.29	0.25	0.25	0.16	0.37	0.34	—	0.42	0.09	0.36	0.33
栖霞	0.13	0.31	0.28	0.30	0.18	0.28	0.32	0.31	—	0.07	0.23	0.31
长岛	0.34	0.32	0.46	0.38	0.35	0.55	0.34	0.45	0.48	—	0.35	0.59
莱州	0.10	0.26	0.20	0.20	0.13	0.30	0.32	0.39	0.33	0.08	—	0.26
蓬莱	0.17	0.28	0.34	0.31	0.22	0.39	0.29	0.36	0.44	0.12	0.26	—
汇总	2.01	3.74	3.77	4.01	2.72	3.71	3.74	3.88	4.87	1.18	2.99	4.11

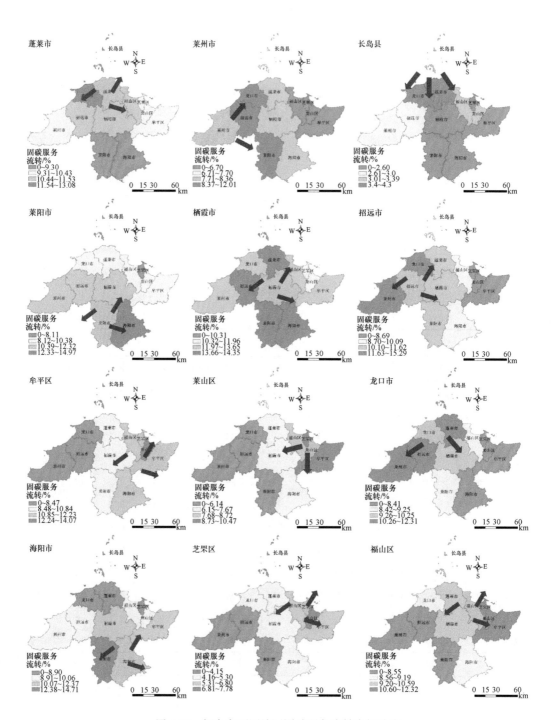

图 4-13　烟台市不同地区固碳服务流转空间分布

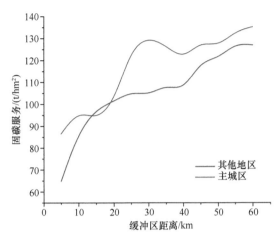

图 4-14　烟台市不同地区固碳服务随距离变化图

表 4-21　烟台市不同地区从不同区域获取的生态系统服务比例　　（单位：%）

	芝罘	海阳	福山	牟平	莱山	龙口	莱阳	招远	栖霞	长岛	莱州	蓬莱
芝罘	—	8.78	12.32	11.95	10.47	8.41	8.11	8.01	11.27	4.35	5.91	10.43
海阳	4.57	—	9.19	12.24	7.05	8.25	14.97	10.09	14.24	2.14	8.13	9.13
福山	6.80	9.76	—	11.95	8.72	9.25	9.23	9.21	13.59	3.28	6.67	11.53
牟平	6.29	12.37	11.38	—	9.96	8.17	10.38	8.69	13.65	2.57	6.37	10.17
莱山	7.77	10.06	11.72	14.07	—	8.07	8.92	8.10	11.96	3.40	5.99	9.92
龙口	4.59	8.65	9.14	8.48	5.93	—	9.63	13.29	13.38	3.88	9.93	13.08
莱阳	4.15	14.71	8.55	10.09	6.14	9.03	—	11.63	14.35	2.23	9.80	9.31
招远	4.05	9.80	8.43	8.35	5.51	12.31	11.49	—	13.93	2.96	12.01	11.15
栖霞	4.71	11.44	10.29	10.85	6.73	10.25	11.73	11.53	—	2.57	8.36	11.53
长岛	7.29	6.90	9.97	8.19	7.67	11.92	7.32	9.83	10.32	—	7.70	12.91
莱州	3.80	10.05	7.77	7.79	5.19	11.71	12.32	15.30	12.86	2.95	—	10.25
蓬莱	5.30	8.90	10.60	9.81	6.78	12.17	9.24	11.20	14.00	3.91	8.09	—

第五节　多尺度生态系统服务供需关系差异

生态系统服务供给和需求通常依赖不同时空尺度的自然和生态过程，都存在一定的尺度效应（傅伯杰和张立伟，2014）。当研究尺度发生变化时，生态系统服务供需之间关系可能发生明显变化。此外，人与自然的过程和模式在多个尺度上可能是不同的，并且它们可以彼此交互（Liu et al.，2015）。例如，化石燃料提供了大量可负担得起的可靠能源，但随之而来的二氧化碳排放将改变全球气候，并影响人类和自然系统。同样，在陆地上种植更多作物可能会导致肥料的过度使用，进而导致下游海域水体富营养化，从而损害海洋食品的产量（Hanjra and Qureshi，2010）。很多地区将其可持续生态系统管理的重点放在了本地具体解决方案，很少关注系统与其他系统之间的反馈，忽视了生态系统溢出效应（其他系统之间的相互作用所溢出的效应）或空间外部性，其解决方案往往不具有可扩展性（Seto et al.，2012）。因此，需综合考虑多个尺度，正确理解不同尺度生态系统服务供给和需求关系及其背后机制，区分生态系统服务供给和需求在不同区域、不同尺度的特征，对制定生态保护政策和切实可行的发展目标至关重要。本节综合不同尺度，开展了多尺度生态系统服务供需格局差异性分析，揭示了不同尺度生态系统服务供给与需求相互作用关系的区域差异，构建了基于生态系统服务供需的多尺度生态系统管控与生态补偿分区体系，研究提出了不同尺度生态系统管控与生态补偿策略，从而为建立全国统一的生态系统管理体系奠定基础。

一、多尺度生态系统服务供需格局差异性分析

（一）不同尺度生态系统服务供需指数空间差异

在全国尺度，我国生态系统服务供需指数呈现较为明显的阶梯分布。胡焕庸线以南是供需状况相对较差的地区，供给小于需求；胡焕庸线以北是供需状况相对较好的地区，供给大于需求。区域自然地理及社会经济发展水平决定了各地区生态系统服务供给和需求水平。其中，内蒙古、青海、西藏及新疆是供需状况最好的地区。虽然单位面积生态系统服务供给能力偏弱，但是该地区各县域单元面积很大，生态资产总量很大。该地区也是我国人口密度最小、经济最不发达的地区，生态系统服务的需求也很小。西南、东北及华南地区也是生态供需状况较好的地区，湿润的季风气候有利于植被生长，生物多样性状况较好，是我国生态系统服务供给能力最强的地区。同时其地形多为山地，人口密度相对较少，人类活动对自然生态系统影响总体偏小，生态系统服务供给能力大于需求。东北平原、四川盆地、江淮平原、江汉平原是供需状况处在中等水平的地区。华北平原是供需状况较差的地区，长江三角洲、珠江三角洲及京津冀地区是供需状况最差的地区。地表频繁的人类建设开发活动使生态用地面积大幅度减少，城市中不断涌进的人口对生态系统服务需求却在不断增加，地区长期处在生态超载状态。

中观尺度下，我国沿海地区生态系统服务供需指数呈现南北好、中部差的格局。南北部地区丰富的森林和草原植被提供了丰富的生态系统服务，而地区人口密度较为稀少，总体上供给大于需求。平原地区仍有一定面积的生态用地，同时耕地兼有部分生态属性，生态系统服务供给总体处在中等水平，而该地区是我国人口密度很大的地区，总体看，地区生态系统服务供需状况较沿海南北部地区偏差。长江三角洲、珠江三角洲、京津冀等经济发达地区与全国尺度生态系统服务供需状况一致，是最差的地区，生态系统服务供给小于需求。

针对烟台市，从图 4-15 可以看出，基于全国尺度生态系统服务供需指数，芝罘区处在最差的等级，龙口市、福山区、莱山区处在同一等级，生态系统服务供需状况仍较差，莱州市、招远市、蓬莱市和莱阳市状况稍好；栖霞市、牟平区和海阳市是烟台市中供需状况最好的地区。但就烟台市而言，其供需状况最好的地区仅在全国尺度下处在中偏下的状况。基于中观尺度沿海地区生态系统服务供需指数，芝罘区供需状况仍最差，龙口市、福山区、莱山区仍处在较差的等级，莱州市处在中间等级，蓬莱市、招远市和

莱阳市处在中等偏好的等级，牟平区、海阳市处在较好的等级，栖霞市是烟台市供需状况最好的地区。对比两种尺度结果，宏观尺度下烟台市仅有 4 种等级结果，而中观尺度下烟台市有更为细致的结果，共 6 种等级结果。研究尺度缩小，更有利于研究成果细化，从而能够识别不同地区生态系统服务供需差异，便于开展生态系统管理。然而利用县域单元是无法实现对栅格单元的精确管理。

利用烟台市土地利用变更调查数据，计算烟台市生态系统服务供需指数。从图 4-15 看，芝罘区、福山区、牟平区和龙口市生态系统服务供需状况差的地区面积最大，莱州市和莱阳市次之；栖霞市、牟平区和海阳市是生态系统服务供需状况好的地区面积最大，海阳市次之。就微观尺度的烟台市生态系统服务供需指数而言，其整体分布与中观尺度分布趋势较为一致。对比两种尺度下结果，微观尺度下的栅格单元（此处所说栅格尺度

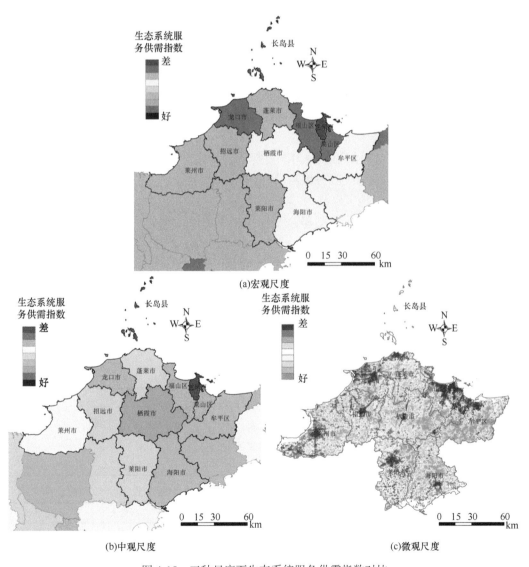

图 4-15 三种尺度下生态系统服务供需指数对比

是与县域单元相对应的数据单元。宏观和中观尺度所用数据为县域单元，微观尺度所用数据为栅格单元）能够识别不同栅格上生态系统服务供需差异，更有利于开展实施精细化管理。

从宏观尺度到中观尺度再到微观尺度，对多尺度生态系统服务供需指数进行划分，能够在不同尺度下，识别不同地区生态系统服务供需指数差异。宏观尺度生态系统服务供需格局差异客观反映了不同地理分区差异，中观尺度则细化了地理分区内部差异，微观尺度有助于精细地表征区域内部生态系统服务供需的连续变化。

（二）不同尺度生态系统服务供需格局的空间一致性

全国尺度结果，是利用中国不同地区不同生态系统单位面积的 ESPI 计算了生态系统服务供给；利用建设用地比例、人口密度和经济密度，通过构建土地开发指数来表征生态系统服务需求。使用四象限法较为客观地划分全国尺度生态系统服务供需格局。然而该方法得到的结果仅能够较为粗略地划分不同地区生态系统服务供需相对格局，在同一象限内不同位置的地区，无法区分其生态系统服务供需差异。

本研究基于上述结果，以国家生态文明建设示范市县、国家园林县城、《2018 年中国生态环境状况公报》的部分县区为样本，通过构建生态系统服务供需指数 ESSDI，参考《生态保护红线划定技术指南》中的分位数划分方法结果，结合专家意见，将生态系统服务供需指数（ESSDI）结果划分为严重超载、超载、平衡、较盈余、盈余共 5 级。该方法较好地实现了生态系统服务供需耦合，能够在一定程度上分析各地区生态系统服务供需状况。全国和沿海地区以县为基本单位，可以从宏观尺度在受人类活动严重干扰的情况下实现对生态系统快速监测和管理。这对大尺度可持续生态管理和环境决策具有一定参考价值。

通过分析全国尺度和沿海尺度的衔接（表 4-22 和表 4-23），2009 年和 2015 年全国尺度下低供给–高需求的县域大都集中在沿海尺度上的严重超载和超载状态；沿海尺度下处在较盈余和盈余状态的县域大都集中在全国尺度下的高供给–低需求的格局；而全国尺度下低供给–低需求格局的县域多处在沿海的平衡状态。全国尺度下划分结果与沿海尺度下结果能够较好地进行衔接。

表 4-22　2015 年全国尺度和沿海尺度衔接县城　　　　（单位：个）

	严重超载	超载	平衡	较盈余	盈余
高供给–低需求	2	0	62	151	110
低供给–低需求	10	32	169	18	3
高供给–高需求	1	9	12	2	0
低供给–高需求	170	213	8	0	0

表 4-23　2009 年全国尺度和沿海尺度衔接县城　　　　（单位：个）

	严重超载	超载	平衡	较盈余	盈余
高供给–低需求	2	0	78	145	130
低供给–低需求	10	19	175	16	3
高供给–高需求	0	11	13	2	0
低供给–高需求	166	186	16	0	0

虽然通过构建 ESSDI 能够较好地区分各地区生态系统服务供需状态差异，但却无法分析各县区内部差异。因此，本研究利用栅格数据计算了固碳服务、产水服务、食品供给服务三类生态系统服务供给和需求，通过差值分析量化了烟台市栅格单元三类生态系统服务供需绝对差距。对比烟台市三种尺度上的生态系统服务供需划分结果（图 4-16），全国尺度下结果将烟台市共划分为两类，龙口市、长岛县、福山区、芝罘区及莱山区属于低供给-高需求类型，其他地区属于低供给-低需求类型；沿海地区结果较好地继承了全国尺度下结果，将龙口市、莱山区、福山区从上述两类结果中分离出，使不同地区差异更为显著；栅格单元又能得到更为精细的供需差距结果，从而能够对县域内部的供需状况进行分析。从固碳、产水及食品供给三类生态系统服务供需差距标准化结果的叠加结果看，烟台市生态系统服务供需差距状况较差的地区多集中在主城区及北部沿海地区，内陆地区供需差距状况较差的相对较少，多集中各区市城市建成区。该结果与沿海尺度下结果较为一致。相较于县域单元，格网单元能够较好地从微观反映生态系统服务供需在空间上的连续变化，便于开展生态系统精细管理（肖长江等，2015）。

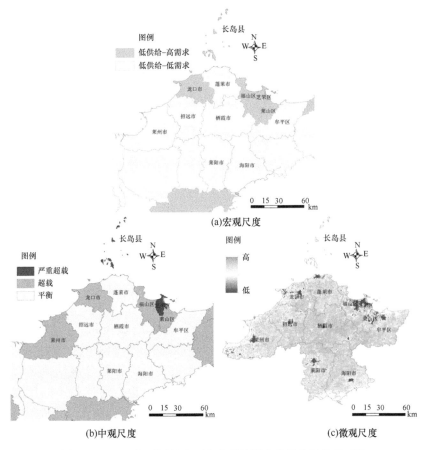

图 4-16　2015 年不同尺度下生态系统服务供需格局结果对比

从宏观尺度到中观尺度再到微观尺度，对比这三种尺度下的生态系统服务供需格局划分结果，三种尺度下的生态系统服务供需格局结果差异很小（图 4-17）。宏观尺度 4 类格局，能够较好地对应中观尺度 5 种状态；中观尺度的 5 种状态，又能够通过微观尺度下生态系统服务供需差距在空间上的连续变化得到更好地反映。宏观尺度生态系统服务供需格局可实现对微观尺度格局的宏观控制；微观尺度格局是宏观尺度更细致的反映，生态系统服务供需格局特征在不同尺度具有较好的一致性。通过不同尺度下结果，能够为多尺度生态系统管理奠定基础。

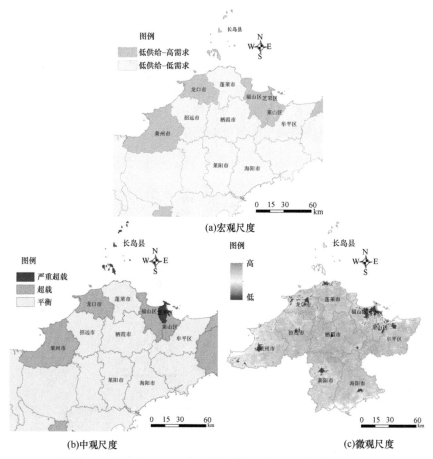

图 4-17　2009 年不同尺度下生态系统服务供需格局结果对比

　　本研究同时注意到部分地区不同尺度下生态系统服务供需格局结果一致性较差，一致性较差的地区主要集中在中观尺度上的超载、平衡和较盈余格局，见表 4-22 和表 4-23。其主要原因是中观尺度的生态系统服务供需指数分级结果是依据沿海地区选择的样本划分的，并未考虑沿海地区以外样本；也有可能是不同尺度下采取不同的指标和方法。未来研究，应在充分搜集计算生态系统服务供给和需求所需的自然地理和社会经济数据基础上，结合地理学、生态学、管理学、经济学等多学科知识，采用相同的方法，建立统一的完整的多尺度生态系统管理体系，保证多尺度结果的一致性。

二、多尺度生态系统服务供给与需求关系的差异性

利用相关系数分析了全国、沿海、烟台市三种尺度下不同年份生态系统服务供给与需求相互关系的差异。从相关系数看，三种尺度下生态系统服务供给与需求关系均呈现负相关，随着生态系统服务需求增加，相应的生态系统服务供给减少。全国除西北地区外，多数地区随着 LDI 增加，ESPI 呈下降趋势。但在不同尺度下，生态系统服务供给与需求相互关系存在差异（表 4-24）。全国尺度下 ESPI 与 LDI 的负相关关系最强，负相关系数超过了 0.6。沿海尺度和烟台市尺度 ESPI 与 LDI 的相关关系也较强，2015 年和 2009 年负相关关系均超过 0.5。从烟台市栅格尺度 ESPI 与 LDI 的相关性看，相关性普遍偏弱。其中相关性最强的为食品供给服务供给和需求，产水服务次之，固碳服务供给和需求的相关性不超过 0.1。对烟台市 2009 年和 2015 年固碳、食品供给和产水服务标准化结果进行叠加，得到烟台市总生态系统服务供给和需求。相关性结果表明，烟台市总生态系统服务供给和需求之间相关性均有显著提高，2009 年和 2015 年负相关系数均超过 0.3。全国尺度生态系统服务供给与需求的相关性强于烟台市单项生态系统服务，这可能是由于 ESPI 综合了供给服务、调节服务、支持服务三大类别和食品生产、原料生产、基因资源、氧气生产等 13 个子类别生态系统服务而建立。相较于其他单项服务，ESPI 综合性更强，多种生态系统服务复合作用更易被人类感知（潘绪斌，2007；谢高地和肖玉，2013）。研究中同时发现，产水和食品供给两类服务（供给服务）的供给与需求的相关性要强于固碳服务（调节服务）。这与生态系统服务时空尺度特征有关，生态系统服务形成依赖于特定尺度下的生态系统结构和过程，具有典型的范围和持续时段。生态系统服务只有在特定尺度才能发挥其主导作用和效果。以草原为例，当地牧民更关注其提供草料供给服务能力，而在全国尺度下更多关注其碳储存、防风固沙等调节服务。生态系统供给服务多在小尺度发挥其作用和效果，更易被人类感知，而调节服务更多地在大尺度发挥作用。

对比不同时间尺度的生态系统服务供给与需求相关关系，研究发现 2015 年全国、沿海和烟台市尺度的 ESPI 和 LDI 负相关程度要强于 2009 年。这和中国经济快速增长具有很大关系。有多项研究表明，中国不同地区不同年份生态系统服务供给状况各不相同，但总体比较稳定（程建等，2017；Wang et al.，2018a）。而中国 GDP 总量从 2009 年的34.85 万亿元增加到 2015 年的 68.60 万亿元。在经济发展过程中，不可避免地要消耗生态系统提供的各类服务，随着经济发展对生态系统服务需求越多，生态系统服务供给能力并无显著增强。2015 年烟台市栅格单元固碳、产水、食品供给三类生态系统服务供给与需求之间的负相关程度要弱于 2009 年，这与全国、沿海和烟台市尺度的 ESPI 和 LDI 的关系相反。这可能是三类单项生态系统服务的特殊性导致了该现象。如果计算其他种类的生态系统服务，可能使 2015 年生态系统服务供给与需求的负相关程度强于 2009 年。烟台市生态系统服务总供给和总需求的相互关系验证了此观点。尽管 2015 年烟台市总生态系统服务供给和需求之间的负相关系数也低于 2009 年，但 2009 年和 2015 年相关系数差值很小，仅为 0.001，明显小于三类单项生态系统服务供给与需求相关系数差值。

如果加入其他种类的生态系统服务供给与需求，将使 2015 年总生态系统服务供给与需求的相关关系更强。

表 4-24　不同尺度下生态系统服务供给和需求的相关关系

不同尺度生态系统服务供给和需求	相关系数
2009 年全国尺度 EPSI 与 LDI	−0.616
2015 年全国尺度 EPSI 与 LDI	−0.660
2009 年沿海尺度 EPSI 与 LDI	−0.568
2015 年沿海尺度 EPSI 与 LDI	−0.591
2009 年烟台市 ESPI 与 LDI	−0.569
2015 年烟台市 ESPI 与 LDI	−0.581
2009 年烟台市产水服务供给与需求	−0.180
2015 年烟台市产水服务供给与需求	−0.150
2009 年烟台市固碳服务供给与需求	−0.082
2015 年烟台市固碳服务供给与需求	−0.076
2009 年烟台市食品供给服务供给与需求	−0.317
2015 年烟台市食品供给服务供给与需求	−0.229
2009 年烟台市总生态系统服务供给与需求	−0.331
2015 年烟台市总生态系统服务供给与需求	−0.330

生态系统为人类提供各种惠益，人类通过消费生态系统提供的多种服务和产品，以满足和提升自身福祉。然而不同时空尺度利益相关者所需生态系统服务种类和数量具有较大差异，生态系统服务供给和需求存在空间不匹配的情况，这直接导致环境不公的现象发生，严重影响人类福祉。从生态系统服务供需与环境公正耦合的角度审视生态系统管理中存在的不足，构建生态系统服务供需与人类福祉之间的关联，对改善生态系统服务供需匹配状况、协调生态系统服务与社会经济发展之间的关系以及增进人类福祉具有重要的理论和现实意义。

参 考 文 献

陈江龙, 徐梦月, 苏曦, 等. 2014. 南京市生态系统服务的空间流转. 生态学报, 34(17): 5087-5095.

程建, 程久苗, 吴九兴, 等. 2017. 2000～2010 年长江流域土地利用变化与生态系统服务功能变化. 长江流域资源与环境, 26(6): 894-901.

傅伯杰, 田汉勤, 陶福禄, 等. 2017. 全球变化对生态系统服务的影响. 中国基础科学, 19(6): 14-18.

傅伯杰, 张立伟. 2014. 土地利用变化与生态系统服务: 概念, 方法与进展. 地理科学进展, 33(4): 441-446.

贺添, 邵全琴. 2014. 基于 MOD16 产品的我国 2001-2010 年蒸散发时空格局变化分析. 地球信息科学学报, 16(6): 979-988.

黄卉. 2015. 基于 InVEST 模型的土地利用变化与碳储量研究. 北京: 中国地质大学(北京).

黄智洵, 王飞飞, 曹文志. 2018. 耦合生态系统服务供求关系的生态安全格局动态分析——以闽三角城市群为例. 生态学报, 38(12): 4327-4340.

李春晖, 杨志峰. 2004. 黄河流域 NDVI 时空变化及其与降水/径流关系. 地理研究, 23(6): 753-759.

李方一, 刘卫东, 唐志鹏. 2013. 中国区域间隐含污染转移研究. 地理学报, 68(6): 791-801.

李宪宝, 陈东景. 2009. 人力资本对区域可持续发展贡献差异的实证研究. 科技进步与对策, 26(7): 18-22.

刘耀彬, 宋学锋. 2005. 城市化与生态环境耦合模式及判别. 地理科学, 25(4): 408-414.

陆张维, 徐丽华, 吴次芳, 等. 2013. 西部大开发战略对于中国区域均衡发展的绩效评价. 自然资源学报, 28(3): 361-371.

吕永龙, 王尘辰, 曹祥会. 2018. 城市化的生态风险及其管理. 生态学报, 38(2): 359-370.

欧维新, 王宏宁, 陶宇. 2018. 基于土地利用与土地覆被的长三角生态系统服务供需空间格局及热点区变化. 生态学报, 38(17): 6337-6347.

潘鹤思, 柳洪志. 2019. 跨区域森林生态补偿的演化博弈分析——基于主体功能区的视角. 生态学报, 39(12): 4560-4569.

潘绪斌. 2007. 基于生态系统服务理论的草地可持续利用评价. 北京:中国科学院植物研究所.

彭建, 杨旸, 谢盼, 等. 2017. 基于生态系统服务供需的广东省绿地生态网络建设分区. 生态学报, 37(13): 4562-4572.

彭文甫, 周介铭, 杨存建, 等. 2014. 基于土地利用变化的四川省生态系统服务价值研究. 长江流域资源与环境, 23(7): 1011-1020.

荣检. 2017. 基于 InVEST 模型的广西西江流域生态系统产水与固碳服务功能研究. 南宁: 广西师范学院.

唐宏, 张新焕, 杨德刚, 等. 2011. 近 60a 三工河流域耕地利用动态变化与驱动力分析. 干旱区地理, 34(5): 843-850.

王鸽, 韩琳, 唐信英, 等. 2012. 金沙江流域植被覆盖时空变化特征. 长江流域资源与环境, 21(10): 1191-1196.

王坤, 周伟奇, 李伟峰. 2016. 城市化过程中北京市人口时空演变对生态系统质量的影响. 应用生态学报, 27(7): 2137-2144.

王晓利, 侯西勇. 2019. 1982—2014 年中国沿海地区归一化植被指数(NDVI)变化及其对极端气候的响应. 地理研究, 38(4): 807-821.

王新越, 吴宁宁, 秦素贞. 2014. 山东省旅游化发展水平的测度及时空差异分析. 人文地理, 29(4): 146-154.

王壮壮, 张立伟, 李旭谱, 等. 2020. 区域生态系统服务供需风险时空演变特征研究——以陕西省产水服务为例. 生态学报, 40(6): 1-14.

吴蒙. 2017. 长三角地区土地利用变化的生态系统服务响应与可持续性情景模拟研究. 上海: 华东师范大学.

吴瑞, 刘桂环, 文一惠. 2017. 基于 InVEST 模型的官厅水库流域产水和水质净化服务时空变化. 环境科学研究, 30(3): 406-414.

武文欢, 彭建, 刘焱序, 等. 2017. 鄂尔多斯市生态系统服务权衡与协同分析. 地理科学进展, 36(12): 1571-1581.

肖长江, 欧名豪, 李鑫. 2015. 基于生态-经济比较优势视角的建设用地空间优化配置研究——以扬州市为例. 生态学报, 35(3): 696-708.

谢高地, 肖玉. 2013. 农田生态系统服务及其价值的研究进展. 中国生态农业学报, 21(6):645-651.

谢高地, 张彩霞, 张昌顺, 等. 2015. 中国生态系统服务的价值. 资源科学, 37(9): 1740-1746.

严岩, 朱捷缘, 吴钢, 等. 2017. 生态系统服务需求, 供给和消费研究进展. 生态学报, 37(8): 2489-2496.

杨清, 南志标, 陈强强. 2020. 国内草原生态补偿研究进展. 生态学报, 40(7): 1-8.

姚士谋, 张平宇, 余成, 等. 2014. 中国新型城镇化理论与实践问题. 地理科学, 34(6): 641-647.

殷格兰, 邵景安, 郭跃, 等. 2017. 林地资源变化对森林生态系统服务功能的影响——以南水北调核心水源地淅川县为例. 生态学报, 37(20): 6973-6985.

于贵瑞, 谢高地, 于振良, 等. 2002. 我国区域尺度生态系统管理中的几个重要生态学命题. 应用生态学报, 13(7): 885-891.

翟天林, 王静, 金志丰, 等. 2019. 长江经济带生态系统服务供需格局变化与关联性分析. 生态学报, 39(15): 5414-5424.

张宏锋, 欧阳志云, 郑华. 2007. 生态系统服务功能的空间尺度特征. 生态学杂志, 26 (9): 1432-1437.

张亚玲, 苏惠敏, 张小勇. 2014. 1998—2012 年黄河流域植被覆盖变化时空分析. 中国沙漠, 34(2): 597-602.

赵丽, 张蓬涛, 朱永明. 2010. 退耕还林对河北顺平县土地利用变化及生态系统服务价值的影响. 水土保持研究, 17(6): 74-77.

赵旭阳, 高占国, 韩晨霞, 等. 2008. 基于生态复杂性的湿地生态系统健康评价——以石家庄地区滹沱河岗黄段为例. 地理科学进展, 27(4): 61-67.

赵艳, 吴宜进, 杜耘. 2000. 人类活动对江汉湖群环境演变的影响. 华中农业大学学报: 社会科学版, 35(1): 31-33.

郑江坤, 余新晓, 夏兵，等. 2010. 潮白河流域林地转化及森林生态服务价值动态分析. 农业工程学报, 26(S1): 308-314.

郑振源. 2011. 把转变土地利用方式、集约用地置于土地利用战略的首位. 中国土地科学, 25(6): 20-23.

周明, 刘艳军, 朱忠杰. 2013. 中国区域人口素质变迁与经济增长研究. 重庆大学学报(社会科学版), 19(1): 1-6.

周文佐, 刘高焕, 潘剑君. 2003. 土壤有效含水量的经验估算研究——以东北黑土为例. 干旱区资源与环境, 17(4): 88-95.

Adekola O, Mitchell G, Grainger A. 2015. Inequality and ecosystem services: the value and social distribution of Niger Delta wetland services. Ecosystem Services, 12: 42-54.

Ali M, Kennedy C M, Kiesecker J, et al. 2018. Integrating biodiversity offsets within Circular Economy policy in China. Journal of Cleaner Production, 185: 32-43.

Bagstad K J, Johnson G W, Voigt B, et al. 2013. Spatial dynamics of ecosystem service flows: a comprehensive approach to quantifying actual services. Ecosystem Services, 4: 117-125.

Bertram C, Rehdanz K. 2015. Preferences for cultural urban ecosystem services: Comparing attitudes, perception, and use. Ecosystem Services, 12: 187-199.

Boone C G, Buckley G L, Grove J M, et al. 2009. Parks and people: an environmental justice inquiry in Baltimore, Maryland. Annals of the Association of American Geographers, 99(4): 767-787.

Burkhard B, Kroll F, Nedkov S, et al. 2012. Mapping ecosystem service supply, demand and budgets. Ecological Indicators, 21: 17-29.

Cash D, Adger W N, Berkes F, et al. 2006. Scale and cross-scale dynamics: governance and information in a multilevel world. Ecology and Society, 11(2): 3213-3217.

Castro A J, Verburg P H, Martín-López B, et al. 2014. Ecosystem service trade-offs from supply to social demand: A landscape-scale spatial analysis. Landscape and Urban Planning, 132: 102-110.

Cheng X, Chen L, Sun R, et al. 2019. Identification of regional water resource stress based on water quantity and quality: A case study in a rapid urbanization region of China. Journal of Cleaner Production, 209: 216-223.

de Jong M, Yu C, Joss S, et al. 2016. Eco city development in China: addressing the policy implementation challenge. Journal of Cleaner Production, 134: 31-41.

Geijzendorffer I R, Martín-López B, Roche P K. 2015. Improving the identification of mismatches in ecosystem services assessments. Ecological Indicators, 52: 320-331.

Hanjra M A, Qureshi M E. 2010. Global water crisis and future food security in an era of climate change. Food Policy, 35(5): 365-377.

He Q, Bertness M D, Bruno J F, et al. 2014. Economic development and coastal ecosystem change in China. Scientific Reports, 4(1): 1-9.

Kang P, Chen W, Hou Y, et al. 2018. Linking ecosystem services and ecosystem health to ecological risk assessment: A case study of the Beijing-Tianjin-Hebei urban agglomeration. Science of the Total Environment, 636: 1442-1454.

Kosoy N, Corbera E. 2010. Payments for ecosystem services as commodity fetishism. Ecological Economics, 69(6): 1228-1236.

Kremen C. 2005. Managing ecosystem services: what do we need to know about their ecology? Ecology Letters, 8(5): 468-479.

Kumar P. 2012. The Economics of Ecosystems and Biodiversity: Ecological and Economic Foundations. London: Routledge.

Lardy N R, Subramanian A. 2011. Sustaining China's economic growth after the global financial crisis. Washington D C: Peterson Institute.

Li G, Fang C, Wang S. 2016. Exploring spatiotemporal changes in ecosystem-service values and hotspots in China. Science of the Total Environment, 545: 609-620.

Lin Y, Qiu R, Yao J, et al. 2019. The effects of urbanization on China's forest loss from 2000 to 2012: evidence from a panel analysis. Journal of Cleaner Production, 214: 270-278.

Liu B, Peng S, Liao Y, et al. 2018. The causes and impacts of water resources crises in the Pearl River Delta. Journal of Cleaner Production, 177: 413-425.

Liu J, Mooney H, Hull V, et al. 2015. Systems integration for global sustainability. Science, 347(6225): 1258832.

Liu Y, Liu J, Zhou Y. 2017. Spatio-temporal patterns of rural poverty in China and targeted poverty alleviation strategies. Journal of Rural Studies, 52: 66-75.

Lotze H K, Lenihan H S, Bourque B J, et al. 2006. Depletion, degradation, and recovery potential of estuaries and coastal seas. Science, 312(5781): 1806-1809.

Lyu W, Li Y, Guan D, et al. 2016. Driving forces of Chinese primary air pollution emissions: an index decomposition analysis. Journal of Cleaner Production, 133: 136-144.

Mehring M, Ott E, Hummel D. 2018. Ecosystem services supply and demand assessment: why social-ecological dynamics matter. Ecosystem Services, 30: 124-125.

Meng L. 2013. Evaluating China's poverty alleviation program: a regression discontinuity approach. Journal of Public Economics, 101: 1-11.

Mensah S, Veldtman R, Assogbadjo A E, et al. 2017. Ecosystem service importance and use vary with socio-environmental factors: A study from household-surveys in local communities of South Africa. Ecosystem Services, 23: 1-8.

Neuvonen M, Pouta E, Puustinen J, et al. 2010. Visits to national parks: Effects of park characteristics and spatial demand. Journal for Nature Conservation, 18(3): 224-229.

Ouyang M, Peng Y. 2015. The treatment-effect estimation: a case study of the 2008 economic stimulus package of China. Journal of Econometrics, 188(2): 545-557.

Owuor M A, Icely J, Newton A, et al. 2017. Mapping of ecosystem services flow in Mida Creek, Kenya. Ocean & Coastal Management, 140: 11-21.

Pan Y, Xu Z, Wu J. 2013. Spatial differences of the supply of multiple ecosystem services and the environmental and land use factors affecting them. Ecosystem Services, 5: 4-10.

Raudsepp H C, Peterson G D, Bennett E M. 2010. Ecosystem service bundles for analyzing tradeoffs in diverse landscapes. Proceedings of the National Academy of Sciences, 107(11): 5242-5247.

Rigolon A, Browning M, Jennings V. 2018. Inequities in the quality of urban park systems: an environmental justice investigation of cities in the United States. Landscape and Urban Planning, 178: 156-169.

Seto K C, Reenberg A, Boone C G, et al. 2012. Urban land teleconnections and sustainability. Proceedings of the National Academy of Sciences, 109(20): 7687-7692.

Solarin S A, AlM U, Musah I, et al. 2017. Investigating the pollution haven hypothesis in Ghana: an empirical investigation. Energy, 124: 706-719.

Sun C, Zhang F, Xu M. 2017. Investigation of pollution haven hypothesis for China: an ARDL approach with breakpoint unit root tests. Journal of Cleaner Production, 161: 153-164.

Tang Q Y, Zhang C X. 2013. Data Processing System (DPS) software with experimental design, statistical analysis and data mining developed for use in entomological research. Insect Science, 20(2): 254-260.

Turner K G, Odgaard M V, Bøcher P K, et al. 2014. Bundling ecosystem services in Denmark: trade-offs and synergies in a cultural landscape. Landscape and Urban Planning, 125: 89-104.

Villamagna A M, Angermeier P L, Bennett E M. 2013. Capacity, pressure, demand, and flow: a conceptual framework for analyzing ecosystem service provision and delivery. Ecological Complexity, 15: 114-121.

Wang D, Brown G, Zhong G, et al. 2015. Factors influencing perceived access to urban parks: A comparative study of Brisbane (Australia) and Zhongshan (China). Habitat International, 50: 335-346.

Wang H, Zhou S, Li X, et al. 2016. The influence of climate change and human activities on ecosystem service value. Ecological Engineering, 87: 224-239.

Wang J, He T, Lin Y. 2018b. Changes in ecological, agricultural, and urban land space in 1984–2012 in China: land policies and regional social-economical drivers. Habitat International, 71: 1-13.

Wang J, Lin Y, Glendinning A, et al. 2018c. Land-use changes and land policies evolution in China's urbanization processes. Land Use Policy, 75: 375-387.

Wang J, Lin Y, Zhai T, et al. 2018a. The role of human activity in decreasing ecologically sound land use in China. Land Degradation & Development, 29(3): 446-460.

Wang J, Zhai T, Lin Y, et al. 2019. Spatial imbalance and changes in supply and demand of ecosystem services in China. Science of the Total Environment, 657: 781-791.

Wei H, Fan W, Wang X, et al. 2017. Integrating supply and social demand in ecosystem services assessment: A review. Ecosystem Services, 25: 15-27.

Wu J, Zheng H, Zhe F, et al. 2018. Study on the relationship between urbanization and fine particulate matter (PM$_{2.5}$) concentration and its implication in China. Journal of Cleaner Production, 182: 872-882.

Yanes A, Botero C M, Arrizabalaga M, et al. 2019. Methodological proposal for ecological risk assessment of the coastal zone of Antioquia, Colombia. Ecological Engineering, 130: 242-251.

Yao G, Xie H. 2016. Rural spatial restructuring in ecologically fragile mountainous areas of southern China: a case study of Changgang Town, Jiangxi Province. Journal of Rural Studies, 47: 435-448.

Yin R, Liu C, Zhao M, et al. 2014. The implementation and impacts of China's largest payment for ecosystem services program as revealed by longitudinal household data. Land Use Policy, 40: 45-55.

Zhang H, Wang S, Hao J, et al. 2016. Air pollution and control action in Beijing. Journal of Cleaner Production, 112: 1519-1527.

Zhang J J, Fu M C, Zeng H, et al. 2013. Variations in ecosystem service values and local economy in response to land use: a case study of Wu'an, China. Land Degradation & Development, 24(3): 236-249.

Zhang Y, Liu Y, Zhang Y, et al. 2018. On the spatial relationship between ecosystem services and urbanization: A case study in Wuhan, China. Science of the Total Environment, 637:780-790.

Zheng D, Shi M. 2017. Multiple environmental policies and pollution haven hypothesis: evidence from China's polluting industries. Journal of Cleaner Production, 141: 295-304.

Zhou Y, Guo Y, Liu Y, et al. 2018. Targeted poverty alleviation and land policy innovation: Some practice and policy implications from China. Land Use Policy, 74: 53-65.

第五章　生态系统网络与优先保护区域识别

第一节　研究背景与意义

随着全球和区域社会经济的迅猛发展，不断加剧的人类活动已对自然资源和环境可持续发展构成了巨大威胁。快速的城市化进程伴随着人工表面的扩张导致了景观破碎、栖息地丧失和生态系统功能破坏等问题，限制了区域可持续发展（Feist et al.，2017）。研究者提出了生态网络、绿色基础设施、城市增长边界、生态安全格局等概念，旨在避免城市建设的无序扩张，以保护和维持生态系统的基本结构和功能（Weber et al.，2006；Fath et al.，2007；Serra and Hermida，2017；Chakraborti et al.，2018；Wang et al.，2019）。这些概念本质均是通过比较不同景观斑块对生态过程和功能的重要性，确定最重要的生态空间保护优先区域，构建能够保持区域生态系统生态过程完整性的生态网络，以避免城市扩张的过度干扰，确保区域发展的生态可持续性（Fujii et al.，2017；Peng et al.，2018），实质上是协调自然生态系统和社会经济系统平衡发展的综合性空间管制方案（Yu，1996；Weber et al.，2006；Cunha and Magalhães，2019）。

经过数十年的发展，生态网络构建已经形成了确定生态枢纽、构建生态阻力面和识别生态廊道的基础研究框架，在这一框架内各种技术得到不断发展（Yu，1996；Liquete et al.，2015；Elbakidze et al.，2017；Peng et al.，2018）。生态功能重要性最高的景观斑块被确定为生态枢纽。生态功能重要性通常通过计算生态系统所提供的服务来确定（Weber et al.，2006；Elbakidze et al.，2017）。此外，环境适宜性、景观连通性和生态敏感性等指标亦经常被纳入生态功能重要性评价（Meerow and Newell，2017；Huang et al.，2019）。阻力面构建一般先根据土地利用类型确定基本阻力值，然后根据研究区域的特点确定相关修正指标对基本阻力值进行修正，如夜光强度和不透水地表比例（Zhang et al.，2017；Peng et al.，2019），修正后的基本阻力值能更加客观地反映研究区的景观异质性。最小累积阻力模型是一种传统的生态廊道识别方法，它可以识别生物流动的方向和最优路径，但不能确定生态廊道的空间范围和关键节点。电路理论利用电流随机流动的特点模拟生物流动的方向，并根据电流和电阻的强度确定生态廊道上的关键位置，这弥补了最小累积阻力模型的缺陷（McRae et al.，2008）。然而，生态网络的落地实施是这一研究的瓶颈。一方面，大多数研究者只能确定生态廊道的走向，无法确定其具体的空间范围，这导致生态廊道的保护和建设无法落实到特定地块（Weber et al.，2006；Li et al.，2019；Wang et al.，2019）。另一方面，以往研究所构建的生态网络往往由大面积的生态枢纽和相当长的生态廊道组成，这导致保护方案的成本巨大，影响实施方案的可行性。

　　针对退化或损毁的生态系统网络和生态系统保护关键地区，需要自然或者人为干预开展生态系统保护修复与生态建设活动。国际上主流的生态保护修复主要是基于系统论的视角，从维护生态系统整体性的角度出发，强调生态系统中破碎、退化、受损的关键区域能够恢复到原有结构和功能状态以保证生态功能的完整性和生态过程的持续性。围绕这一目标，国外学者在不同地域尺度下开展了大量的研究，如 Weber 等（2006）构建生态风险系数对美国马里兰州的生态枢纽和生态廊道进行了风险评估，确定生态基础设施中的高风险区域并将其作为生态保护和修复的优先区域；Cunha 和 Magalhães（2019）识别了葡萄牙全国生态网络中最敏感的区域以及景观破碎化严重的区域并将其作为自然基础解决方案中的关键部分，以恢复退化的生态系统和预防环境风险。我国的生态系统保护和修复研究主要侧重小尺度受损空间的生态修复研究，包括矿山煤矿废弃地复垦与生态恢复、河流湖泊等的富营养化治理、重金属污染场地修复、水土流失治理等（曹永强等，2016；杨艳平等，2018），试点研究取得了良好效果。有关宏观尺度研究侧重国家生态保护和建设工程技术方法实施与工程效果评估，中观尺度的研究主要落实区域的生态保护建设与修复工程，而针对受损空间和待保护与修复区域的识别及诊断，均基于站点观测和实测野外调查数据或者实践工作要求（王志强等，2017）。基于生态系统的完整性和结构连通性识别生态系统内部功能低、连通性差的生态保护修复关键区域等方面研究有待进一步深入（Peng et al.，2018，2019）。生态"夹点"刻画了生态廊道中不可替代的关键区域（黄隆杨等，2019；McRae et al.，2008），生态断裂点、生态障碍点是生态廊道中阻碍生物流动的区域（陈小平和陈文波，2016；徐威杰等，2018；McRae et al.，2012，2013），均是生态系统优先保护和修复区域。上述区域包括点、局部及其之间的关系是区域生态修复的重点环节，可高效地补全被抑制或中断的生态过程，恢复生态系统的完整性。"山水林田湖草"是相互依存、相互影响的系统，从生态系统的整体性、系统性、均衡性出发，落实"山水林田湖草"生命共同体理念，因地制宜地推进生态系统保护和修复与综合治理，识别生态系统优先保护和修复区域，并加强生态保护提升生态系统服务整体功能，构建区域生态安全格局，这符合国际主流生态系统保护和修复理念，是新时代可持续生态空间保护和修复面临的重要任务。

　　如何从生态系统的整体性、均衡性出发，落实"山水林田湖草"生命共同体理念，因地制宜地推进区域生态系统保护和修复，科学识别生态系统网络和优先保护修复区域，加强生态保护提升生态系统服务整体功能，对国家生态文明建设和维护国家生态安全具有重要意义。本章重点关注不同尺度生态安全格局与生态空间优先保护修复区域科学识别方法，从宏观-中观等不同尺度选择我国沿海地区、上海大都市区、典型城市烟台市为研究区域，开展生态系统网络构建与优先保护区域识别研究，提出不同尺度生态系统网络构建方法与优先保护区域精细化识别方法，从陆海统筹角度提出陆域生态系统和水域生态系统整体性保护和修复策略，以期为不同尺度不同类型生态系统保护和修复提供借鉴与参考。

第二节　沿海地区生态系统保护优先区域识别

　　本节研究旨在从宏观尺度上识别受人类活动影响较大的高生态风险区域，以对其生态系统进行优先保护和修复。选择生境质量价值低、生境退化程度高、海岸带生态风险高的区域作为生态系统优先保护和修复区，选择生境质量价值较低、生境退化程度较高、海岸风险较高的区域为生态系统保护和修复区。本研究以沿海地区为例开展宏观尺度生态系统保护优先区域识别研究，沿海地区包括从北到南的 11 个省（自治区、直辖市），分别是辽宁、河北、北京、天津、山东、江苏、上海、浙江、福建、广东和广西，并将距离海岸线 12n mile 的海域也纳入研究范围。

一、沿海地区生态系统生境退化指数空间分布

利用 InVEST 模型计算沿海地区生态系统生境退化指数，采用分位数方法将其分为 5 个等级。沿海地区生境退化严重地区集中在中部和北部沿海地区，包括上海、山东、天津和广东南部。这种分布格局与地形及生产部门分布密切相关。生境退化严重区域与我国主要城市集群空间分布相一致。黄淮海平原，包括江苏北部、山东和河北南部，生境退化程度也较高。这些地区是中国重要农业生产地区，以农业生产为主的人类活动也较强。天目山、武夷山、南岭、太行山等山脉分布在浙江、福建、粤北、冀西等生境退化不严重地区，这些地形起伏较大的地区很难发展。人类活动强度明显低于城市扩张、工农业生产强度。同时，一些重要生态功能区分布在这些地区，各种开发建设活动被法律禁止。

二、沿海地区生态系统优先保护区域空间分布

生态系统优先保护和修复区、一般生态系统保护和修复区面积分别为 25.94 万 km²、26.67 万 km²（表 5-1）。不同区域生态系统优先保护和修复区具有差异，辽宁、广东、浙江、江苏、山东的生态系统优先保护和修复区大于一般生态系统保护和修复区，这主要是由于城市和经济发达地区的近海区域受人类活动的影响较大。山东、河北和辽宁的生态系统优先保护和修复区较多，主要是由于农业生产活动对生境质量和近海区域生态风险的影响也较大（图 5-1）。

表 5-1　陆地和近海生态系统优先保护和修复区、一般生态系统保护和修复区面积（单位: 万 km²）

	生态系统优先保护和修复区	一般生态系统保护和修复区
陆地生态系统	25.19	25.48
近海生态系统	0.75	1.19
总和	25.94	26.67

针对不同区域的特点，提出了生态系统保护和修复策略。沿海地区应优化陆海空间布局，调整产业和人口布局，坚持保护优先、绿色发展的原则，实现沿海地区的可持续发展。北京、上海、天津、广东等经济发达地区要加强城市绿地建设，优化城市绿地布局，平衡公园绿地布局，构建完整、协调的城乡绿地系统。江苏、广东、河北等水污染严重地区要有计划地开展河流、湖泊、湿地等水体生态修复，全面整治城市黑臭水体，

恢复自然岸线、滩涂和滨水植被群落,增强水体自净能力。辽宁、河北等经济落后地区要淘汰落后产能,积极发展绿色经济,促进产业升级,进一步提升新型城镇化水平,改善城市环境。山东、河北等农业主产区要积极开展土地生态整治,加强农田生态建设,合理利用土地资源,明显改善生态环境。在受人类活动影响较小的地区,要加强海岸带综合治理,严格落实生态保护红线制度,加强海陆保护区建设,构建海岸带蓝色生态屏障,保障区域生态安全。在受人类活动影响较大的地区,对典型地区应开展相应的生态修复工作。例如,福建省海岸水土流失比较严重,要开展滩涂整治工程,实施人工沙滩维护。同时,政府还应加强工业污染排放监管,推广农业清洁生产模式,完善城市生活污水处理设施,从而减少陆源污染物的入海通量。此外,要完善海岸带生态环境监测体系,全面提升海岸带生态环境基础保障能力。

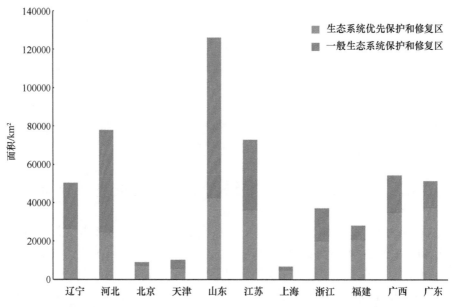

图 5-1　不同区域生态系统优先保护和修复区与一般生态系统保护和修复区面积

第三节　大都市区生态网络构建和优先保护区精细化识别

本节选择上海大都市区域开展中观尺度生态网络构建及生态保护优先区域识别研究。上海大都市区位于中国东部,是中国人均 GDP 和城市化率最高的地区之一。研究区域由《上海大都市圈空间协同规划》（2018 年）和《上海城市总体规划（2017-2035 年）》界定的上海"1+7"都市圈确定,包括上海、杭州、苏州、无锡、湖州、嘉兴、绍兴、宁波和南通（图 5-2）。在过去的几十年里上海经历了快速的城市化发展,城市扩张对区域生态系统构成了严重威胁,面临着生态保护与城市发展的矛盾,这是中国其他大都市地区面临的共同问题。本研究以上海大都市区为例,以生态功能重要性（ecological function importance, EFI）评估为基础,基于改善都市区空气质量的生态保护需求,构建大都市区生态网络,通过分析大型工业区和城市建成区对城市生态系统的潜在影响,利用电路理论和生态廊道退化风险识别生态廊道的空间范围和重点保护区域，从而确定大都市区生态网络及其生态保护关键区域，为都市区的生态保护决策提供参考。

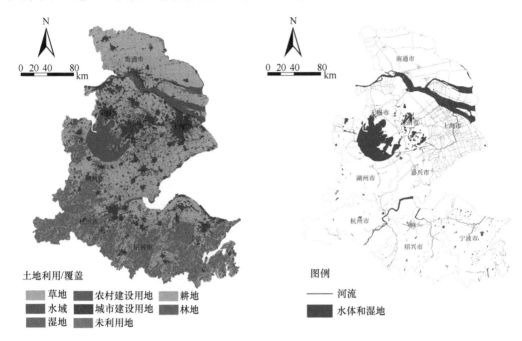

图 5-2　上海大都市区土地利用和水系图

一、生态网络构建及其关键区域精细化识别方法

本研究以上海大都市区为例，利用空气质量改善等指标（包括固碳释氧能力和 $PM_{2.5}$ 去除能力）确定生态枢纽，利用电路理论确定生态廊道的空间范围，并利用生态系统退化风险评估生态走廊面临的潜在风险以确定廊道上的潜在退化区域，从而确定生态廊道范围内关键性的保护区域和亟待修复的区域。研究涉及土地利用数据、坡度数据、植被覆盖数据、气象数据、空气污染数据和道路交通数据等。

（一）基于城市空气质量改善的生态功能重要性评价

由于研究区内大型河流湖泊密集分布，水域和陆地生态系统的生态功能与特征存在差异，分别对水域和陆地生态系统的生态功能重要性进行评价。水域生态系统中的重要斑块不仅要具有良好的生境特征，而且要担负起维持整个水域生态系统的连通性和生态过程的重要作用。陆地生态系统中的重要斑块需要良好的生境质量来提供生物多样性服务，并且能够提供大都市地区缺乏的其他生态系统服务。因此，计算公式分别如下：

$$EFI_{water} = HQ_i + Con_i \tag{5-1}$$

式中，HQ_i 为栖息地质量；Con_i 为景观连通性。

$$EFI_{land} = HQ_i + NPP_i + PM_{2.5rei} \tag{5-2}$$

式中，HQ_i 为生境质量；NPP_i 为固碳释氧能力；$PM_{2.5rei}$ 为 $PM_{2.5}$ 去除能力。

利用 InVEST 3.1.2 模型中的生境质量模块计算生境质量。模型参数根据模型推荐的参考值、相关文献和研究区的自然条件进行确定（Hall et al.，1997；Nelson et al.，2009；Peng et al.，2018）。固碳释氧能力利用植被净初级生产力（NPP）进行表征。NPP 是指植物在光合作用后单位面积和时间扣除自身呼吸消耗的能量后积累的有机质总量，是反映土地固碳释氧能力的重要指标（Peng et al.，2016；Heimann and Reichstein，2008）。在本研究中，NPP 通过 CASA（Carnegie-Ames-Stanfont approach）模型计算得到（Raza and Mahmood，2018）。近年来，研究区冬季空气污染日趋严重，空气中 PM$_{2.5}$ 浓度逐渐升高。因此，植被的 PM$_{2.5}$ 去除能力是都市区最迫切需要的生态系统服务之一。本研究利用 PM$_{2.5}$ 植被去除模型（Raza and Mahmood，2018）计算生态用地的 PM$_{2.5}$ 去除能力。景观连通性反映了生态斑块促进生态过程的重要性程度。基于图论的景观连通性指数根据距离和可能性阈值评价生境斑块之间可能的连接性（Pascual and Saura，2006）。本研究利用 Conefor Sensinode 2.6 软件计算生境斑块的重要性指数，以反映其在生态系统中维持景观连通性的重要性。

（二）基于生态功能重要性的生态枢纽的精确空间范围确定

生态枢纽是具有关键生态功能的自然生态斑块，起着维持生态系统的完整性和连通性，提供高质量生态系统服务（Liquete et al.，2015）的作用。因此，本研究利用生境质量、景观连通性、固碳释氧能力和 PM$_{2.5}$ 去除能力四个指标计算 EFI，以确定关键生态斑块即生态枢纽（图 5-3）。所有指标均标准化为 0～1，以便于计算。

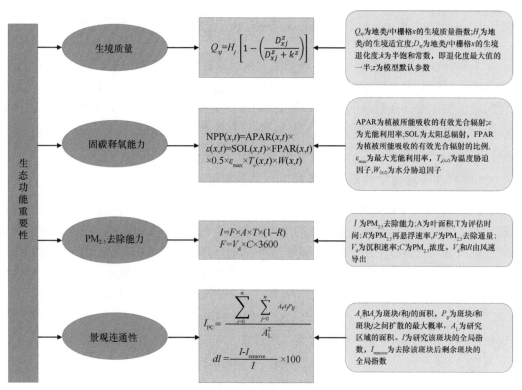

图 5-3　生态功能重要性计算框架

（三）基于电路理论确定生态廊道

阻力面代表了生物流动克服斑块间流动阻力的景观介质成本，反映了生态过程的水平阻力（Pickett et al.，2017）。以往的研究往往忽略了陆生和水生生物在迁移过程中的介质差异，因此，本研究通过设置不同的生态阻力分别模拟陆生和水生生物在迁移过程中的阻力。根据前人的研究，森林、湿地、草地、水域、耕地、未利用地、农村建设用地和城市建设用地对陆地生态系统的阻力值分别为 1、1、10、15、20、50、70 和 100。公路、铁路和高速公路的阻力分别为 70、70 和 100（Cheng et al.，2016）。考虑到水生生物流动对水介质的强烈依赖性，其几乎不可能到达水域外。因此，水域和湿地的阻力为 1，其余地类均为 100。此外，人为干扰程度是影响生态过程的重要因素，因此引入夜间光照指数来修正阻力。

生态廊道是生物迁移和生态因子交换的潜在通道，是重要生态斑块互联互通的关键区域，是维护生态功能服务、确保生态因子有效循环和生态过程稳定的重要载体。本研究利用电路理论确定异质景观中生态廊道的精确空间范围。电路理论是 McRae 和 Beien（2007）基于物理电路原理提出的一种研究动态生物流动趋势和量化异质景观中生境连通度的方法。电路理论将随机游动理论与运动生态学相联系，将研究区域重新划分为导电表面，将研究区域内的生物流动视为导电表面上的电荷随机游动过程。阻碍或促进生物流动的土地利用/覆盖分别被视为具有抗性或导电性，并根据不同类型被赋予不同的阻力值。电荷的定向迁移产生电流，并可以借此计算通过每个网格的电流。因此，该方法不仅利用电流方向模拟生物在生态枢纽之间的迁移方向，而且还能通过计算累积阻力确定生态廊道的精确空间位置。本研究利用 Circuitscape 中的 Linkage Mapper module 识别生态廊道，并使用累积阻力阈值确定廊道范围。

（四）生态廊道关键保护区识别

由于非生态因素在大都市区的聚集，贯穿大都市区的生态廊道不可避免地存在着内在的结构性缺陷。这些缺陷主要体现在两个方面：一是部分廊道实际处于断开或断裂状态；二是部分廊道替代性差，处于脆弱状态。因此，有必要确定生态廊道中存在潜在退化风险或影响生态廊道景观连通性的重点保护区，通过保护和恢复措施重新连接这些区域，以确保大都市区生态廊道的连通性。

1. 生态廊道中的断裂区域识别

基于电路理论，累积电流反映了随机游走者的净迁移；斑块的累积电流越大，其对景观的影响越大。廊道中累积电流密度最高的区域称为夹点，这表明物种在栖息地之间穿过该区域的可能性很高，或者没有其他路径可供选择。如果夹点被移除或改变，将对区域景观连通性产生很大的负面影响；因此，它是生态廊道中的潜在断裂区域和需要生态保护的优先区域。

生态廊道中累积电流恢复值最高的区域称为障碍。生态廊道在障碍处实际为断裂状态，采取生态修复措施可以极大增强生态枢纽之间的连通性。另外，生态断裂点是生态廊道内断开的区域，一般认为是大型交通道路（铁路、高速公路）与生态廊道的交叉直接或部分切断了景观连通性，加剧了景观破碎，威胁到生物流的畅通和安全（Gurrutxaga et al.，2011；Hoctor，2003）。因此，障碍和断裂点是生态廊道上的实际断裂区域，亦是生态恢复的重点区域。Circuitscape 的 Pinchpoint 模块和 Barrier 模块用于识别生态廊道上的夹点和障碍。

2. 生态网络的潜在退化区域确定

除了固有的结构缺陷外，生态廊道还面临着由人类活动干扰导致的退化风险（Wang et al.，2018a，2018b）。生态廊道面临的生态系统退化风险（ecosystem degradation risk，EDR）涉及两个方面。一方面，人类活动日益频繁，生态廊道周围基础设施密集，直接威胁到廊道生态系统的正常功能，称为生境风险（Rio Maior et al.，2019）。另一方面，随着城市规模的迅速扩张，作为廊道生态系统主要载体的生态用地可能被占用并转化为非生态用地，称为生态系统转化风险。这意味着，即使一条生态廊道当前保持畅通，如果都市区的发展趋势保持不变，一些生态廊道也将面临退化的风险。因此，面临高退化风险的生态廊道是生态系统潜在退化区，也是生态保护的重点区域。EDR 计算公式如下：

$$EDR_i = Tra_i + Hr_i \tag{5-3}$$

式中，Tra_i 为转化风险；Hr_i 为生境风险。

利用 InVEST 3.1.2 模型的生境风险评估（HRA）模块计算生境风险。基于生态风险理论和空间叠加分析，结合生境威胁因子的威胁频度和程度、生境因子的影响程度和自我恢复能力，对生态土地风险进行了模拟和评价（Sharp et al.，2016；Nawab et al.，2018）。本研究生境因子和威胁源与生境质量评价模型一致，基本参数根据 HRA 模型指南设定。

采用二元 Logistic 回归模型计算生态系统转化风险。影响生态系统转化的因素包括地形地貌、与城市建设用地的距离、人口增长率和影响城市扩张的城市 GDP 水平等（Peng et al.，2017）。本研究以 2005 年生态用地（森林、草地、水体、耕地）范围内的 100 万个随机样本点为样本点，并将坡度、距建设用地距离、人口增长率和 GDP 年均增长率等值赋予样本点。然后，将这些点叠加到 2015 年土地利用图上，如果它们仍处于生态用地中，则将其赋值为 1，否则将其赋值为 0。将样本点输入 SPSS 24.0，采用二元 Logistic 回归模型进行逐步回归计算，得到了研究区生态系统转化的概率方程。Logistic 回归模型的总准确度为 92.9%。选取坡度、距建设用地距离、人口与 GDP 年均增长率作为回归方程的输入，模拟研究区内生态用地向非生态用地转化的概率。

$$P = 1 - \frac{1}{1 + e^{-(0.195 \times A + 0.02 \times B - 3.203 \times C - 0.247 \times D + 1.436)}} \tag{5-4}$$

式中，P 为转化概率；A 为坡度；B 为距建设用地距离；C 为人口增长率；D 为 GDP 年均增长率。

二、大都市区生态功能空间格局

（一）生态功能重要性空间差异

上海大都市区平均生境质量为 0.611，高值区位于大都市区以南。生境质量等级最高的斑块面积 16298.78 km²，占生态用地总面积的 30.1%。这些斑块距中心城区相对较远，受人类干扰较小。研究区南部的低山丘陵区是固碳释氧的高值区。这些地区植被分布连续，年平均 NPP 达到 935.99 g/（m²·a）。PM$_{2.5}$ 去除服务主要考虑冬季，即 10 月至次年 3 月。PM$_{2.5}$ 去除服务最重要的斑块面积为 1880.60 km²，占研究区总面积的 2.7%。它主要分布在三个南部城市。研究区中北部 PM$_{2.5}$ 去除率普遍较低，这与这些区域缺乏大规模常绿植被有关。区域水生景观连通度平均值为 0.663，说明研究区水体整体连通性较好。长江、钱塘江等主要河流和太湖、淀山湖、阳澄湖等大湖是保持区域水生生态系统景观连通性的重要水体。

根据上述指标，EFI 评估结果如图 5-4 和图 5-5 所示。根据陆域 EFI 评价，最重要的斑块面积为 5326.30 km²，主要分布在南部山区，其中 50% 以上集中在宁波和绍兴。在空间分布上，绍兴、杭州、宁波和湖州的平均评价结果最高，分别为 1.64、1.59、1.55 和 1.54，超过区域平均值 1.31。在水生生态系统中，最重要的生态斑块包括长江、太湖

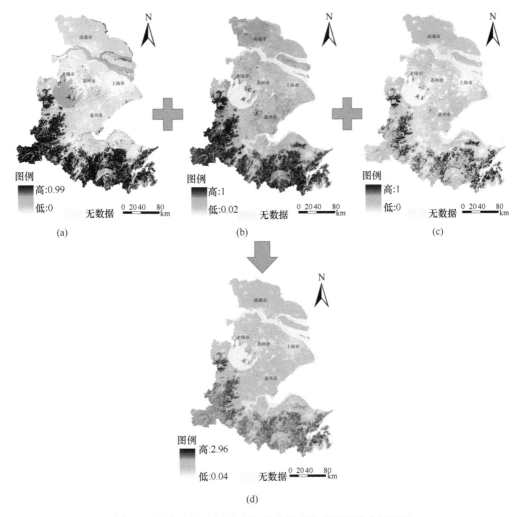

图 5-4　上海大都市区陆生生态系统功能重要性的空间分异
（a）生境质量；（b）固碳释氧；（c）PM$_{2.5}$ 移除；（d）陆生生态系统功能重要性

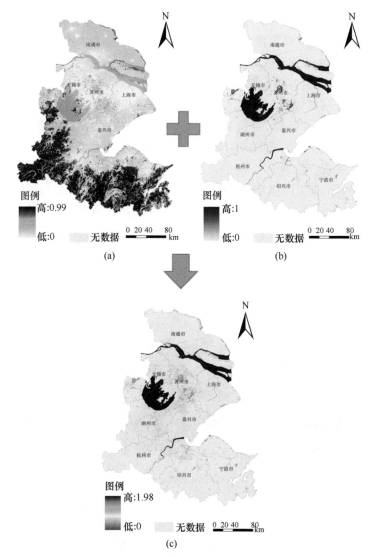

图 5-5 上海大都市区水生生态系统功能重要性的空间分异
（a）生境质量；（b）景观连通性；（c）水生生态系统功能重要性

和钱塘江，面积 5182.07 km², 占水生生态用地的 69.5%，主要分布在都市圈中部。从区域来看，上海、苏州、无锡、南通等城市水生生态系统评价的平均 EFI 均高于整个都市圈，其他城市的平均水生 EFI 则较低。

（二）工业用地和建成区对城市生态系统生态功能的影响

对于大型工业区和城市建成区对城市生态系统功能的干扰，本研究采用梯度分析方法，测量工业区和城市建成区对城市生态系统生态功能的空间影响，以探索城市生态系统的优化布局。以 21 个总面积超过 20 km² 的大型工业区（第一次地理普查结果数据）和大都市区内上海、杭州、宁波三个核心城市的外环线为边界，建立了 10 个间隔 2 km 的缓冲区带，计算各缓冲区 EFI 的平均值。

如图 5-6 所示，随着与工业区和中心城市距离的逐步扩大，平均生态功能指数逐渐上升。第 4~6 波段呈下降趋势，第 8~9 波段达到最高值，变化趋势趋于平缓。结果表明，大工业区和城市区人为干扰对周围生态系统的生态功能构成了严重威胁。因此，在规划布局大型工业区时，应为区域内的生态枢纽留出安全缓冲距离，并将其对生态枢纽生态功能的潜在影响纳入项目环境影响评价和可行性实施评价。此外，城市周边生态功能指数的变化趋势为优化生态枢纽布局提供了参考。

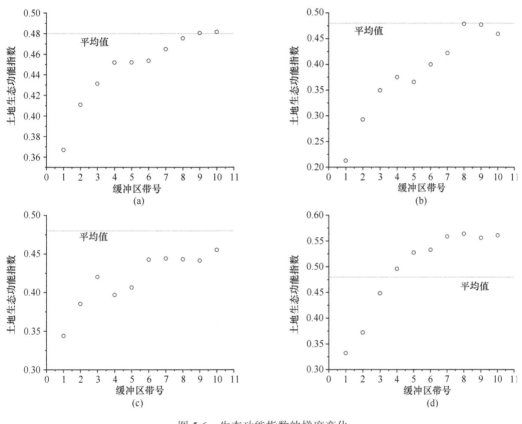

图 5-6　生态功能指数的梯度变化
（a）大型工业区；（b）上海；（c）杭州；（d）宁波

三、大都市区生态网络与优先保护区空间格局

（一）生态枢纽空间格局与生态廊道的连通性

采用自然断点法对陆生生态系统中的 EFI 进行分类，并将 EFI 大于 2.116 的生态斑块作为本研究区陆地生态系统的生态枢纽。采用自然断点法对水生生态系统中的 EFI 进行分类，将 EFI 大于 1.087 的生态斑块作为研究区水生生态系统的生态枢纽。如图 5-7 所示，上海都市圈的生态枢纽面积 10508.3 km²，占生态用地总量的 19.8%，占研究区总面积的 16.1%。在土地利用类型上，生态枢纽主要由森林和水体组成，还包括湿地、耕地和草地。在空间分布上，生态枢纽分布在九个城市中。陆生生态系统中的生态枢纽主

要分布在宁波、绍兴、杭州、湖州等都市圈南部城市，而水生生态系统中的生态枢纽则主要分布在都市圈中部的苏州市和上海市。

如图 5-8 所示，陆地生态系统的生态阻力范围为 1~593.5，平均值为 36.95；水生生态系统的生态阻力范围为 1~239.29，平均值为 88.81。根据生态枢纽和阻力面结果，

图例
■ 陆生生态系统枢纽
■ 水生生态系统枢纽

图 5-7　上海大都市区生态枢纽的空间分布

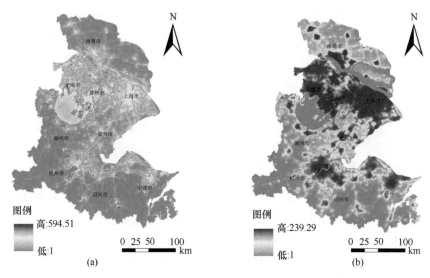

图 5-8　上海大都市区生态阻力面的空间分异
（a）陆生生态系统阻力面；（b）水生生态系统阻力面

确定了研究区的生态廊道（图 5-9 和图 5-10）。如图 5-9 所示，陆生生态系统廊道（TEC）（简称陆生廊道）平均阻力为 4.06，主要分布在大都市区的南部和西南部边缘，主要由

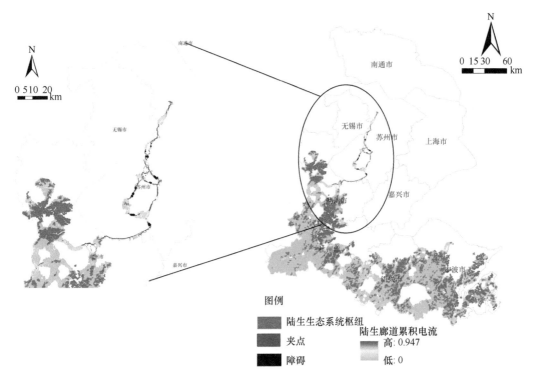

图 5-9　上海大都市区陆生生态系统廊道的空间分布

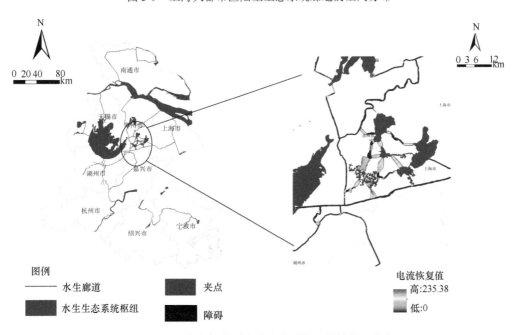

图 5-10　上海大都市区水生生态系统廊道的空间分布

森林、耕地和水体组成，总面积 10386.22 km²，占研究区面积的 15.8%，其中包含夹点区域面积为 87.33 km²；障碍 13 处，面积为 28.91 km²；断裂点区域面积为 50.30 km²。TEC 的退化风险如图 5-11（a）所示，TEC 的平均退化风险为 0.04，最高值为 0.61，最低值为 0。采用自然断点法对退化风险进行分类，结果表明：退化风险高（值大于 0.19）的廊道面积为 208.60 km²，退化风险低（值小于 0.04）的廊道面积为 6562.19 km²，占总面积的 63.1%。

　　水生生态系统廊道（AEC）（简称水生廊道）平均阻力为 24.91，主要由黄浦江、余姚河、京杭运河、如海运河等河渠组成，集中在都市圈中部，呈蜘蛛网状（图 5-10），总长约 1215.23 km，其中夹点总长 119.39 km，障碍 23 处，其总长 61.93 km。对于 AEC 的退化风险如图 5-11（b）所示，面临高退化风险（值大于 0.19）的廊道长度为 771.96 km，占 AEC 总长度的 63.5%。

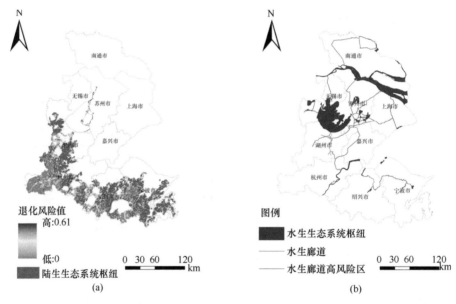

图 5-11　上海大都市区生态廊道退化风险的空间分异
（a）陆生生态系统廊道；（b）水生生态系统廊道

（二）生态网络与优先保护区空间格局

　　总的来说，上海都市圈的生态网络主要包括面积为 10991.27 km² 的生态枢纽、总面积为 10386.22 km² 的陆生生态廊道和总长度为 1215.23 km 的水生生态廊道。在生态网络中，优先保护区由 295.93 km² 的生态斑块组成，包括 87.33 km² 的夹点区域和 208.60 km² 的潜在退化区域，以及 891.35 km 的水道，包括水生生态廊道上的夹点和潜在退化区。优先恢复区面积 79.21 km²，包括陆生生态廊道上的障碍和生态断裂点，以及水生生态廊道上的障碍，其长度为 61.93 km。生态网络可以划分为三部分（图 5-12）。

　　Ⅰ. 南部生态平衡区，分布在浙东丘陵区，以思明山、惠济山为骨架，包括宁波、绍兴、杭州等城市。陆生生态系统的生态枢纽主要分布在该区。生态廊道呈树状将生态枢纽串联起来，累积电流密度低，夹点和障碍区域少，廊道的可替代性强，退化风险低。但廊道上的断裂点主要分布在这些地区，是生态修复的重点地区。

Ⅱ. 中部生态冲突区, 分布在太湖平原, 包括无锡、苏州、湖州、嘉兴、上海等城市。水生生态系统的生态枢纽主要分布在该区。然而, 快速的城市化进程占用和切割了生态用地, 使得生态用地呈孤岛状分布, 生态枢纽之间的联系被阻断。如图 5-12 所示, 该区生态廊道短, 数量多, 呈蜘蛛网状, 累积电流高, 恢复电流大, 退化风险大。夹点和障碍主要集中在这些生态廊道上, 说明该地区的生态廊道具有不可替代性和脆弱性。

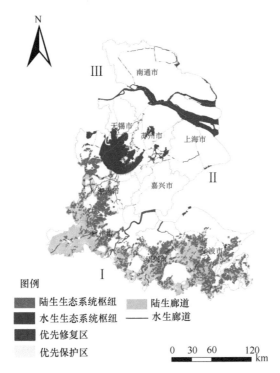

图 5-12 上海大都市区生态网络及其优先保护区域的分布

Ⅲ. 北部生态脆弱区, 位于长江以北的南通市。该地区以耕地为主, 缺乏优质生态用地。生态枢纽以滨海滩涂和湿地为主, 面积小, 枢纽间距大, 形成了一批小而长的生态廊道。

(三) 运河在大都市区域生态网络中的作用

在本研究确定的水生生态廊道中, 运河全长 689.99 km, 其占水生廊道总长度的 56.7%, 运河连接长江、钱塘江、太湖、淀山湖等水体, 这表明运河是维持都市水生态系统完整性的关键因素之一。实际上, 运河在维持生态多样性和景观连通性方面发挥着重要作用 (Ignatieva et al., 2011)。运河的结构线性使其能够与其他水系相互作用, 同时, 就其生态交换和水流特征而言, 它们又与自然河流不同 (Mason, 2013)。一方面, 运河既不是一条快速流动的河流, 也不是一个停滞的池塘, 它能使不同类型的栖息地和水生运动得以实现, 并通过物种转移和个体运动增强生态连通性 (Mason, 2013)。另一方面, 运河可以绕过分水岭, 促进不同分水岭之间生物种群的混合和杂交, 并混合生物以有效提高生物多样性 (Mason, 2013; Guivier et al., 2019)。如图 5-12 所示, 水生廊道夹点主要位于运河廊道内, 说明运河廊道内生物净迁移量较高, 缺乏替代途径。因此,为保证水域生态系统的完整性和连通性，应将运河廊道纳入生态保护红线，禁止一切可能的占用，并定期对运河河道进行疏浚，防止泥沙淤积。

四、区域尺度生态网络识别方法改进

廊道具有边缘效应，其生态功能与其空间范围密切相关。本研究基于电路理论，根据不同的累积阻力阈值和反映景观异质性的相关指标的变化趋势，确定了生态廊道的空间范围。水生生态廊道主要由天然河流和运河组成，与周围景观的异质性很明显，廊道的空间范围不会随着累积阻力阈值的变化而发生显著变化。因此，这里只讨论陆域生态廊道的空间范围。以 2000 为梯度，确定了电阻累积值在 2000～20000 范围。如图 5-13 所示，随着累积阻力阈值的增加，生态廊道的空间范围逐渐扩大，但空间分布没有实质性变化，生态夹点的位置也几乎没有变化。图 5-14 显示了不同累积阻力阈值下生态廊

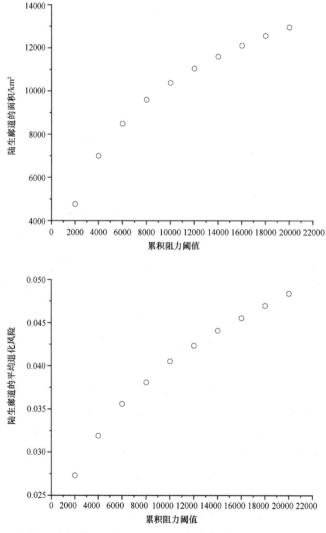

图 5-13　累积阻力阈值 2000～20000 区间廊道面积及其平均退化风险的变化

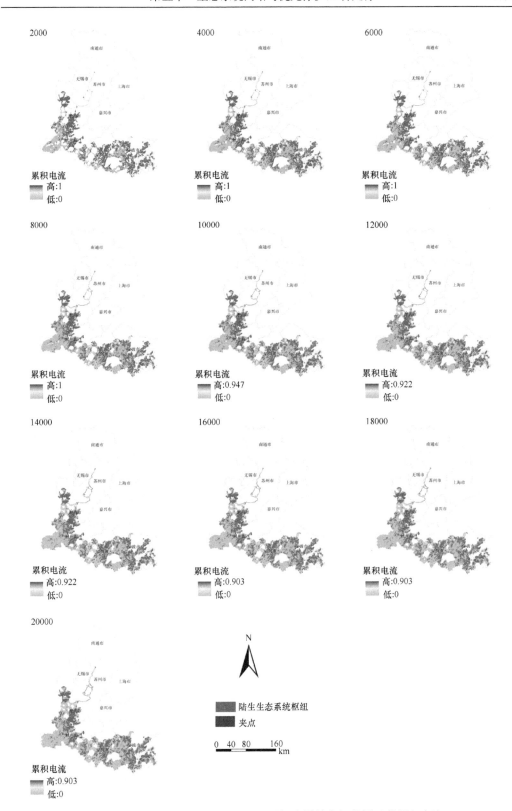

图 5-14　累积阻力阈值 2000～20000 区间廊道的空间范围及其累积电流

道面积的变化趋势。当累积阻力阈值达到 10000 时，生态廊道的面积增长趋势逐渐减缓，最大累积电流明显减小，表明生态廊道扩张所遇到的阻力增加，生态廊道内外的异质性开始增强，生态廊道范围包含了更多的高阻力值区域。此外，随着累积阻力阈值的增大，生态廊道的平均退化风险增大，也表明生态廊道两侧的景观异质性增大。因此，选择 10000 的电阻阈值来确定陆地生态廊道的空间范围。

本研究的局限性及未来的工作方向如下：一是确定生态枢纽是构建区域生态网络的关键步骤之一。基于生态系统服务供给量和生态功能重要性确定生态枢纽是主流的研究方法，在此基础上有的研究考虑了人类需求的影响，另有一些研究则考虑了人类活动对生态枢纽的干扰。那么如何解决人类对生态枢纽提供的生态系统服务需求与人类活动对生态枢纽的生态功能的干扰之间的矛盾？尤其是在大都市区域，生态枢纽与城市的最佳缓冲距离是多大？生态枢纽的最优分布是哪儿？生态枢纽的最优面积是多大？这些问题尚需要进一步的研究。二是确定生态廊道的宽度一直是生态网络识别过程中的难点问题。本研究利用电路理论和风险指数对确定生态廊道的宽度进行了尝试，亦有一些学者利用蚁群算法确定生态廊道的宽度。总的来看，目前关于确定生态廊道宽度的研究还非常少，确定生态廊道宽度的方法还不成熟，适宜的生态廊道宽度是多少，如何评价不同廊道范围下识别结果的准确性和产生的生态效益？未来仍要从空间异质性识别、生物流动特征以及廊道生态效应测定等方面做进一步的研究。

本研究将电路理论与生态系统退化风险相结合，确定上海大都市区生态网络的精确空间位置。结果表明，上海大都市区生态枢纽区主要由都市区南部的连片森林、中部的大江大湖和北部沿海滩涂湿地组成，总面积为 10991.27 km^2。生态廊道由"半圆环状"的陆生生态廊道组成，面积为 10386.22 km^2，水生生态廊道呈"蜘蛛网"状，长 1215.23 km。研究表明，虽然上海大都市区的生态网络由大面积的生态枢纽和大规模的生态廊道组成，但在维持现状的前提下，生态网络的实施只需要关注小部分区域。大多数陆生生态廊道处于低风险和可靠的状态，其暴露于潜在高退化风险状态的面积为 273.30 km^2，处于断裂状态且必须修复的面积不超过 80 km^2。尽管大多数水生生态廊道处于高退化风险中，但它们仍然连接在一起，并且处于必须修复的断裂状态的水道不超过 70 km。尽管维持现状很困难，这需要控制城市扩张速度、规模和方向，但本研究通过关注优先保护区和恢复区，为生态网络的具体实施提供了可行的方案。

第四节　城市生态系统优先保护和修复区域诊断与识别

本节选择沿海地区的典型城市烟台市开展中观–微观尺度城市生态系统保护和修复关键区域识别研究。烟台市为典型的沿海地区丘陵冲积平原，地势西高东低，中部高，周边低，以栖霞市海拔最高，湿地及水域分布随之显示出明显的地域分异。烟台市主要生态空间包括林地、草地、湿地、水域等。烟台市生态系统服务价值整体水平仍待提高，服务价值高值集中于水域、湿地、滩涂等自然环境较好的地区，未来应进一步加大资源环境保护力度，通过制定生态分区等措施落实生态保护、修复的工作，促进生态系统服务价值的整体提升。本节研究对烟台市城市陆生生态系统开展生态安全格局构建与国土空间生态修复关键区域识别，其总体思路是基于生态学理论，利用生态安全格局从景观层面识别国土空间生态保护修复关键区域。

一、城市生态系统优先保护和修复区域识别方法

综合生境质量、生态风险、景观连通性、生态系统服务价值四个方面确定生态源地。首先，基于 InVEST 模型中生物多样性服务价值模块（Nelson et al.，2009；吴健生等，2017）、生境风险模块（陈晔倩等，2018）测算城市生态用地的生境质量和生境风险系数，以生境风险修正生境质量得到综合生境质量；其次，采用粒度反推法（陆禹等，2015）确定生境连通性最好的景观粒度，由此确定初步生态源地；最后，基于谢高地等（2015）制订的生态系统服务价值计算标准测算生态系统服务价值，选取生态系统服务价值高的区域作为生态源地，生态系统服务价值较低的生境破碎区域作为生态保护修复关键区域之一。在构建生态阻力面的过程中，为更准确地模拟阻力面分布，除传统基于景观类别的显性阻力面外，借鉴相关研究，引入隐性阻力面、坡度、起伏度因子，测算综合阻力面（陆禹等，2015；蒙吉军等，2017）。以生态源地、综合生态阻力面为基础，利用 Circuitscape 插件构建生态廊道，识别生态"夹点"、生态障碍点及生态断裂点，结合低生态系统服务价值的景观破碎区域，诊断与识别研究区内亟须优先保护和修复区域。

（一）生态安全格局构建

"源"景观是指促进生态系统过程健康循环的景观。生态源地应具有维持空间景观格局稳定、保证生态系统的可持续性和防止生态退化的重要作用。基于生态系统生态价值，分析识别高价值的生态源地，确定具有较高生态系统服务供给能力或较高生态价值的重要生态空间范围。采用阻力计算模型，计算不同类型生态系统的景观阻力面，同时考虑国家及地方规划和生态建设工程所划定的自然保护区、风景名胜区、森林公园、湿地保护区等重要生态功能保护区核心区，识别需要保护的生态源地。基于生态源地，按照降序排列并筛选生态系统网络体系核心源，采用适宜的最小成本路径，识别生态廊道；并分析各类生态源地与河流（溪流）连接状况等。通过确定源地、构建廊道，同时考虑人口、交通等社会经济条件，构建区域生态安全格局网络体系，形成区域生态安全格局。

本研究生态安全格局构建方法采取两种方法，一是通过生态系统服务价值评价识别需要保护的生态源地，由于斑块数量众多，不同面积大小的生境在景观中的功能、结构等复杂程度不同，面积对源地选取影响很大，直接据此选取会忽略本身生态价值高但面积较小的斑块。二是依托 InVEST 模型中的生境质量模块（habitat quality model）和生境风险评价模块（habitat risk assessment model）计算出初始生境质量和生境风险，并用生境风险修正生境质量得到综合生境质量，开展生态源地识别和生态安全格局构建。

1. 生态系统服务价值单价修正及价值计算

生态系统的生态功能大小与研究区生态系统的生物量有密切关系，采用谢高地研究小组（谢高地等，2015）提出的我国不同省（自治区、直辖市）农田生态系统生物量因子，将价值系数与地区修正系数相乘，得出研究区生态系统服务价值的价值系数的修正值。

生态系统服务价值计算公式如下：

$$E = m \times \sum_{i=1}^{n} A_j \times E_{rj} \tag{5-5}$$

式中，E 为某地区生态系统服务价值总值；m 为某省（自治区、直辖市）对应生物量修正因子；j 为某生态系统类型；A_j 为 j 类生态系统的面积；r 为某类型生态系统对应的某种服务功能类型。

2. 粒度反推法

粒度反推法基于反证法思想，通过测算不同粒度下景观格局指数确定最优景观组分，从而根据该景观组分反选生态源地（陆禹等，2015）。本研究选取斑块数、斑块密度、景观形状指数、蔓延度、连接度、斑块结合度六大指标表征景观整体性和连通性，以提取的生态用地为基础，生成 100 m、200 m、400 m、600 m、800 m、1000 m、1200 m 不同粒度栅格图，利用 Fragstats 软件计算各粒度水平下的六大景观格局指数，通过分析景观整体性和连通性选取最优景观组分的栅格粒度大小，进而与生态用地相交得到初步生态源地。

3. 生态阻力面和廊道构建

传统的阻力面构建主要根据斑块土地利用特征模拟生态阻力，不能准确模拟阻力面分布，本研究借鉴相关研究，除显性阻力面外，利用克里金（Kriging）插值法生成不易直观判断的隐性生态阻力并计算累积值得到隐性阻力面，同时选取代表地貌条件的指标共同构建综合生态阻力面（陆禹等，2015；蒙吉军等，2017），各因子及权重设置主要参考已有研究，如表 5-2 所示。最小累积阻力模型原理如下：

表 5-2 综合生态阻力面因子权重与系数

阻力因子		权重	指标	阻力系数
景观类型	显性阻力	0.40	湿地、林地	1
			水域	10
			耕地、草地	100
			风景名胜区	200
			园地	300
			村庄用地、农村道路	600
			干线公路	700
			水利设施用地	800
			城镇工矿建设用地	1000
			其他用地	500
	隐性阻力	0.18	Kriging 插值	—
地貌因子	坡度	0.21	<8	1
			8~15	10
			15.001~25	50
			25.001~35	75
			>35	100
	起伏度	0.21	<25	1
			25~50	10
			50.001~70	50
			70.001~100	75
			>100	100

$$\text{MCR} = f \min \sum_{j=n}^{i=m} D_{ij} \times R_i \tag{5-6}$$

式中，MCR 为空间内某一景观到源的累积阻力；f 反映累积阻力与景观生态过程的正相关关系；min 为取累积阻力最小值；D_{ij} 为空间景观单元 i 到源 j 的空间距离；R_i 为景观单元 i 对某目标单元运动扩散的阻力系数。本研究利用 Circuitscape 插件中的 Linkage Mapper 模块构建生态廊道。

（二）生态"夹点"识别

生态"夹点"是由 McRae 等（2012）基于电路理论提出的概念，是表征生境连通性的景观关键点（钟式玉等，2012）。电流密度可用来识别廊道中的"夹点"地区，"夹点"又称瓶颈点，是生态廊道中电流密度较高的区域，物种在栖息地间运动通过该区域的可能性比较高或者没有其他可以选择的替代路径，"夹点"的意义在于如果移除或者改变它将对连接度产生较大影响，栖息地的退化或损失极大可能切断生境的连通性（黄隆杨等，2019；钟式玉等，2012；McRae et al.，2012），故生态"夹点"可代表防止栖息地退化/改变的关键位置，需优先考虑栖息地保护。若生态"夹点"恰好处于生态阻力高值区，则表明该区域退化/损失的概率较大，应将其作为生态保护修复的关键区域。本研究利用 Circuitscape 插件的 Pinchpoint Mapper 模块识别生态"夹点"。

（三）生态障碍点识别

生态障碍点是指生物在生境斑块间运动受到阻碍的区域，移除这些区域将增加生态重要区间连通的可能性（McRae et al.，2012）。本研究使用 Circuitscape 插件的 Barrier Mapper 模块识别生态障碍点，并与土地利用现状叠加，确定障碍点土地利用及与基础设施相交状况，有针对性地提出生态保护修复措施。该工具通过计算清除障碍点后连通性恢复值的大小来识别生境内的对连通性影响最大的区域，其中连通性恢复值由累计电流恢复值表征，累积电流恢复值与区域对景观连通性的阻碍成正比（McRae et al.，2012，2013）。

（四）土壤侵蚀敏感性评价

土壤侵蚀敏感性评价是为了识别容易形成土壤侵蚀的区域，评价土壤侵蚀对人类活动的敏感程度，并根据区域土壤侵蚀的形成机制，分析其区域规律，明确可能发生的土壤侵蚀类型、范围和可能程度，通用土壤流失方程是研究土壤侵蚀最为常用的方法。

本研究通过下式计算土壤侵蚀敏感性综合指数：

$$\text{SS}_j = \sum_{i=1}^{4} S_i W_i \tag{5-7}$$

式中，SS_j 为 j 空间单元土壤侵蚀敏感性综合指数；S_i 为单一因素敏感性等级值；W_i 为影响土壤侵蚀性因子的权重。

将降雨侵蚀力、土壤可蚀性因子、地形起伏度和植被覆盖 4 个单因子敏感性分布图按照表 5-3 中的分级赋值标准与各因子权重进行空间叠置，计算土壤侵蚀敏感性综合指数，采用自然间断（natural break）法将研究区的土壤侵蚀敏感性分为 5 个等级，生成土壤侵蚀敏感性综合评价图。自然间断法是利用统计学的 Jenk 最优化法得出的分界点，能够使各级的内部方差之和最小。

表 5-3　土壤侵蚀敏感性影响因子分级赋值标准及其权重

敏感性等级	不敏感	轻度敏感	中度敏感	高度敏感	极敏感	权重
降雨侵蚀力（R）	<145	145～160	160.1～185	185.1～200	>200	0.23
土壤类型	湖泊、水库、沙姜黑土、潮土	棕壤	褐土	风沙土	石质土、粗骨土、滨海盐土、滨海/盐场养殖场	0.27
地形起伏度/m	0～20	20.1～50	50.1～100	100.1～300	>300	0.16
植被覆盖	1	3	5	7	9	0.34
综合分级标准	1～2.6	2.7～3.6	3.7～4.8	4.9～5.8	>5.8	

（五）土壤污染区域识别

土壤污染将长期危及生态系统和人类生存安全。本研究根据中国《土壤环境质量农用地土壤污染风险管控标准（GB15618—2018）》（表 5-4）评估研究区土壤环境质量。

表 5-4　土壤无机污染物的环境质量第二级标准值　　　（单位：mg/kg）

序号	污染物项目 [a、b]		风险筛选值			
			pH≤5.5	5.5<pH≤6.5	6.5<pH≤7.5	pH>7.5
1	镉	水田	0.3	0.4	0.6	0.8
		其他	0.3	0.3	0.3	0.6
2	汞	水田	0.5	0.5	0.6	1.0
		其他	1.3	1.8	2.4	3.4
3	砷	水田	30	30	25	20
		其他	40	40	30	25
4	铅	水田	80	100	140	240
		其他	70	90	120	170
5	铬	水田	250	250	300	350
		其他	150	150	200	250
6	铜	果园	150	150	200	200
		其他	50	50	100	100
7	镍		60	70	100	190
8	锌		200	200	250	300

a. 重金属和类金属砷均按元素总量计。

b. 对于水旱轮作地，采用其中较严格的风险筛选值。

土壤中污染物指标 i 的单项污染指数 P_i 计算：

$$P_i = \frac{C_i}{S_i} \tag{5-8}$$

式中，C_i 为土壤中污染物指标 i 的实测质量分数，mg/kg；S_i 为土壤中污染物 i 在表 5-4 中给出的二级标准值，mg/kg。

生态安全格局网络强调了不同类型生态空间之间的有效连接和生态用地作为一个网络体系的特征。本节以烟台为案例研究区，开展城市生态安全格局构建和生态空间划定研究。

二、城市生态安全空间格局

（一）基于生境质量–生境风险综合评估的生态源地格局

生态源地选取应兼顾斑块自身价值和不同生境在景观中的功能、结构，生境质量、生境风险测算均基于栅格尺度。生态系统生境质量受生境适宜度以及威胁源两个因素的共同作用。烟台市生态系统生境适宜度整体较高，低值主要出现在芝罘区、莱山区、莱州市等建设用地集中区，另外烟台市内各市、区的中心城区部分均为低值区，高值区主要集中于各大森林公园处。烟台市生境受威胁程度，以城区等生境适宜度低的区域为中心向外，生境威胁程度逐渐减弱。福山区与芝罘区交界处以及招远市与龙口市的交界处所受到的生境威胁程度最高。结合生境适宜度和生境威胁得到初始生境质量，其与生境适宜度分布较为相似，其中低值集聚区以芝罘区为典型。烟台市生态用地的生境风险总体较低（图 5-15），但又有较多高风险值零碎地分布于各区、市间，生境风险最高达 43.81。

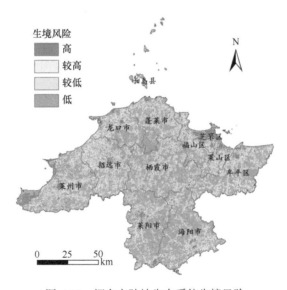

图 5-15　烟台市陆地生态系统生境风险

利用生境质量和生境风险评估模型综合确定烟台市综合生境质量，如图 5-16 所示。烟台市综合生境质量较高，平均值为 0.90，最低值为 0.50，低于 0.60 的不足 0.03%，总体呈现出以城区为中心向外增高的趋势，其中质量高的区域主要位于市内的各大森林公园，低值区零星镶嵌于高值区周围，以蓬莱市、莱山区南部、莱州市南部最多。

利用 Fragstats 软件计算得不同粒度水平下景观格局指数，如图 5-17 所示，400 m 粒度是各景观指数发生突变的关键点（连接度指数除外），大于 400 m 后各指数均逐渐稳定，连接度指数在 400 m 时达到最高，即该粒度为 400 m 时烟台市生态景观组分的整体性和连通性最佳，故选取该粒度下的景观组分作为初步生态源地。

图 5-16 烟台市综合生境质量空间分布

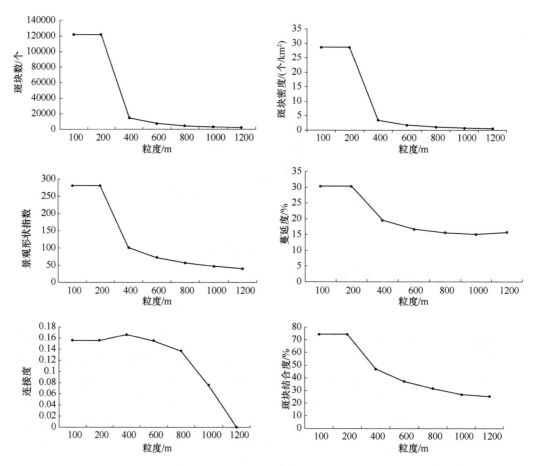

图 5-17 烟台市景观格局指数

运用生境质量和生境风险评估得到的烟台市生态源地较生态系统服务价值法选取的

源地补充了大量细碎图斑。针对城市生态系统整体，考虑将面积较大的大型斑块作为源地，选取生态源地中面积大于 500 hm^2 的斑块作为源地，综合基于生态价值法选取出的生态源地，确定最终生态源地，其面积共 216877.73 hm^2。其中水域、滩涂、林地为主要保护对象，其面积共 79545.53 hm^2。烟台市主要生态源地（部分）名录如表 5-5 所示。

表 5-5　烟台市主要生态源地（部分）名录

源地编号	源地名称	类型	面积/km^2
1	莱州市西部沿海滩涂	湿地	49.7
2	莱州市南部林地	森林	80.1
3	招远市西部农田连片区	农田	58.4
4	市域北部生态用地集中区	农林园水多类型	418.2
5	福山区西南部水库	湖泊	22.8
6	芝罘区中部林地	森林	21.1
7	昆嵛山国家森林公园及周边林地	森林	177.14
8	牟平区西部园地连片区	园地	122.1
9	栖霞市南部园地连片区	园地	146.0
10	市域南部农田连片区	农田	794.8

（二）城市生态安全空间格局分布

阻力面反映了不同物种在各类景观单元中迁移时所需克服的阻力大小。由于人为活动的干扰和影响，下垫面的开发强度越大，物种迁移所需要克服的阻力就越大。虽然基于不同用地类型构建基本阻力面已得到广泛研究，但是现有阻力赋值上限可以百、千、万来计，尚未得到较统一的赋值标准。综合考虑烟台市复杂的自然地理环境以及实际操作的可行性，从人为干扰程度和景观通达性两个方面设置标准，基于表 5-1 构建综合阻力面。

景观生态学中的廊道是指不同于周围景观基质的线状或带状景观要素，是迁徙的主要通道，同时也具有生物栖息地、防风固沙、隔离（如控制城市扩张的绿带）等功能，不同功能对应的廊道宽度不同。最小费用路径分析能够在源和目的地之间构建一条针对目标物种扩散的最佳生态廊道，该路径可以有效降低外界干扰。首先，结合生境斑块质量评估结果，按照降序排列筛选出适宜斑块并将其作为生态网络构建的核心源，并根据不同景观要素对物种运动的阻力大小构建景观阻力面。基于 GIS 软件平台空间分析模块 Cost distance 工具，生成以源地为中心的累积景观阻力面，利用 Linkage Mapper 插件提取适宜的最小费用路径，以此划定廊道。

由生态源地和生态廊道构成的城市基础生态安全格局如图 5-18 所示。烟台市阻力高值区域集中分布于龙口市、蓬莱市、福山区及芝罘区北部沿海地区、莱阳市西部地区和莱州市西南角，主要受城市建设用地、交通用地的阻尼作用。生态源地主要包括昆嵛山、招虎山、牙山、罗山四大国家森林公园、门楼水库、沐浴水库和莱州西部沿海滩涂等。生态廊道连接各大生态源地，呈现出两横两纵的空间特征，共计 1548.36 km，其中河流廊道主要包括五龙河、大沽夹河、鱼鸟河、富水河等河流的部分河段。

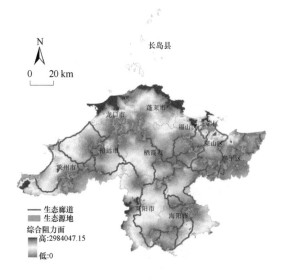

图 5-18　烟台市基础生态安全格局空间分布

基于烟台生态源地和一、二级生态廊道构建"两横两纵十组团"的生态安全格局网络体系。烟台市生态安全格局网络中的一级廊道 8 条，均在 20 km 以上，二级廊道 52 条，其中 10 km 以上 25 条，沟通了东、西、南、北四个片区，空间上形成两横两纵、内部网络连通的廊道格局，如图 5-19 所示（源地内部应无廊道通过，图中连通仅为制图美观需要，下同）。烟台市主要生态廊道名录见表 5-6。一级廊道连通各源地组团，二级廊道则保障各源地组团内部源地斑块间的连通性。根据生态廊道的阻力计算结果可将全市分为诸多小区，根据制图原理，生态廊道即为各阻力峰值区之间的分界线，穿过阻力低值区，是城市生态网络的主干部分，如图 5-19 所示。

表 5-6　烟台市主要生态廊道名录

廊道编号	初始源地	目标源地	廊道长度/km	廊道类型
1	莱州市西部沿海滩涂	莱州市南部林地	26.7	人工廊道
2	莱州市南部林地	招远市西部农田连片区	6.1	人工廊道
3	招远市西部农田连片区	市域北部生态用地集中区	10.9	人工廊道
4	市域北部生态用地集中区	栖霞市南部园地连片区	55.4	人工廊道
5	市域北部生态用地集中区	福山区西南部水库	69.5	人工廊道
6	福山区西南部水库	芝罘区中部林地	20.9	自然廊道
7	芝罘区中部林地	牟平区西部园地连片区	53.5	自然廊道
8	昆嵛山国家森林公园及周边林地	牟平区西部园地连片区	14.4	人工廊道
9	牟平区西部园地连片区	市域南部农田连片区	27.9	人工廊道
10	牟平区西部园地连片区	栖霞市南部园地连片区	30.1	人工廊道
11	栖霞市南部园地连片区	市域南部农田连片区	69.2	人工廊道

图 5-19　烟台市生态安全格局空间分布

三、城市生态系统优先保护和修复区域空间分布

（一）生态网络断裂区域空间分布

1. 待修复生态"夹点"区域

以烟台市主城区为例，对比不同廊道宽度设置对生态夹点模拟结果的影响，将主城区生态廊道的宽度分别设置为 1 km 和 10 km，对比二者异同可发现，随着廊道宽度的增加，夹点的电流密度呈不断减少趋势，相邻栖息地之间夹点的减少趋势更为明显。基于此，采用 1 km 的廊道宽度模拟得到的烟台市生态夹点共 23 处，共计 60.97 km，其中最长 6.04 km，该夹点分布于莱阳市北部，最短 0.81 km，该夹点位于蓬莱市中部，夹点平均长度为 2.65 km。结合烟台市土地利用现状和生态阻力面分布，生态源地分布于生态阻力低值区，生态廊道为各阻力峰值区之间的分界线；同时生态源地与生态廊道分布于非生态用地的分界上，生态夹点均分布于现有非生态用地上或周围。

基于基础生态安全格局识别生态夹点，烟台市内生态廊道的电流强度（即生物质流动强度）越强，对生态景观重要性极高 [图 5-20]，其中电流强度由绿色到深红色逐步增强，深红色区域均为生态夹点，对生态景观的重要性极高。通过叠加综合阻力面发现处于高阻力区域的生态夹点，即待修复的生态夹点区域共有 13 处，共计 90.40 km，其中最长为 36.11 km，该夹点分布于莱阳市西部，最短为 0.73 km，该夹点位于莱州市西北角处。待修复 13 处生态夹点区域中，11 处位于河流廊道上，河流廊道作为天然廊道，不可替代性极强，受建设用地侵占、填海造田等影响，河流逐渐萎缩、变得狭窄，加之部分工厂污染物的排放超过河流纳污能力，二者共同使河流廊道的风险升高，在待修复的河流廊道夹点处应加强河流修复治理，进行污染治理和清淤、建立河流保护区，同时强化河流保护监督工作，严禁任何破坏河流生态环境行为；河流入海口还应加强入海口整治，做好土壤治理与保护。另有 2 处待修复的生态夹点区域位于莱山区北部的马山寨高尔夫俱乐部和招远市北部海北咀村渔港,破坏了原有岸线资源,对沿海滩涂间大量的生物流动造成巨大的潜在威胁。高尔夫球场耗水量高、水污染严重,对生态环境和生物流动的影响极大,维护球场内生态环境、控制污染物排放、做好整治清理以保障区域生态环境质量不下降是该区域生态保护修复的首要工作。渔港地区应加强生态污染治理,严格控制发展规模、人口规模、产业布局,减少生活和生产污染。

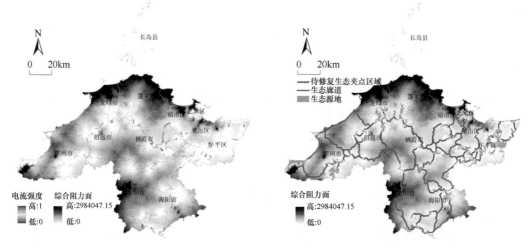

图 5-20　烟台市生态夹点空间分布

2. 生态障碍点

烟台生态障碍点 8 处均处于低阻力值与高阻力值相交区域(图 5-21),其中 6 处生态障碍点位于生态廊道与生态源地接壤处,是廊道与源地的连通关键位置,生态障碍点的保护修复对生态系统连通性和整体功能具有重要意义。其中芝罘区 3 处、莱州市 3 处、栖霞市 1 处、莱阳市 1 处。生态障碍点土地利用现状均为非生态用地,主要为城市建设

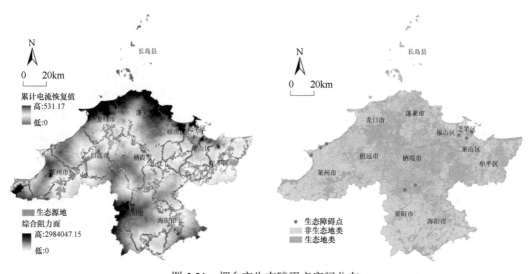

图 5-21　烟台市生态障碍点空间分布

用地、耕地。故而在修复时可针对生态障碍点类别分类进行：对于城镇内部建设用地，可加强绿带、绿心等城市绿地建设，增加植被丰度（徐威杰等，2018），保障城市内部生态系统连续性；对于滨海地区可拆除部分建筑，同时沿岸线种植生态防护林，恢复岸线资源；对于耕地区域，可开展退耕还林、退耕还湖，加强源地–廊道连接的生态稳定性。

3. 生态断裂点

本研究生态断裂点识别主要考虑大型交通道路（铁路和高速公路）对生态廊道的阻隔。纵横交错的交通设施加剧景观破碎化，与廊道相交处直接/部分切断了景观连接度，对生物流动的畅通和安全性造成威胁（陆禹等，2015）。烟台市内的生态断裂点共 39 处（图 5-22），集中分布于芝罘区、福山区、莱山区交界处，其中与铁路相交 23 处，与高速公路相交 19 处，有 3 处因与铁路、公路并行且相隔距离较近，生态廊道与二者同时相交。铁路、高速公路均为重要交通设施，不可直接拆除，故应在生态断裂点处因地制宜地建立相关改良设施，如管状涵洞、桥下涵洞、"过街天桥"等野生动物通道，并于通道旁竖立警示牌，以保证野生动物流动的畅通性，同时定期开展野生动物通道监测，及时排除干扰因素。

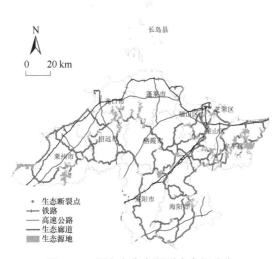

图 5-22　烟台市生态断裂点空间分布

（二）生态网络退化区域空间分布

1. 待修复破碎生态空间

烟台市生态系统服务价值较低的生态源地及低质量破碎生态空间共 1308.66 km²，镶嵌于耕地和园地中（图 5-23），以栖霞市、海阳市分布最广，分别为 251.76 km²、219.36 km²。破碎生态空间由交通用地切割、地质灾害、城市建设侵占等多方面因素引起，景观斑块分散，难以修复，应结合市/区发展规划生态用地，如可选取区域内斑块较大区域进行地形地貌修复、岸线维护等以逐步恢复生态景观的连续性；若区内生态用地过于分散无法集中修复,可通过相关规划,采取异地造林、异地复绿等措施整合绿地资源。

图 5-23 烟台市破碎生态空间空间分布

2. 生态退化与敏感区

烟台市土壤高度敏感区面积比例为 16.80%,略高于极度敏感区;不敏感区面积最小,占全市总面积的 11.62%,表明烟台市整体的土壤侵蚀敏感性程度处在较低水平。烟台市生境质量不敏感的区域主要分布在芝罘区以及各县市的主城区,生境质量最低,不具备为个体或种群生存提供适宜的生产条件的能力。高度敏感区和极敏感区主要分布在烟台市沿海滩涂、森林公园等,这些地区人类活动相对较少,生境质量处在比较高的水平,具备为个体或种群生存提供一定的生产条件的能力,但同时这些地区生态环境很脆弱,生态系统抗干扰能力较差,不适合对其进行开发。

将土壤侵蚀、生境两个单因子敏感性等级分布图进行空间叠置,计算烟台市域的生态环境敏感性综合指数(图 5-24),烟台市生态环境敏感性在空间分布上大致呈高度

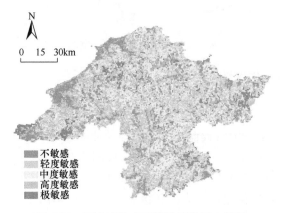

图 5-24 烟台市生态环境敏感性综合评价

敏感区四周分布，轻度敏感区中间分布的趋势。极敏感区域生态系统抗干扰能力极差，生态环境很脆弱，土地已严重退化，极易发生生态环境问题。极敏感区主要与高敏感区分布较为一致，不适合对其进行开发，需退耕还林、恢复自然植被，加强水土保持、生物多样性保护等措施的实施力度。极敏感区域作为烟台市待修复生态敏感区域，共计 995.00 km² （图 5-25）。

图 5-25 烟台市待修复生态敏感区空间分布

3. 土壤污染区

将土壤单项污染指数 P_i 进行环境地球化学等级划分，在单指标的土壤环境地球化学等级划分基础上，每个评价单元的土壤环境地球化学综合等级等同于单指标划分出的环境等级最差的等级。烟台市土壤环境质量较好，清洁土壤占 82.50%，中度污染和高度污染的土地之和仅占全市土壤的 0.85%。高度污染区域的土地亟待生态修复，将该类区域纳入烟台市待修复污染土地，共计 63.84 km²。

第五节 海岸带区域生态风险与海洋利用方式冲突

海洋是潜力巨大的资源宝库，是人类赖以生存和发展的蓝色家园。作为海陆交换带和过渡带的海岸带，是社会经济地域中的黄金地带，是海洋第一经济带，是经济社会可持续发展的重要载体和生态文明建设的战略空间。沿海和海洋生态系统通过提供重要服务来维持和增强人类福祉。当前，全球约有 1/3 的人口生活在沿海地区。然而，随着沿海地区人口膨胀、能源与资源开采、交通、食品安全、娱乐和旅游、沿海发展和气候变化等，这些生态系统面临的风险日趋加大。在我国，随着近年来城市化和工业化进程的加快，海岸带地区的土地利用正发生深刻变化，海域和海岸带空间资源开发利用范围和规模迅速扩大，自然岸线资源迅速减少，随意占用稀缺的海岸资源不仅造成海岸带湿地退化现象严重，海岸带生态系统退化、资源减少和景观破坏，而且给海洋自然环境和生态系统带来巨大压力，生态风险加剧，极大地威胁海岸带的生态安全。

烟台市管辖海域辽阔，海域和海岸带空间资源丰富，是烟台市实现蓝色经济区核心城市功能和蓝色领军城市的重要空间载体。烟台市海岸带地属经济发达地区，大量工业区的兴起和港口、码头开发建设以及船舶往来对其生态环境构成较大的负面影响。鉴于此，本研究以烟台市管辖海域为研究案例区，以烟台市海域和距海岸线 5 km 范围内的村级单元评价区域，基于 InVEST-HRA 模型对烟台市海岸带滩涂湿地进行海岸带风险评价，探究人类活动对海岸带生态系统的影响与风险，揭示烟台市海岸带的生态风险问题与产生机制，为维护海岸带生态安全提供科学支撑。

一、城市海岸带区域生态风险与受损退化区域空间分布

（一）海岸带生态风险空间分布

对烟台市海岸带生态风险评估结果进行分析，累计风险低的区域面积最大，约有 9338 km²，累计风险较高的区域面积为 346 km²，沿海岸带多处在风险较低区域，这说明人类活动对该地区造成了一定的生态风险，但影响相对较低。根据自然断点法确定的烟台市海岸带高风险区域共计 1277.89 km²（图 5-26）。烟台市生态风险高的地区主要位于人类活动频繁的陆地上，各类农业和开发建设活动对生态系统的影响较大，应注重高风险区域的保护和修复。总体来说，烟台市的各类生态压力源对海洋造成的影响相对较小，对滩涂、河流、湖泊、林地等陆地生态系统造成的影响较大，在未来的开发过程中应要注重生态保护。

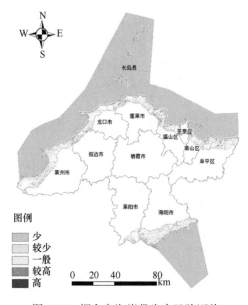

图 5-26　烟台市海岸带生态风险评估

烟台市主城区生态风险处在中等水平，牟平区西北、福山区东北部分斑块的生态风险

较低，福山区东北、牟平区中西部、莱山区东部等地区的生境生态风险较高（图 5-27）。从面积上看，累计风险一般的地区面积最大，约有 249.75 km²，较高的地区面积为 67.87 km²，较少的地区面积约为 47.85 km²，高和少的地区面积分别为 4.88 km² 和 2.11 km²。

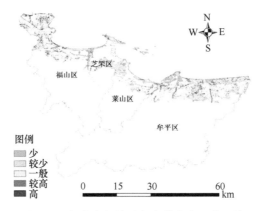

图 5-27　烟台市主城区海岸带生态风险评估

同时对五种生境的单独生境风险进行了分析，海域近海岸的地区风险较高，而远离海岸的地区风险低（图 5-28），人类活动对海域生境造成了一定的影响。烟台市河湖的生境风险多数较高，只有位于莱阳市和海阳市交界处少数河湖风险较低，这充分说明保护河流湖泊的紧迫性；烟台市林地和草地的生境风险分布情况相似，总体上风险均较高（图 5-29）；而滩涂总体上风险也相对较高，莱州市和海阳市部分滩涂风险较低。

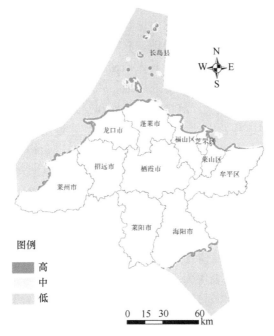

图 5-28　烟台市海域生境的生态风险

图 5-29　烟台市林地生境的生态风险

　　对烟台市不同地区的生态风险进行了评估（图 5-30），烟台市不同地区的生态风险差异比较明显，莱阳市、莱州市和莱山区生态风险相对较低，其他地区生态风险均相对较高，其中福山区生态风险最高。将烟台市拥有海岸线的 11 个县（区、市）进行了各类生境因子对于生态压力源的受影响程度分析，海阳市、龙口市、福山区、牟平区、蓬莱市、招远市等五种生境因子均受建设用地和农用地影响较大，受荒地和交通用地影响相对较小。芝罘区滩涂受荒地、交通用地、农用地影响较小，受建设用地影响较大，这主要是由于芝罘区是烟台的中心城区，其人口密集，各类开发建设活动密集。莱山区的滩涂受荒地影响很小，受建设用地、交通用地、和农用地影响较大。莱阳市的河流湖泊受建设用地和交通用地影响较大；海域则受荒地和交通用地影响很小，受建设用地影响较大；草地则受建设用地和农用地影响较大；林地受建设用地和农用地影响较大。莱州市的河流湖泊受农用地影响较大，受其他的生态压力源影响较小；而滩涂则受建设用地影响较大；海域受荒地影响较小，受建设用地影响较大；草地和林地受农用地和建设用地影响较大。长岛县的各类生境受交通用地影响较小，受建设用地和农用地影响大，这主要是由于其远离陆地，岛上的交通用地面积小而对各类生境影响较小，且影响多来自各种建设和农业活动。

　　整体上看，除个别地方外，烟台市的不同地区的五类生境因子均不同程度地受人类活动的威胁，其中，多数地区表现为建设活动和农业生产对生境产生较大的影响。因此，应充分重视此类现象，应加强对建设活动和农业生产造成的环境影响进行长期监测。

（二）近海岸受损退化区域空间分布

　　海洋是潜力巨大的资源宝库，是人类赖以生存和发展的蓝色家园。烟台海域和海岸

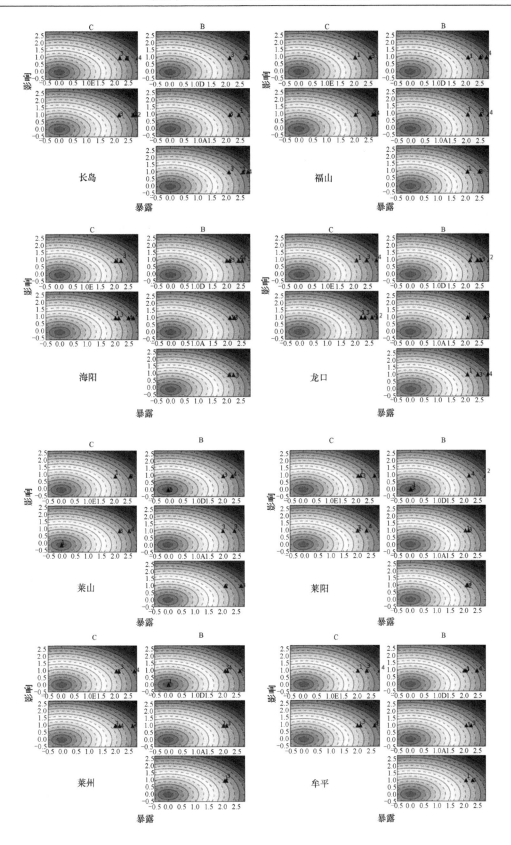

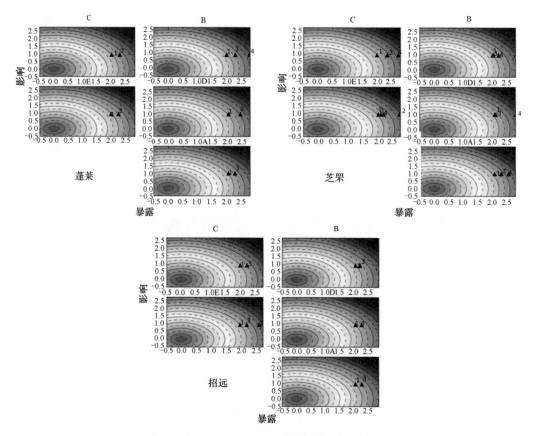

图 5-30　烟台市不同地区各类生境因子对于生态压力源的受影响程度

带空间资源丰富,近海岸生态环境受损与退化严重阻碍了烟台的社会经济发展,近海岸
生态环境修复迫在眉睫。

1. 岸线受损区域

通过遥感影像、实地踏勘调查和海洋主管部门咨询,确定烟台大陆海岸主要的
受损岸段类型及空间分布。受损岸段主要包括海岸侵蚀严重区(等级高)、砂质岸线区
(旅游度假区、海洋保护区、原生砂质海岸)、重要的河口(海湾、潟湖)湿地和重要自
然景观与文化历史遗迹。目前,烟台市的大陆海岸受损岸线总长为 200.33 km(表 5-7),
占大陆岸线总长的 26.15%。不同类型的岸线均出现岸滩受损和生态系统退化问题。其
中,基岩岸线受损岸线长度为 36.30 km,砂质岸线受损岸线长度为 98.12 km,人工岸
线受损岸线长度为 65.92 km。大陆受损岸段主要分布在胶莱河口、海庙后村以北、刁
龙咀北、石虎咀以南、招远砂质海岸保护区岸段、龙口湾集约用海区大陆海岸、屺姆
岛北部、蓬莱西海岸、八角东岛岸线、大沽夹河口西岸、幸福海岸、逛荡河海洋保护
区岸段、辛安河口西岸、牟平北部砂质海岸、金山港海岸、海阳砂质海岸保护区、马
河港口岸线等。

表 5-7　烟台大陆海岸受损岸段目前开发利用现状统计

岸线利用类型	长度/km	比例/%
海水养殖	75.60	37.74
滨海旅游	21.52	10.74
城镇建设	0.89	0.44
盐业	7.87	3.93
陆上道路交通	1.80	0.90
海岸防护工程	2.92	1.46
未开发	89.73	44.79
合计	200.33	100.00

2. 近海岸海水质量

烟台市近岸海域以符合第一类和第二类海水水质标准的海域为主，其中第二类海水占全部近岸海域的 77.12%，第三类海水仅占全部海域的 2.54%，主要分布于莱州湾和丁字湾近岸局部海域，这些区域部分时段污染较为严重，主要超标物质为无机氮。烟台市近岸海域富营养化分布以轻度富营养化为主，占 81.23%，高度富营养化区域主要分布于莱州湾、龙口海湾、芝罘湾、威海湾等区域。据 2012 年近岸海域沉积物中的铜、铅、锌、镉、铬、汞、砷、油类、硫化物、有机碳、滴滴涕和多氯联苯的监测结果，烟台近岸海域沉积物质量总体良好，各项监测指标均符合第一类海洋沉积物质量标准。

3. 近海岸海洋灾害

烟台市海洋灾害频发，主要灾害有台风、赤潮、风暴潮、海水入侵等，海洋灾害每年都造成巨大经济损失，烟台近海岸海浪灾害危险性等级主要为三级和四级，距海岸越近，危险性等级越低，四级灾害区域共 4009.08 km²，占 41.66%。同时，烟台海水入侵区共计 1793.23 km²，海水入侵减少了地下水资源可利用量，并使水质恶化，给烟台市工农业生产和人民生活带来严重影响，造成工业供水水源地水质下降、农田减产、人畜用水困难等。

4. 海岸带侵蚀风险评估

烟台市沿海岸带多处在风险较低区域，各类生态压力源对海洋造成的影响相对较小，对滩涂、河流、湖泊、林地等陆地生态系统造成的影响较大。综合烟台市近海岸生态环境各类问题，确定将岸线受损区域、海水质量低的区域（第三类海水）、海浪灾害危险性高的区域（四级灾害区）、海水入侵区域及海岸带侵蚀高风险区域纳入近海岸生态环境受损退化区（图 5-31）。

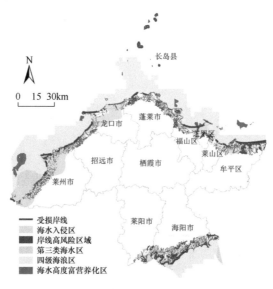

图 5-31　烟台市近海岸生态环境受损退化区

二、海洋利用方式冲突分析

　　由于主管部门、目的内容、用地分类标准、规划期限等方面的不一致，不同海洋利用方式之间存在着冲突等矛盾现象。基于海洋功能区划和海洋生态保护红线，识别其利用方式冲突的区域，并建立冲突矩阵（表 5-8）。从图 5-32 可以看出，兼容和不兼容的海域面积最大。其中，利用方式兼容的海域主要分布在长岛县、莱州市、蓬莱市、福山区、芝罘区等近岸海域，其面积最大，达到 1586.49 km²，该区域海洋保护区与自然保护区及资源开发利用限制区、文体休闲娱乐区与滨海旅游区、渔业区之间吻合较好；不兼容的海域主要分布在莱州市、长岛县等地，面积较大，达到 1215.32 km²，主要表现为养殖区与岸线利用、养殖区与生态保护区、旅游区与保护区、养殖区与旅游区之间的冲突，应突出坚持生态优先、绿色发展，共抓大保护、不搞大开发，水产养殖退出，对处于禁止开发区内的养殖设施进行清理或搬迁，修复受损生态，为了限制开发区内的养殖设施应控制其生态规模及生产强度，同时应人工增殖本地贝类，利用生物净化方式，促进水质、沙质净化；旅游区和保护区冲突的区域，即保护区的核心区，禁止任何单位和个人进入其中，进行绝对保护，禁止群众通行和开展旅游活动；自然保护区的缓冲区，只允许进入从事科学研究观测活动；保护区缓冲区的外围可划为实验区，可以进入从事科学实验，教学实习，参观考察，旅游以及驯化、繁殖珍稀、濒危野生动植物等活动；养殖区与岸线利用间，应通过制定养殖水域滩涂规划，科学划定养殖海域，将宜养海域划为养殖区，将部分离岸较近、对生态环境和城市建设有影响的海域划为限养区，将法律法规章规定的禁止用于养殖、水体环境受到污染的海域以及旅游岸线近岸海域划为禁养区，同时应严格控制限养区的养殖规模和密度，逐步清理禁养区的养殖设施，收回海域使用权；养殖区与旅游区之间，应该在不破坏生态环境的条件下，适度发展养殖业。部分兼容的区域主要位于烟台主城区、龙口市、招远市、海阳市等近岸海域，面积仅有

303.46 km²，旅游区与自然保护区、养殖区与航道区、旅游区和湿地、养殖区与湿地等利用方式之间虽有一定冲突，但同时也在一定程度范围内能够兼容。

表 5-8 海洋功能区划和海洋生态保护红线冲突矩阵

	海洋特别保护区	沙源保护海域	砂质岸线与邻近海域	特殊保护海岛	重要滨海旅游区	重要滨海湿地	重要河口生态系统	重要砂质岸线及邻近海	重要渔业海域	自然保护区	自然景观历史文化遗迹
保留区	×	×	×	×	○	×	×	×	○	×	○
捕捞区	×	×	×	×	○	×	×	×	√	×	×
风景旅游区	○	○	○	○	○	○	○	○	○	○	√
港口区	×	×	×	×	×	×	×	×	×	×	×
工业与城镇用海区	×	×	×	×	×	×	×	×	×	×	×
海洋特别保护区	√	√	√	√	×	√	√	√	√	√	√
海洋自然保护区	√	√	√	√	×	√	√	√	√	√	√
航道区	×	×	×	×	×	×	×	×	×	×	×
矿产与能源区	×	×	×	×	×	×	×	×	×	×	×
锚地区	×	×	×	×	×	×	×	×	×	×	×
特殊利用区	×	×	×	×	×	×	×	×	×	×	×
文体休闲娱乐区	×	×	○	○	√	○	○	○	○	○	√
养殖区	×	×	×	×	○	×	×	×	√	×	×
增殖区	×	×	×	×	×	×	×	×	√	×	×

注：√ 兼容；○ 部分兼容；× 冲突。

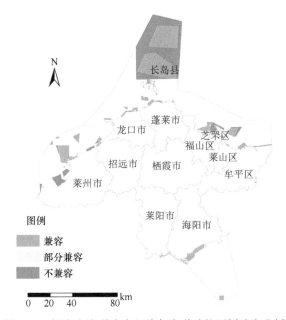

图 5-32 烟台市海洋生态红线与海洋功能区划冲突分析

三、陆海统筹城市生态系统优先保护和修复区域

城市生态系统优先保护和修复区域包括对生态系统网络连通性和完整性极其重要

的生态关键区域——生态夹点、生态障碍点和生态断裂点及生态空间中受损退化区域
（包括待修复破碎生态空间、待修复生态环境敏感区、土壤高污染区和近海岸生态环境
受损退化区），汇总如表 5-9 所示。其中生态夹点 23 处、生态障碍点 14 处、生态断裂
点 42 处（图 5-33）。烟台市待修复生态夹点区域、生态断裂点及生态障碍点多处重叠或
相交，生态断裂点基本位于待修复生态夹点区域，而生态障碍点大多处于生态源地与源
间廊道接壤处，三大类节点是保证生物在源间流通的关键位置。通过整合修复三大类节
点和破碎生态空间，提高城市绿地、湿地等生态用地间的生态网络完整性（Wang et al.，
2018a，2018b），可保障和提高烟台市生态基质和生态空间的稳定性，提升生态系统服
务供给能力（Wang et al.，2019）。

表 5-9 烟台市国土空间生态保护修复关键区域

修复区域	土地利用现状		具体分布	建议修复方向
生态夹点	河流	莱阳市	五龙河城厢街道、古柳街道、姜疃镇河段；富水河山前店镇河段	河流污染治理、清淤；建立河流保护区；河流违法监督
		福山区	清洋河清扬街道河段	
		海阳市	东村河凤城街道河段	
		莱山区	辛安河解甲庄街道河段	
		招远市	界河入海口界河辛庄镇与黄山馆镇交界河段；城子水库支流毕郭镇河段	
		莱州市	沙河镇长胜村至于家村河段；王河平里店镇河段	
		栖霞市	清水河蛇窝泊镇河段；龙门河水库支流官道镇河段	
生态障碍点	高尔夫球场		莱山区马山寨高尔夫俱乐部	整治清理、控制污染物排放
	港口		招远市海北咀村渔港	生态污染治理；控制发展规模，减少生活和生产污染
	城镇建设用地		芝罘区中部	
	城镇建设用地、耕地、其他用地		莱州市西北部	城市绿地建设、提高植被丰度；退耕还林、退耕还湖
	耕地		栖霞市南部	
	耕地		莱阳市北部	
生态断裂点	铁路		23 处廊道-铁路交叉点	建立管状涵洞、桥下涵洞、"过街天桥"等野生动物通道；竖立警示牌；开展野生动物通道监测
	高速公路		19 处廊道-高速公路交叉点	
生态空间中受损退化区域	生态用地			地形地貌修复、岸线维护；实行异地复绿工程

四、城市生态系统保护和修复实施措施

（一）生态网络修复措施

烟台市生态网络修复关键区域包含生态夹点共 23 处、生态障碍点 14 处、生态

断裂点 42 处，针对生态网络修复关键区域，分类型提出修复工程措施与生态修复提升方向。

图 5-33　烟台市生态修复关键区域空间分布

生态夹点是生态廊道中生物流通受到阻碍的位置，在空间上并不单指一个点，而是生态廊道中的一段。在生态廊道中识别出夹点的原因在于生态廊道在此处受到阻碍而断开或者是生物流通量太大而目前廊道宽度不足以满足生物的流动。烟台市 23 处生态夹点的修复应是有区别的。部分生态夹点位于河流廊道上，河流廊道作为天然廊道，不可替代性极强，受建设用地侵占、填河造田等影响，河流逐渐萎缩、变得狭窄，加之部分工厂污染物的排放超过河流纳污能力，二者共同使河流廊道的风险升高，在待修复的河流廊道夹点处应加强河流修复治理，进行污染治理和清淤、建立河流保护区，同时强化河流保护监督工作，严禁任何破坏河流生态环境的行为。其他生态夹点区域加强生态污染治理，严格控制发展规模、人口规模、产业布局，减少生活和生产污染。

烟台市共识别生态障碍点 14 处，现状主要为城镇建设用地和耕地。对于城镇内部建设用地，在有条件的地区可建设公园绿地，不允许拆除现有建筑区域可加强沿公路的绿带建设，增加植被丰度，保障城市内部生态系统连续性；对于耕地区域，可通过调整耕作方式充分发挥耕地的生态功能，提高耕地和生态用地间生态网络的连接度，同时适当开展退耕还林、退耕还湖工作，有计划、分步骤地停止耕种易造成水土流失的坡耕地和易造成土地沙化的耕地，因地制宜地恢复林草植被和湖泊，修复和改善生态环境。

烟台市生态断裂点包含 23 处廊道–铁路交叉点、19 处廊道–高速公路交叉点，生态断裂点的修复对生态网络的完整性和连通性具有重要意义。生态断裂点的修复措施如下。

（1）建立管状涵洞、桥下涵洞、"过街天桥"等野生动物通道：在公路设计和改造上，可开展与当地野生动物栖息地相关科学研究，初步确定建立通道区段，并在与野生动物迁移路线交叉处定位通道的准确位置对已建成公路进行改造，增设野生动物通道，或采取一些非结构性改造如防护网、标志牌；通道建成后进行长期监测以确定通道使用率，从而对其进行优化。

（2）增加野生动物警告标志，给野生动物让行，在野生动物通过地区进行必要的限速。

（3）对野生动物通道开展系统、长期的连续监测，通过足迹法、自动摄影、直接计数、摄像技术、无线电遥测和标记重捕法等方法记录动物穿越通道情况。

（二）生态环境退化关键区域的修复措施

生态环境退化关键区域包含待修复破碎生态空间、生态环境敏感区、土壤高污染区和近海岸生态环境受损退化区，各区域生态修复措施如下。

烟台市待修复破碎生态空间主要是由交通用地切割、地质灾害、城市建设侵占等造成的。这些区域生态景观斑块分散、生态空间破碎，难以进行统一修复，可结合各市/区发展规划重组生态用地，选取区域内斑块较大的区域进行地形地貌修复、岸线维护等以逐步恢复生态景观的连续性，也可采取异地造林、异地复绿等措施整合绿地资源，增强生态空间连续性。针对破碎生态空间中的沿海湿地等，可开展湿地腾退工程、入河排污口综合整治工程、湿地恢复重建工程、水生生态系统保护与修复工程、水源地保护工程以及水资源保护监测工程等生态保护修复项目，并加强沿河绿道、湿地绿化工程建设，提高受损河流和湿地的生态功能。

生态环境敏感区作为一个区域中生态环境变化最激烈和最易出现生态问题的地区，也是区域生态系统可持续发展及进行生态环境综合整治修复的关键地区，需完善生态环境敏感区政策与法律法规体系，强化生态督查，促进生态环境敏感区的保护与建设，增强公众参与意识，加强科技创新，促进生态环境敏感区的生态保育，并探索产业准入管理，从源头遏制生态环境敏感区生态退化。

土壤污染导致农作物减产和农产品品质降低，同时污染地下水和地表水、影响大气环境质量和危害人体健康，土壤污染区域的生态修复主要是针对高污染区域的，需明确治理与修复主体，加强运用高效环保的修复技术，强化土壤污染治理与修复工程的监管工作。

近海岸生态受损退化区域包含受损岸线、海水质量低的区域、高等级海洋灾害区域、海水入侵区和海岸带高侵蚀风险区域。全面系统的生态修复应涵盖以上五类区域的方方面面，从加强海洋生态保护、大力推进海洋污染防治、强化陆海污染联防联控、防控海洋生态环境风险、推动海洋生态环境监测等方面加强海洋生态环境保护。

此外，城镇地区也应全面开展生态整治与修复，可通过开展垃圾、污水处理等综合整治工程，建立环境监测网络，提高建成区生态环境品质；针对基本农田保护区外的耕地可适当退耕还林、还湖，基本农田保护区内的耕地可加强农田整治工程、防护林建设工程等环境建设，并充分发挥耕地的生态功能，改善区域内生态环境。同时，为保证生态修复效果，可建立长期生态监测体系，以及时发现各类生态用地恢复中的问题并完善生态修复手段；建立面向公众的生态修复交流和信息分享平台，以发展生态教育，提高人们的生态保护意识；加强社区保护，保障生态修复区域居民的利益，提高居民生态保护意愿等。

参 考 文 献

曹永强, 郭明, 刘思然, 等. 2016. 基于文献计量分析的生态修复现状研究. 生态学报, 36(8): 2442-2450.

陈小平, 陈文波. 2016. 鄱阳湖生态经济区生态网络构建与评价. 应用生态学报, 27(5): 1611-1618.

陈晔倩, 李杨帆, 祁新华, 等. 2018. 基于栖息地风险评价模型的海岸带滩涂湿地风险评价——以闽三角为例. 生态学报, 38(12): 4214-4225.

黄隆杨, 刘胜华, 方莹, 等. 2019. 基于"质量-风险-需求"框架的武汉市生态安全格局构建. 应用生态学报, 30(2): 615-626.

陆禹, 佘济云, 陈彩虹, 等. 2015. 基于粒度反推法的景观生态安全格局优化: 以海口市秀英区为例. 生态学报, 35(19): 6384-6393.

蒙吉军, 王晓东, 周朕. 2017. 干旱区景观格局综合优化: 黑河中游案例. 北京大学学报: 自然科学版, 53(3): 451-461.

王志强, 崔爱花, 缪建群, 等. 2017. 淡水湖泊生态系统退化驱动因子及修复技术研究进展. 生态学报, 37(18): 6253-6264.

吴健生, 毛家颖, 林倩, 等. 2017. 基于生境质量的城市增长边界研究——以长三角地区为例. 地理科学, 37(1): 28-36.

谢高地, 张彩霞, 张昌顺, 等. 2015. 中国生态系统服务的价值. 资源科学, 37(9): 1740-1746.

徐威杰, 陈晨, 张哲, 等. 2018. 基于重要生态节点独流减河流域生态廊道构建. 环境科学研究, 31(5): 805-813.

杨艳平, 罗福周, 王博俊. 2018. 基于朴门设计的煤矿废弃地生态修复规划研究. 自然资源学报, 33(6): 1080-1091.

钟式玉, 吴箐, 李宇, 等. 2012. 基于最小累积阻力模型的城镇土地空间重构——以广州市新塘镇为例. 应用生态学报, 23(11): 3173-3179.

Chakraborti S, Das D N, Mondal B, et al. 2018. A neural network and landscape metrics to propose a flexible urban growth boundary: A case study. Ecological indicators, 93: 952-965.

Cheng Y, Wang H, Liu G, et al. 2016. Spatial layout optimization for ecological land based on minimum cumulative resistance model. Transactions of the Chinese Society of Agricultural Engineering, 32(16): 248-257.

Cunha N S, Magalhães M R. 2019. Methodology for mapping the national ecological network to mainland Portugal: A planning tool towards a green infrastructure. Ecological Indicators, 104: 802-818.

Elbakidze M, Angelstam P, Yamelynets T, et al. 2017. A bottom-up approach to map land covers as potential green infrastructure hubs for human well-being in rural settings: a case study from Sweden. Landscape and Urban Planning, 168: 72-83.

Fath B D, Scharler U M, Ulanowicz R E, et al. 2007. Ecological network analysis: network construction. Ecological Modelling, 208(1): 49-55.

Feist B E, Buhle E R, Baldwin D H, et al. 2017. Roads to ruin: conservation threats to a sentinel species across an urban gradient. Ecological Applications, 27(8): 2382-2396.

Fujii H, Iwata K, Managi S. 2017. How do urban characteristics affect climate change mitigation policies?. Journal of Cleaner Production, 168: 271-278.

Guivier E, Gilles A, Pech N, et al. 2019. Canals as ecological corridors and hybridization zones for two cyprinid species. Hydrobiologia, 830(1): 1-16.

Gurrutxaga M, Rubio L, Saura S. 2011. Key connectors in protected forest area networks and the impact of highways: A transnational case study from the Cantabrian Range to the Western Alps (SW Europe). Landscape and Urban Planning, 101(4): 310-320.

Hall L S, Krausman P R, Morrison M L. 1997. The habitat concept and a plea for standard terminology. Wildlife Society Bulletin, 173-182.

Heimann M, Reichstein M. 2008. Terrestrial ecosystem carbon dynamics and climate feedbacks. Nature, 451(7176): 289.

Hoctor T S. 2003. Regional landscape analysis and reserve design to conserve Florida's biodiversity. Gainesville: University of Florida.

Huang F, Lin Y, Zhao R, et al. 2019. Dissipation theory-based ecological protection and restoration scheme construction for reclamation projects and adjacent marine ecosystems. International Journal of Environmental Research and Public Health, 16(21): 4303.

Ignatieva M, Stewart G H, Meurk C. 2011. Planning and design of ecological networks in urban areas. Landscape and Ecological Engineering, 7(1): 17-25.

Liquete C, Kleeschulte S, Dige G, et al. 2015. Mapping green infrastructure based on ecosystem services and ecological networks: A Pan-European case study. Environmental Science & Policy, 54: 268-280.

Li S, Xiao W, Zhao Y, et al.2019. Incorporating ecological risk index in the multi-process MCRE model to optimize the ecological security pattern in a semi-arid area with intensive coal mining: a case study in northern China. Journal of Cleaner Production, 119-143.

Mason V. 2013. Connecting canals: exercises in recombinant ecology. Oxford: University of Oxford.

McRae B H, Beier P. 2007. Circuit theory predicts gene flow in plant and animal populations. Proceedings of the National Academy of Sciences, 104(50): 19885-19890.

McRae B H, Dickson B G, Keitt T H, et al. 2008. Using circuit theory to model connectivity in ecology, evolution, and conservation. Ecology, 89: 2712-2724.

McRae B H, Hall S A, Beier P, et al. 2012. Where to restore ecological connectivity? Detecting barriers and quantifying restoration benefits. PLOS One, 7(12): e52604.

McRae B H, Shah V B, Mohapatra T K. 2013. Circuitscape 4 User Guide. The Nature Conservancy.

Meerow S, Newell J P. 2017. Spatial planning for multifunctional green infrastructure: growing resilience in Detroit. Landscape and Urban Planning, 159: 62-75.

Nawab J, Khan S, Xiaoping W. 2018. Ecological and health risk assessment of potentially toxic elements in the major rivers of Pakistan: General population vs. Fishermen. Chemosphere, 202: 154-164.

Nelson E, Mendoza G, Regetz J, et al. 2009. Modeling multiple ecosystem services, biodiversity conservation, commodity production, and tradeoffs at landscape scales. Frontiers in Ecology & the Environment, 7(1): 4-11.

Pascual H L, Saura S. 2006. Comparison and development of new graph-based landscape connectivity indices: towards the priorization of habitat patches and corridors for conservation. Landscape Ecology, 21(7): 959-967.

Peng J, Chen X, Liu Y X, et al. 2016. Spatial identification of multifunctional landscapes and associated influencing factors in the Beijing-Tianjin-Hebei region, China. Applied Geography, 74: 170-181.

Peng J, Pan Y J, Liu Y X, et al. 2018. Linking ecological degradation risk to identify ecological security patterns in a rapidly urbanizing landscape. Habitat International, 7(71): 110-124.

Peng J, Zhao M, Guo X, et al. 2017. Spatial-temporal dynamics and associated driving forces of urban ecological land: A case study in Shenzhen City, China. Habitat International, 60: 81-90.

Peng J, Zhao S Q, Dong J Q, et al. 2019. Applying ant colony algorithm to identify ecological security patterns in megacities. Environmental Modelling & Software, 7(117): 214-222.

Pickett S T A, Cadenasso M L, Rosi M E J, et al. 2017. Dynamic heterogeneity: a framework to promote ecological integration and hypothesis generation in urban systems. Urban Ecosystems, 20(1): 1-14.

Raza S, Mahmood S. 2018. Estimation of Net Rice Production through Improved CASA Model by Addition of Soil Suitability Constant (hα). Sustainability, 10(6): 1788.

Rio M H, Nakamura M, Álvares F, et al. 2019. Designing the landscape of coexistence: Integrating risk avoidance, habitat selection and functional connectivity to inform large carnivore conservation. Biological Conservation, 235: 178-188.

Serra L A, Hermida M A. 2017. Opportunities for green infrastructure under Ecuador's new legal framework.

Landscape and Urban Planning, 159: 1-4.

Sharp R, Tallis H T, Ricketts T, et al. 2016. InVEST+ VERSION+ User's Guide. The Natural Capital Project.

Wang J, He T, Lin Y. 2018a. Changes in ecological, agricultural, and urban land space in 1984–2012 in China: Land policies and regional social-economical drivers. Habitat International, 71: 1-13.

Wang J, Lin Y, Zhai T, et al. 2018b. The role of human activity in decreasing ecologically sound land use in China. Land degradation & development, 29(3): 446-460.

Wang J, Xu C, Pauleit S, et al. 2019. Spatial patterns of urban green infrastructure for equity: A novel exploration. Journal of Cleaner Production, 238: e117858.

Weber T, Sloan A, Wolf J. 2006. Maryland's Green Infrastructure Assessment: development of a comprehensive approach to land conservation. Landscape, 77: 94-110.

Yu K. 1996. Security patterns and surface model in landscape ecological planning. Landscape and Urban Planning, 36(1): 1-17.

Zhang L, Peng J, Liu Y, et al. 2017. Coupling ecosystem services supply and human ecological demand to identify landscape ecological security pattern: a case study in Beijing–Tianjin–Hebei region, China. Urban Ecosystems, 20(3): 701-714.

第六章　生态空间保护的经济与环境效应

第一节　研究背景和意义

生态系统是人类生活和经济发展的重要基础，为人类提供生态系统产品和服务（Costanza et al.，2014），生态系统保护对于实现全球可持续发展至关重要。有关自然生态系统保护/生态空间保护与区域经济增长之间关系的研究一直受到学者们的关注。自然生态系统提供生态产品和服务，在不同的经济理论中扮演着不同的角色（Petrosillo et al.，2009）。土地作为自然生态系统的载体在古典经济学中居于核心地位（Gómez et al.，2010），生态经济学将自然资源作为制造业资本的补充，而不是使其发挥替代作用。土地在我国经济发展中发挥不可替代的作用，土地不仅是生产要素更多的是经济杠杆（He et al.，2014），习近平总书记提出的"两山"理论指出"绿水青山就是金山银山"，强调自然生态系统是宝贵的资产。随着以土地为资本的经济总量持续高速增长，我国资源枯竭和环境恶化等生态问题与经济发展之间的矛盾日益突出。自然生态系统保护与区域经济增长协同发展，对实现生态文明建设和经济高质量发展目标意义重大。

作为我国投资规模最大的生态退耕工程既是保护生态环境的要求，也是保护耕地生产力的有效措施，是加强生态系统结构与功能保护以应对人类活动干扰的重要途径之一。生态退耕工程经历 20 年时间具有一定成效，但生态退耕的目标又不仅仅限于解决生态问题，2015 年《关于扩大新一轮退耕还林还草规模的通知》明确指出，加快推进新一轮退耕还林还草并扩大实施规模不仅有助于改善生态环境、解放农村劳动力和实现农民增收，最终也将推动产业结构升级和经济增长。长期以来，国内外学者对生态退耕的研究，主要集中在退耕后产生的生态环境效益和经济可持续性及其对粮食安全、非农就业和农民增收产生的影响等方面（Long et al.，2006；姚清亮等，2009）。有关基于宏观视角分析生态退耕对区域经济和经济增长等的研究仍较薄弱，分析生态退耕对我国经济增长产生的影响，以期加深对生态退耕与经济增长之间关系的理解，这将为新一轮退耕还林（草）工程的实施以及实现区域经济可持续发展提供理论依据和政策参考，具有理论价值和现实意义。

此外，我国经济高速发展也导致了一系列环境问题，如大气、水、土壤污染，土地退化，生物多样性损失，乃至气候变化等。我国是世界上 $PM_{2.5}$ 污染严重的国家之一，大气 $PM_{2.5}$ 污染是我国主要的环境问题之一，影响人类健康和福祉。$PM_{2.5}$ 污染给我国造成严重的经济损失。城市化及产业集聚是我国东部发达地区大气污染的主因，产业集聚水平越高，污染排放强度越高，污染密集型产业空间布局优化有助于改善大气质量。从生态文明建设视角，通过国土空间规划优化国土空间格局，降低 $PM_{2.5}$ 的暴露对人类的健康风险。国土空间格局对大气质量的影响依赖于自然地理环境，也与各国的环境规制有关（朱向东等，2018a，2018b；贺灿飞等，2013）。因此，开展生态空间格局变化对大气 $PM_{2.5}$ 浓度影响的探究，并提出针对性解决策略，对改善我国大气质量具有重要的现实意义。

本章从生态空间保护和监管的效用与价值重塑维度，基于生态空间公共产品特性，重点研究探讨生态退耕对区域经济增长的影响、生态系统保护对城市经济增长的影响，以及生态空间保护对大气 $PM_{2.5}$ 的去除作用和影响，探讨分析生态空间保护的经济效应与环境效应。

第二节　生态退耕对区域经济增长的影响

一、研究现状与问题

长期以来，国内外学者对生态退耕的研究，主要集中在退耕后产生的生态环境效益（Long et al.，2006；姚清亮等，2009）和经济可持续性及其对粮食安全、非农就业和农民增收产生的影响等方面。从生态退耕对粮食安全产生的影响看，Feng 和 Yang（2005）等的研究表明，在国家范围内生态退耕对粮食生产造成的损失为 2%～3%，其对中国未来的粮食供应以及世界粮食市场不会产生重大影响；刘贤赵和宿庆（2006）以及刘忠和李保国（2012）对黄土高原地区退耕还林的研究发现，虽然退耕导致的耕地面积减少使得粮食总产量有所下降，但粮食单产水平提高，二者的减增有所抵消；张雁等（2005）对广西田东县的研究发现，生态退耕后田东县实现了粮食有保障、农民收入增加以及地方经济全面发展。也有学者的研究表明，生态退耕生态效应虽然显著，但是对农田生产力也造成了一定的影响（秦元伟等，2013）同时也较明显地增加了区域的耕地资源压力，退耕规模还需考虑多方面的因素进行科学确定（成六三，2017）。

基于农户微观视角分析政府退耕补贴和农民增收效果，退耕还林生态补偿是我国生态补偿制度的重要实践，是世界规模最大的生态补偿项目，退耕还林工程帮助农民增收也主要归功于退耕补贴。从政府支出角度看，我国退耕还林补贴水平明显高于其他国家，且退耕补助成为农户尤其是贫困农户收入的重要组成部分（陶然等，2004）。在宏观经济方面，一定时期内国家实施退耕还林带来的效益高于农民种粮对国民经济增长的贡献，退耕还林可看作扩张性财政政策的一项重要内容，能够刺激有效需求和拉动国民经济增长（杨旭东等，2002）。但同时，徐晋涛等（2004）指出，补贴平均而言虽然比较高，但仍存在小部分农户净亏损的情况，工程实施三年后，通过调整农业结构增加退耕农户非种植业收入的目标未实现，纯粹从收入的角度看，农户参与退耕还林对农户人均纯收入基本无影响；刘璨等（2009）、谢旭轩等（2011）、陈珂等（2007）、Weyerhaeuser 等（2005）也认为，退耕还林工程对农户收入产生的正面影响甚微，某些情况下甚至会降低农户收入。

　　基于农村劳动力转移和农业结构改善等微观视角分析，王庶和岳希明（2017）认为除环境效应外，退耕还林工程还兼具增加农民收入、促进非农就业和缓解贫困等经济效应，退耕后农户基本可以通过非农就业弥补收入损失，其中外出务工的增收效果最为明显；姚文秀和王继军（2011）对陕西省吴起县退耕还林（草）工程的研究也发现退耕还林工程改变了区域农用地利用结构和农村劳动力就业结构，促进了吴起县的经济发展；胡霞（2005）对宁夏南部的分析也表明，退耕还林还草实施后，该地区农民就业和其收入结构发生了变化，正逐渐摆脱单纯依赖种植业获得收入的格局，但转移出的劳动力大多流向非正规部门而从事简单劳动。徐晋涛等（2004）通过对西部三省（自治区）农户的调查研究发现农户退耕后难以从种植业以外获得增收，生态退耕在促进农民增收和结构调整方面的作用甚微，且经济可持续性存在争议，易福金和陈志颖（2006）也认为不存在劳动力的流动。缪丽娟等（2014）指出退耕还林造成了农村剩余劳动力转移，但农民外出打工报酬较低且不稳定，造成劳动力转移的情况可能存在区域差异，退耕还林在各个地方实施的最终效果也可能不一样。此外，孔忠东等（2007）认为退耕区缺乏替代产业而难以形成新的经济增长点，农户收入的可持续性值得担忧。

　　目前，有关从宏观视角分析生态退耕对区域经济增长影响的相关研究较少。刘东生等（2011）提出了经济增长与退耕还林发展的理论框架，认为退耕还林政策起源于经济增长，退耕还林目标的最终实现也要靠经济增长来解决；张雁等（2005）认为生态退耕促进了地方经济全面发展；李国平和石涵予（2017）以陕西省县域为样本，在拉姆塞–卡斯–库普曼宏观增长模型的基础上，纳入人力资本和环境要素，认为退耕还林促进县域经济增长，且高退耕还林规模对县域经济增长的促进作用更大。可以看出，已有的这些研究大都是针对省域和县域（且主要是西部重点退耕地区）进行的分析，多属于个案研究，反映的现象贴近个体的实际情况，但难以直接反映全国和地区整体情况，生态退耕对我国宏观经济增长影响的研究亟待完善。因此，本研究选择全国31个省（自治区、直辖市）2000～2014年的面板数据，分析新一轮退耕还林还草规模扩大前，生态退耕对我国经济增长产生的影响，以期加深对生态退耕与经济增长之间关系的理解，并为新一轮退耕还林（草）工程的实施以及实现区域经济可持续发展提供理论依据和政策参考。

二、生态退耕对区域经济增长的影响分析方法

　　为了全面分析生态退耕对经济增长产生的影响，本研究在加入生态退耕变量的基础上形成生产函数模型，采用面板分位数回归估计各分位点上的回归系数，描述生态退耕对非农经济增长分布规律的影响，分析生态退耕对经济增长的边际效应。为了方便进行比较分析，根据经济发展水平将全国31个省（自治区、直辖市）分为东部、东北、中部和西部进行普通面板回归，分析生态退耕对经济增长的平均影响，对面板分位数回归的结论予以验证。所有的计算结果都采用Stata14完成。

（一）纳入生态退耕因素的生产函数模型

　　以两要素生产函数为基础，考虑到人力资本在经济增长中的贡献越来越大，引入人

力资本和生态退耕变量，设定一个扩展的生产函数模型来描述生态退耕对经济增长的影响，其形式如下：

$$Y = K^{\alpha} L^{\beta} H^{\gamma} T^{\varepsilon} \tag{6-1}$$

式中，Y 为经济产出；K 为物质资本投入；L 为劳动投入；H 为人力资本投入；T 为生态退耕强度；α、β、γ 和 ε 分别是物质资本投入、劳动投入、人力资本投入和生态退耕强度的弹性系数。

除了上述变量外，还应考虑使要素生产效率持续提高的其他因素，因此，在式（6-1）中加入了其他因素变量（OTH）（邱晓华等，2006），并假定其他因素随时间推移而改变生产技术水平，同时设 OTH（t）＝$e^{\gamma t}$，并加入随机变量 u_t，两边分别取对数可以得到如下双对数形式：

$$\ln Y = \gamma t + \alpha \ln K + \beta \ln L + \gamma \ln H + \varepsilon \ln T + u_t \tag{6-2}$$

（二）面板分位数回归分析

从理论上说，分位数回归是一种基于被解释变量 Y 的条件分布来拟合自变量 X 的线性函数的回归方法，是在均值回归基础上的拓展，是一种更为一般化的回归分析。由分位数回归方法得到的估计系数表示解释变量 X 对被解释变量 Y 在特定分位点的边际效应（变量均取对数形式时为弹性系数）。在不同的分位点水平，可以得到不同的分位数函数，从而形成被解释变量 Y 在解释变量 X 上的条件分布轨迹（潘美玲，2011）。它允许研究的回归参数按照因变量的不同分布点变动，这便于对回归关系进行更细致的分析；同时它考虑了异方差性，弥补了均值回归的不足，能更好地处理离群值，使估计结果更加稳健。

设随机变量 Y 的分布函数为 $F(y) = P(Y \leqslant y)$，则 y 的第 θ 分位数可以定义为满足 $F(y) \geqslant \theta$ 的最小 y 值，即 $Q_\theta = \inf \{ y : F(y) \geqslant \theta \}$，其中，$0 < \theta < 1$ 代表在回归线或回归平面以下的数据占所有数据的比例，分位数函数的特点是：变量 Y 的分布中存在比例为 θ 的部分小于分位数 $Q(\theta)$，而比例（$1-\theta$）的部分大于分位数 $Q(\theta)$，Y 的整个分布被 θ 分为两部分。若分位数模型记作：$y_i = X_i' \beta(\theta) + \varepsilon(\theta)$，则当对 θ 分位数的样本分位数进行线性回归时，可将其等价转化为使一个加权误差绝对值之和达到最小，即

$$\min \left\{ \sum_{i:y_i \geqslant X_i'\beta} \theta |y_i - X_i'\beta| + \sum_{i:y_i < X_i'\beta} (1-\theta) |y_i - X_i'\beta| \right\} \tag{6-3}$$

进一步求得

$$\hat{\beta}(\theta) = \arg \min \sum_{i=1} \rho_\theta (y_i - x_i'\beta) \tag{6-4}$$

对于任意的 $\theta \in$（0，1），参数 $\hat{\beta}(\theta)$ 称为第 θ 分位回归参数。随着 θ 的取值由 0 增加至 1，可以刻画所有 y 在 x 上的条件分布轨迹，特别地，当 θ 取 0.5 时，分位数回归为中位数回归。

Koenker（2004）提出将分位数回归方法与面板数据模型相结合的思想，对面板分位数模型中的固定效应进行了处理。当前面板数据分位数回归方法均假设个体效应为固

定效应，并且由上述可知固定效应假设符合本研究数据，从而得到如下回归模型：

$$\ln Q_{y_{it}}\left(\theta\,|\,x_{it}\right)=c\left(\theta\right)+\alpha\left(\theta\right)x_{it}\ln\left(K_{it}\right)+\beta\left(\theta\right)x_{it}\ln\left(L_{it}\right)$$
$$+\gamma\left(\theta\right)x_{it}\ln\left(H_{it}\right)+\varepsilon\left(\theta\right)x_{it}\ln\left(T_{it}\right)+u_{it} \tag{6-5}$$

式中，$Q_{it}\left(\theta\,|\,x_{it}\right)$ 为给定 x_{it} 条件下 y_{it} 的 θ 分位数，$c\left(\theta\right)$ 为分位数 θ 条件下的常数项 $\alpha\left(\theta\right)$、$\beta\left(\theta\right)$、$\gamma\left(\theta\right)$ 和 $\varepsilon\left(\theta\right)$ 分别为给定分位数 θ 条件下 i 地区 t 时间的物质资本投入、劳动投入、人力资本投入和生态退耕强度对经济增长水平的弹性系数，弹性系数随 θ 的改变而有所不同。由于 Koenker 对标准误差的估计并不全面，本研究采用面板数据 bootstrap 方法估计系数的标准误差（张曙霄和戴永安，2012）。

本研究采用第二、第三产业增加值作为经济增长变量，为消除价格因素造成的剧烈波动，将各年度第二、第三产业增加值折算为 2000 年可比价，折算公式为 GDP$_t$ = GDP$_{2000}$×（当年 GDP 指数/100）；对于资本存量数据，采用 Goldsmith（1951）开创的永续盘存法，并结合其他学者的相关研究（Young，2000；张军等，2004），利用资本流量数据进行物质资本存量的估算，用各省（自治区、直辖市）1978 年的固定资本形成总额除以 10% 作为该省（自治区、直辖市）的初始资本存量，折旧率取 9.6%，以 1990 年的不变价格推算得出各省（自治区、直辖市）的物质资本存量数据；劳动投入为第二、第三产业从业人数；考虑到数据的完整性和可获得性，本研究仅考虑了人力资本中的教育人力资本，采用受教育年限法根据人口受教育结构数据折算得到人力资本存量（Zhang et al.，2017）；本研究选取退耕地还林规模作为表征生态退耕程度的指标，考虑到国家对退耕农户按照土地面积提供补偿资金，向生产部门提供环境生产要素，向消费者提供生态系统服务（李国平和石涵予，2017），生态退耕对经济增长的影响可以由退耕造成耕地减少的规模来反映。固定资产投资、名义 GDP 来源数据来源于历年《中国统计年鉴》，人口受教育结构数据来源于历年《中国人口统计年鉴》，就业人数数据来源于各省（自治区、直辖市）统计年鉴。生态退耕数据来源于自然资源部耕地减少数据。

三、生态退耕与区域社会经济因子的空间演变特征

我国退耕政策从 2000 年开始实施，经历了 2007 年全面暂停，到 2014 年又重启新一轮退耕还林还草工程，与此同时，经济增长水平、劳动力和人力资本要素也发生着变化。从图 6-1 可以看出，2000 年退耕政策在各地推行之初，各地退耕地规模较大，尤其是中部的内蒙古、西部的宁夏、陕西和四川生态环境较差区域，2007 年下降之后，2014 年又有小幅回升。而 2000～2007 年我国经济增长速度明显加快，尤其是东部地区，其经济发展水平高并且增长迅速，西部地区经济发展水平低且增长较慢，与生态退耕规模减小的耕地规模趋势相反；近 15 年劳动力和人力资本变化幅度较小，但东中部劳动力数量明显高于东北和西部地区，西部地区的平均受教育年限与其他地区存在一定的差距。

耕地资源是影响经济增长的重要因素（许广月，2009），耕地资源数量对经济发展的冲击响应强烈，它们之间存在长期均衡但短期失衡关系（陈利根与龙开胜，2007）。本研究对由生态退耕造成的耕地面积减少与经济增长之间的关系进行了更进一步的探讨。

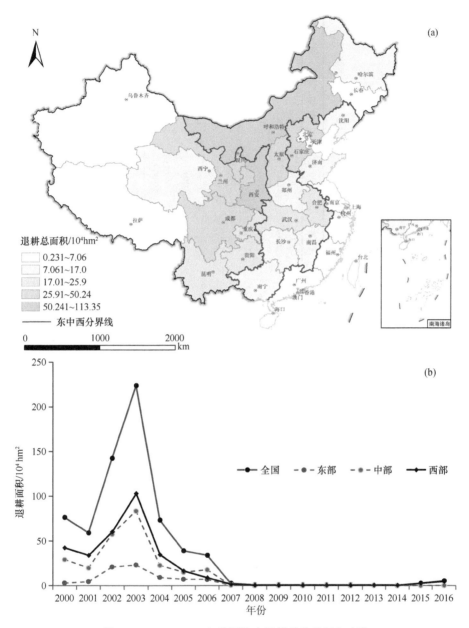

图 6-1　2000~2016 年我国生态退耕总体状况与变化

四、生态退耕对区域经济增长的影响分析

（一）生态退耕对区域经济增长影响的面板分位数回归分析

本研究选择 5%~98%分位点估计结果探讨不同经济增长水平下生态退耕及其社会经济因子对区域经济的影响差异，基于面板分位数回归分析结果如表 6-1 所示。生态退耕对中国经济增长呈现出轻微的负向影响，并且随着经济增长水平的提高而发生变化。具体来说，随着经济增长水平的提高，生态退耕对经济增长的负向影响不断增大，经济

表 6-1 面板分位数回归各要素弹性系数估计结果

解释变量	5%	10%	20%	30%	40%	50%	60%	70%	80%	90%	95%	98%
Constant	-2.299*** (0.465)	-2.150*** (0470)	-2.134*** (0.720)	-2.189*** (0.577)	-1.931*** (0.408)	-2.024*** (0.332)	-1.715*** (0.285)	-1.455*** (0.213)	-1.315*** (0.207)	-1.167*** (0.197)	-1.155*** (0.141)	-1.104*** (0.106)
$\ln K$	0.525*** (0.035)	0.570*** (0.047)	0.646*** (0.061)	0.582*** (0.042)	0.578*** (0.024)	0.582*** (0.020)	0.585*** (0.019)	0.595*** (0.022)	0.644*** (0.045)	0.605*** (0.077)	0.577*** (0.046)	0.565*** (0.032)
$\ln L$	0.540*** (0.024)	0.521*** (0.034)	0.479*** (0.053)	0.530*** (0.040)	0.508*** (0.025)	0.494*** (0.023)	0.472*** (0.021)	0.453*** (0.025)	0.392*** (0.043)	0.351*** (0.061)	0.347*** (0.046)	0.331*** (0.027)
$\ln H$	0.949*** (0.251)	0.761*** (0.278)	0.614 (0.416)	0.804** (0.308)	0.811*** (0.217)	0.906*** (0.162)	0.855*** (0.125)	0.775*** (0.084)	0.727*** (0.085)	0.999*** (0.187)	1.158*** (0.116)	1.248*** (0.089)
$\ln T$	-0.007* (0.004)	-0.002 (0.004)	0.003 (0.007)	-0.008 (0.005)	-0.012*** (0.004)	-0.014*** (0.003)	-0.018*** (0.003)	-0.021*** (0.004)	-0.016* (0.008)	-0.011 (0.009)	-0.013** (0.006)	-0.009*** (0.003)

注: *、**和***分别为 10%、5%和 1%的显著性水平; 括号内为进行 1000 次 bootstrap 后得出的系数标准。

发展水平达到 70%分位点后，负向影响开始变小，随着经济发展水平进一步提高，生态退耕对经济增长的作用是否会逐渐变为正向影响有待进一步考证。就影响经济增长的其他变量而言，随着经济增长水平的提高，劳动力要素对经济增长的贡献越来越小，而人力资本的贡献整体越来越大，对经济增长起主要拉动作用的固定资本对经济增长的影响较为稳定（图 6-2）。

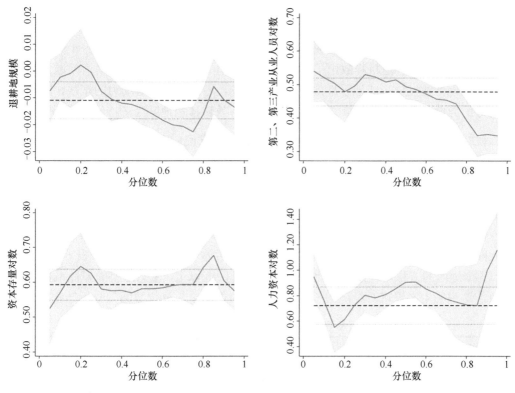

图 6-2　OLS 和分位数回归的结果

水平黑线表示 OLS 估计值；灰色"阴影"表示 95%置信区间

对于经济发展水平在 70%分位点的省（自治区、直辖市），生态退耕对经济增长的负向作用最大，达到 0.021，也就是说，退耕地规模增加 1 个单位，经济增长水平会下降 0.021 个单位。对于经济增长水平在 5%分位点的省（自治区、直辖市），退耕地规模增加一个单位，经济增长水平下降 0.007 个单位，在经历负向影响不断增大，70%分位点后开始变小，经济增长水平在 98%分位点的省（自治区、直辖市）的影响减小到 0.009。位于 70%分位点的第二、第三产业增加值在 5893 亿～7386 亿元，每个省（自治区、直辖市）达到这一经济水平的时间有所不同，东部地区的浙江省、山东省、河北省和上海市，中部地区的河南省以及东北地区的辽宁省在 2005 年以前已达到这一经济发展水平，而其他省（自治区、直辖市），特别是西部和中部的大部分省（自治区、直辖市）在 2010 年以后才慢慢达到这一水平。当经济增长水平达到 80%分位点以上时，生态退耕对经济增长的影响逐渐下降，从表 6-1 可以明显看出，98%分位点省（自治区、直辖市）的生态退耕对经济增长造成的负向影响已降低到 0.01 以下，东部地区的广东省、江苏省、山东省和浙江省在 2014 年以前已达到这个水平，中西部和东北地区距这一经济发展水平还有一定差距。随着经济的不断发展，在未来相当长的一段时间，我国中西部和东北地区的生态退耕对经济增长的影响还将持续保持不断增大的负向影响，而东部经济发达地区其负向影响则会逐渐变小，甚至可能在经济水平发展到一定程度时转为正向影响。这就意味着在不同的时间段，各省（自治区、直辖市）需要根据各地实际情况确定退耕规模和补偿标准，以使生态退耕对经济的负向影响降低到最小。一方面，国家的补贴政策不能只在短期内缓解退耕对农户种植业收入造成的冲击，还要采取更长效的后续扶持政策来促进后续产业的发展，保障退耕成果的长期稳定和农民的持续增收，进一步促进区域经济发展。另一方面，退耕释放出了更多的剩余劳动力，要解决剩余劳动力问题，不仅需要通过当地产业发展形成地区性的非农就业市场，还需要提高劳动力的素质，同时加大劳动力的异地迁移力度，以实现剩余劳动力的有效转移和地区经济持续健康增长。

（二）生态退耕对区域经济增长影响的面板数据回归分析

利用 Stata14 进行 Hausman 检验，根据检验结果，选择固定效应模型进行生态退耕及其社会经济因子对区域经济增长影响的面板数据回归分析。本研究主要关注的是各个地区生态退耕对经济增长的影响，采用固定效应模型与分位数回归以及现实情况进一步深入分析。考虑到将全国划分为四个地区以后，样本数量有所减少，尤其是东北地区，因此回归过程中将显著性检验放松到 15% 的显著性水平。从回归结果（表 6-2）可以看出，各个地区的方程可决系数都比较高，均达到 0.98 以上，生态退耕的弹性系数较小且为负，这说明生态退耕对经济增长有轻微的负向作用，与分位数回归分析结论一致。

表 6-2　全国及不同地区各要素弹性系数的估计以及检验结果

变量	$\ln K$	$\ln L$	$\ln H$	$\ln T$	R^2	F 统计量
全国	0.6377[****] (0.013)	0.2294[****] (0.028)	0.6240[****] (0.079)	-0.0049[****] (0.002)	0.9837	6474.42
东部	0.5879[****] (0.034)	0.4831[****] (0.077)	0.7846[****] (0.177)	-0.0067[***] (0.003)	0.9867	2522.13
东北	0.5191[****] (0.024)	0.3713[***] (0.176)	1.4367[***] (0.355)	-0.0071[*] (0.004)	0.9910	1043.43
中部	0.5679[****] (0.033)	0.2208[****] (0.068)	0.9827[****] (0.157)	-0.0060[****] (0.002)	0.9892	2482.29
西部	0.7204[****] (0.019)	0.0525[**] (0.029)	0.2910[****] (0.091)	-0.0043[**] (0.003)	0.9896	3238.83

注：*、**、***和****分别为 15%、10%、5%和 1%的显著性水平；括号内的数字为标准误差。

从全国来看，物质资本和人力资本的弹性系数分别是 0.6377 和 0.6240，明显高于劳动力要素的 0.2294，且均通过了 1%的显著性检验，这说明物质资本和人力资本对经济增长起着主要的拉动作用。劳动要素的弹性系数显然较低，人力资本对经济增长的作用远大于劳动投入对经济增长的作用，与李德煌和夏恩君（2013）得出的劳动力数量对经济增长的影响在逐渐减弱，人力资本是中国经济增长的主要影响因素结论相一致，技术进步、资本等要素对经济增长的贡献挤占了劳动力要素在经济增长中的作用。分地区看，东部以外的其他地区，劳动投入对经济增长的影响都较小，这主要是因为我国（尤其是中西部地区）农村人口众多，加之一直以来的二元户籍制度与二元土地制度一定程度上制约了农村剩余劳动力的转移和城镇化进程，从而使得劳动力转移成为阻碍区域经济增长的因素。物质资本和人力资本对各个地区的经济增长起着决定性作用，并且除了西部之外的其他地区，人力资本对经济增长的贡献已赶超物质资本的贡献。对西部地区来说，教育投资不足严重影响人力资本在经济增长中发挥作用，人力资本投入少以及物质资本的利用率低是经济发展缓慢的重要原因，大力发展教育对于西部生态退耕区具有重要意义。

本研究重点分析退耕地规模的弹性系数变化。从全国来看，生态退耕规模的弹性系数为–0.0049，并且通过了1%的显著性检验，生态退耕对经济增长有轻微的负向影响。生态退耕对经济的影响主要是由于退耕补贴的发放、农村剩余劳动力的转移和退耕后续产业的发展。在大部分退耕区，退耕补贴可以弥补农民的失地损失，但增收效果并不明显；我国农村剩余劳动力的转移本身就受到户籍制度、教育因素和城乡差距等的制约而相对滞后，生态退耕虽然会导致退耕农户向非农产业流动，但就农村实际情况而言，这些农民因教育水平低和劳动技能的缺乏，从事的都是报酬低且不稳定的工作，并且多数农民仅在农闲时外出务工，收入有限；我国大部分退耕区后续产业的发展并不完善，且受到农民自我发展能力和技术支持等多种因素的制约，对经济的贡献作用还未充分发挥。因此，我国现阶段的生态退耕对经济增长产生轻微的负向影响是合理的，随着教育水平的提高、劳动力有效转移的实现以及后续产业的发展完善，这种负向影响可能会慢慢消失甚至转化为正向影响。

从各个地区来看，相对于其他地区，东北地区负向影响更加明显，这与东北地区耕地质量整体较高有一定的关系，并且还有很大一部分原因是退耕还林政策减少了耕地向建设用地的转移，对城市化产生了一定的压力（姜群鸥等，2015），一定程度上阻碍了经济增长。相应地，西部地区耕地质量不如其他地区，退耕地主要是一些受坡度、养分和水分等条件限制的耕地，单产有限，生态退耕的机会成本与其他地区相比较小，退耕后的补贴和外出务工收入能够在更大程度上弥补种植业收入的减少。并且退耕还林还草对生态环境质量差的西部地区有很大的改善作用，相比于其他地区来说，西部地区提高了农业生产抵御自然灾害的能力，一定程度上减轻了对经济的负向影响。自生态退耕政策推行以来，退耕导致的耕地面积减少已成为我国耕地资源数量减少的原因之一（王秀红和申建秀，2013）。在一定时期内，生态退耕是西部、中部和东北地区耕地面积减少的主要原因，东部地区生态退耕造成的耕地面积减少仅占耕地面积减少的很小部分（闫梅等，2011），但对经济增长造成的影响却与我国耕地质量从东向西下降的趋势一致，退耕地的自然质量等别远低于全国耕地的平均自然质量等别，生态退耕对于我国耕地质量变化有明显的正面作用（王静，2012）。这就说明我国的生态退耕政策的推行是科学的，把不适宜耕种的耕地退耕既有效保护了环境，对经济增长的影响也不会因退耕地数量多而变大，这也凸显了提高耕地质量的重要性。

本研究从宏观视角出发，构建一个包含生态退耕变量的生产函数模型，利用全国31个省（自治区、直辖市）2000～2014年的生态退耕数据和社会经济数据，采用面板分位数回归和面板回归两种回归方式进行实证分析。基于分位数回归结果，生态退耕对经济增长的负向影响随着经济增长水平的提高而发生变化。具体来说，随着经济增长水平的提高，生态退耕的负向影响逐渐变大，当经济增长水平达到 70% 分位点时，生态退耕的负向影响逐渐变小。随着经济增长水平的提高，劳动要素对经济增长产生的贡献有所下降；物质资本和人力资本作为经济增长的主力军对经济增长的贡献最为稳定，人力资本对经济增长产生的贡献随着经济增长水平的提高而增强。短期内缓解农民种植业收入减少的补贴政策，以及长期内推动后续产业发展的后续扶持政策对退耕成果的优化以及地区经济的持续发展具有重要意义。基于分地区面板回归结果，我国生态退耕对经济增长的影响为负向，但就全国而言影响并不大。不同地区退耕对经济增长产生的影响有所差别，西部地区虽然退耕规模大，但对经济增长的影响却最小，东北和东部耕地质量高的地区对经济增长的影响更大，提高耕地质量的重要性比仅保护耕地的数量更加重要。物质资本和人力资本对地区经济增长起主要的拉动作用，劳动力要素的贡献逐渐被人力资本和科学技术挤占。提高地区教育水平、完善后续产业发展能有效促进农村剩余劳动力的转移和地区经济的发展。总的来看，全国分地区面板回归的结果与分位数回归的结果互相验证。分位数回归结果表明生态退耕对非农经济增长的影响随着经济水平的变化而变化，本研究对全国经济发展水平不同的四个区域分别进行回归，也发现生态退耕对非农经济增长的影响在经济发展水平不同的区域有所差别。

本研究利用 31 个省（自治区、直辖市）15 年的面板数据分析了退耕地规模对经济增长产生的影响，但省域内不同县市之间的退耕规模也有较大差异，以省域为单位可能会损失县域差异性信息。此外，本研究分析了退耕地还林对经济增长的单向影响，下一步研究应该侧重分析两者之间的滞后关系和双向因果关系，全方面探究我国生态退耕与经济增长之间的关系，为生态退耕政策的推行和实施提供更科学的指导。本研究分析的结果显示经济增长水平提高时，生态退耕对经济增长的影响历经了负向影响不断增大而后变小的阶段，在经济增长水平达到更高程度时，生态退耕对经济增长的影响是否会变为正向值得在以后的研究中进一步探讨。

第三节　生态系统保护对城市经济增长影响

一、研究现状与问题

生态系统保护与区域经济增长之间关系的研究多集中探讨生态系统保护与区域经济增长之间关系。生态系统保护的经济效应研究主要集中在生态空间保护对房价、商业和家庭收入的影响（Zhu and Zhang，2006；Donovan and Butry，2010；Liu et al.，2020），以及生态系统保护项目和政策的经济影响等几个方面（Liu et al.，2008，2018）。针对生态系统保护，我国政府和学者研究并制定了一系生态系统保护的评价标准与指标，包括自然保护区面积比例、公共绿地面积、绿化覆盖率、自然设施、环境保护投资等作为生态系统保护的指标（Liu et al.，2011；Wang et al.，2015，2018b）。其中，NPP、森林覆盖率、湿地比例、森林数量、城市绿地覆盖率和 NDVI 等在众多研究中都被用来研究生态系统保护对经济增长的影响。已有研究将有关生态系统保护与经济增长关系概况为三类，第一类是研究发现 NPP、森林比例、湿地比例和森林蓄积量对经济增长具有正向影响（魏强等，2014），第二类研究如 Liu 等（2018）认为生态系统保护与经济增长之间存在负相关关系，第三类研究如 Chen 和 Wang（2013）发现城市绿地覆盖率和经济发展之间呈现"N"形环境库兹涅茨曲线。但上述研究大多基于单一生态系统保护指标分析，对系统性认识生态系统保护对经济增长的影响研究仍有较大局限性。

尺度是生态系统管理的重要组成部分。多尺度生态系统可持续管理是避免自然生态系统功能丧失的有效途径（Steenberg et al.，2013，2019），相比于单一尺度的研究，多尺度生态系统保护的定量研究将更加全面系统地认识生态系统保护的经济效应（Tzanopoulos et al.，2013）。随着我国生态环境问题与经济增长矛盾日益突出，实现区域经济与生态保护的协同发展需要更加注重生态系统可持续管理。本研究以我国沿海地区 112 个城市为研究对象，研究多尺度生态系统保护与经济增长的关系，揭示城市生态系统保护状况时空分布规律，基于科布–道格拉斯生产函数构建生态系统保护对城市经济增长影响的多尺度模型，探索多尺度城市生态系统保护的整体经济效应，并进行了生态系统保护的经济效应区域差异分析，以期为城市生态系统保护和管理提供理论依据与决策参考。

二、生态系统保护对城市经济增长的影响研究方法

（一）生态系统保护与经济增长之间关系的分析框架

本研究提出生态系统保护与经济增长之间关系的分析框架（图6-3）。基于不同时间尺度分析城市尺度和省级尺度生态系统保护与经济增长之间的关系。首先以沿海区域112 个城市为研究对象，探讨分析城市生态系统保护与经济增长的关系，将沿海区域112 个城市划分为沿海城市与内陆城市、省会周边城市与非省会周边城市，以此分析城市生态系统保护对经济增长影响的区域差异。

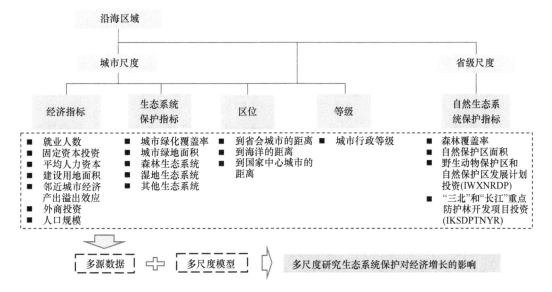

图 6-3 生态系统保护与经济增长之间关系的分析框架

科布–道格拉斯生产函数强调了固定资本、人力资本、技术和劳动力在经济增长中的作用。土地也一直被视为促进经济增长的最重要生产要素（He et al.，2014）。外商直接投资、人口规模、经济产出空间溢出等对经济增长有显著影响（Yao et al.，2013）。城市等级反映了区域政府的职权（Li et al.，2015）。距国家中心城市、省会城市和海洋的远近可反映经济增长的空间溢出效应（Capello，2009）。国家中心城市和省会城市具有资源、政策上的优势。越靠近国家中心城市、省会城市和海洋，城市可能会吸引更多的外国投资，以此促进经济增长。

城市生态系统保护的解释变量分为两类。第一类是城市生态系统保护指标，包括城市绿化覆盖率和城市绿地，以及湿地、森林和其他生态系统的比例，城市绿化覆盖率和城市绿地面积反映了城市绿化程度、宜居性和生态环境。第二类包括省级尺度的自然生态系统保护指标，包括森林覆盖率、自然保护区面积和生态建设投资，强调区域生态系统保护对经济增长的影响。森林覆盖率反映了区域森林资源的丰富程度和森林生态系统的有效性，自然保护区面积反映了控制人类活动对生态系统的不利影响（Carlos et al.，2019），生态建设投资包括"三北"和"长江"重点防护林开发项目的投资，以及野生动物保护和自然保护区项目的投资。

为了理解多尺度城市生态系统保护与经济增长之间的关系，本研究提出如下假设。

假设 1：森林、湿地和其他生态系统保护面积与经济增长呈负相关关系。森林、湿地和其他生态系统保护对沿海城市及省会周边城市的经济增长负向影响更大。

假设 2：城市绿化覆盖率和城市绿地面积增加与经济增长呈正相关关系。省会周边城市其绿化覆盖率和城市绿地面积增加的积极影响更大。

假设 3：森林覆盖率增加与经济增长呈正相关关系，自然保护区规模与经济增长呈负相关关系。

假设 4：生态建设投资与经济增长呈正相关关系。

本研究使用的数据包括经济数据、土地利用数据等。有关社会经济数据包括第二、第三产业增加值、固定资产投资、就业人数、外商直接投资和人口等，平均人力资本是指每个城市所有 6 岁及以上年龄的居民的平均受教育年数。为消除物价指数的影响，第二、第三产业增加值和固定资产投资通过居民消费价格指数（CPI）和固定资产投资价格指数调整至 2000 年，相邻城市的经济产出空间溢出效应在 Geoda 中进行计算。基于 2000 年、2005 年、2012 年和 2015 年的土地利用数据，进一步划分为森林、湿地和其他自然生态系统（Wang et al.，2018b）。城市绿化覆盖率和城市绿地面积，以及森林覆盖率、自然保护区面积、生态建设投资数据源于相关统计年鉴。通过 Nearest 工具在 ArcGIS 中进行计算到省会城市的距离、到海洋的距离和到国家中心城市的距离。

（二）不同经济发展阶段的城市类型划分

本研究使用空间代替时间的方法来表示城市不同的经济发展阶段。根据 2015 年经济产出和 2000～2015 年的经济增长年均变化率，将 112 个城市的经济发展阶段进行类型划分。2000～2015 年，每个城市的经济增长和生态系统保护指标的年均变化率依据式（6-6）进行计算。

$$\mathrm{AER} = \sqrt[t]{\frac{A_{\mathrm{end}}}{A_{\mathrm{start}}}} - 1 \tag{6-6}$$

式中，A_{end} 为 2015 年经济产出或生态系统保护指标值；A_{start} 为 2000 年经济产出或生态系统保护指标值；t 为 2000~2015 年的间隔时间。

将经济产出划分为低、中和高三种类型。根据 2000~2015 年年均经济增长年均变化率，采用 ArcGIS 的自然断点法将沿海地区 112 个城市的经济增长速度划分为三类：①高水平是指年均经济增长率在 0.121~0.150；②0.111~0.121 的年均经济增长率被视为中等水平；③0.096~0.111 的年均经济增长率被视为低水平。将沿海地区 112 个城市经济发展阶段增划分为五类：①低经济增长速度的低经济水平城市（LELCLGS）；②中等经济增长速度的低经济水平城市（LELCMGS）；③中等经济增长速度的中经济水平城市（MELCMGS）；④中等经济增长速度的高经济水平城市（MELCHGS）；⑤高经济增长速度的高经济水平城市（HELCHGS）。经统计，沿海区域有 39 个 LELCLGS 城市，39 个 LELCMGS 城市，9 个 MELCMGS 城市，20 个 MELCHGS 城市，5 个 HELCHGS 城市。

（三）基于科布–道格拉斯生产函数的多尺度模型构建方法

根据科布–道格拉斯生产函数，本研究假设如下：①生产函数模型包括固定资本、平均人力资本、就业、建设用地面积和城市生态系统保护指标；②建设用地面积和生态系统保护指标是外生变量。扩展模型表示如下：

$$\ln\left(\mathrm{economic\ output}\right)_{it} = C_i + \alpha \ln K_{it} + \beta \ln L_{it} + \gamma \ln H_{it} + \gamma \ln C_{it} + \delta \ln N_{it} + \mu_{it} \tag{6-7}$$

式中，economic output 为第二、第三产业增加值；K 为固定资产投资；L 反映就业；H 反映平均人力资本，为每个城市所有 6 岁及以上年龄的居民的平均受教育年数。C 为建设用地面积；N 为生态系统保护指标；C_i 和 μ_{it} 分别为常量项和估计系数。

在扩展模型的基础上，本研究将城市生态系统保护指标纳入模型，10 个省（自治区、直辖市）嵌套 112 个城市，探讨城市生态系统保护对经济增长的影响。模型分析均在 HLM6 中完成。面板数据包括 2000 年、2005 年、2009 年、2012 年和 2015 年各项指标数据。城市第二、第三产业增加值是因变量，多尺度模型回归首先进行零模型的回归，在此基础上，将不同时间段的城市尺度经济变量和生态系统保护指标纳入模型中，再将城市尺度的变量如到国家中心城市的距离、到省会城市的距离、到海洋的距离纳入模型中；最后，在模型中添加省级变量，以此本模型可分析城市生态系统保护对经济增长影响的区域差异。

模型如下：

一级

$$Y_{ij} = \beta_{0ij} + \beta_{1ij}T_{tij} + \beta_{1ij}X_{tij} + \varepsilon_{0ij} \tag{6-8}$$

二级

$$\beta_{0j} = \gamma_{00} + \gamma_{00}Z_{tij} + \mu_{0j} \tag{6-9}$$

$$\beta_{0j} = \gamma_{10} + \gamma_{10}Z_{tij} + \mu_{1j} \tag{6-10}$$

三级

$$\gamma_{00j} = \gamma_{000} + \gamma_{01}W_{1j} + \delta_{0j} \tag{6-11}$$

$$\gamma_{01j} = \gamma_{010} + \gamma_{11}W_{1j} + \delta_{1j} \tag{6-12}$$

为了估测生态系统保护变量对经济增长的影响，将所有解释变量添加到基本模型中：

$$\ln\left(\text{Economic output}\right)_{ijt} = \beta_0 + \beta_1 \text{Year}_{ijt} + \sum_{p=1}^{p}\alpha_p \ln X_{pijt} + \sum_{o=1}^{O}\rho_o \ln N_{oijt} +$$

$$\sum_{q=1}^{Q}\lambda_q \ln X_{qij} + \sum_{r=1}^{R}\text{r}_r \ln N_{rjt} + \varepsilon_{0ij} + \mu_{0j} + \delta_{ijt} \tag{6-13}$$

式中，X_{pijt} 为城市尺度的 p 经济变量，包括固定资产投资、就业人员、平均人力资本、建筑面积、外商直接投资、人口规模和相邻城市的经济产出溢出效应；N_{oijt} 为生态系统保护变量，包括森林、湿地和其他生态系统面积，城市绿地，城市绿化覆盖率；$\ln X_{qij}$ 包括 q 变量，即到国家中心城市、海洋和省会城市的距离，城市的行政等级。$\ln N_{rjt}$ 包含省级尺度的 r 变量：森林覆盖率、自然保护区面积、IKSDPTNYR、IWCNRDP；ε_{0ij} 为误差项；μ_{0j} 为市级尺度的随机截距；δ_{ijt} 为省级尺度的随机截距；β_0 和 β_1 为要估计的回归系数。

三、沿海地区城市生态系统保护指标状况时空分布特征

图 6-4 和图 6-5 分别为 2000 年、2005 年、2009 年、2012 年和 2015 年城市生态系统保护指标和区域生态保护（省级尺度）空间分布。沿海地区的森林、湿地和其他生态系统面积持续减少，其中，2000~2015 年森林生态系统减少的热点地区主要分布在广东省、福建省、浙江省（图 6-6）。2005 年前国家有关土地利用的管理政策集中于耕地保护，而自然生态系统保护被忽视。2009 年后在生态文明建设的背景下，土地利用管理政策趋于集约利用，自然生态系统减少速率减慢（Wang et al.，2018a），北京–天津–河北地区和珠江三角洲地区森林生态系统年均下降速率明显减慢，长江三角洲地区森林生态系统年均下降速率呈现持续增加的趋势。

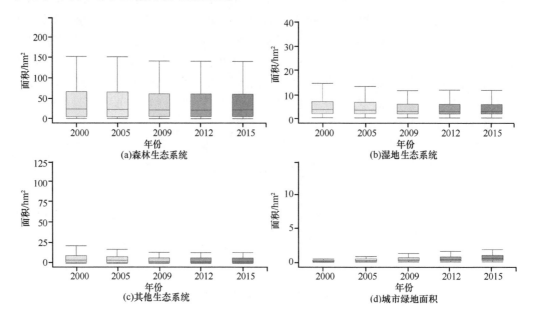

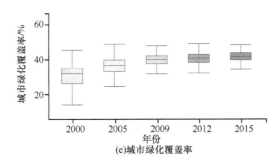

图 6-4　2000 年、2005 年、2009 年、2012 年和 2015 年城市生态系统保护指标的箱线图

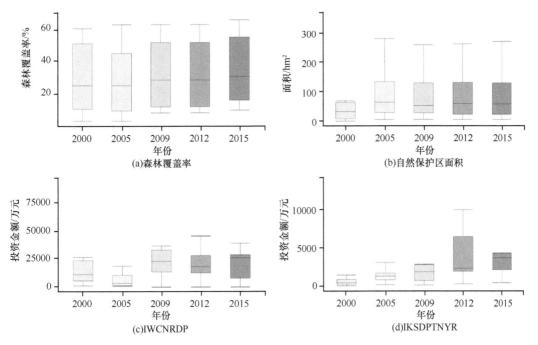

图 6-5　2000 年、2005 年、2009 年、2012 年和 2015 年区域生态系统（省级尺度）保护指标箱线图

城市绿化覆盖率和城市绿地面积增加明显，表明城市绿化和生态系统保护总体改善，与前人研究结果相同（Zhao et al.，2013）。从图中可看出，城市平均绿化覆盖率由 2000 年的 31.26%增至 2015 年的 41.31%，珠江三角洲城市绿地面积增长趋势较大，北京–天津–河北地区则较低，而北京–天津–河北地区和长江三角洲地区平均绿化覆盖率呈下降趋势，城市绿地的空间分布差异性则日益增大，趋向于集中的箱线值分布表明森林、湿地和其他自然生态系统和城市绿化覆盖率呈现相似的空间分布格局。

图 6-5 箱线图中森林覆盖率和自然保护区面积较高，这表明全国十省（自治区、直辖市）森林覆盖率和自然保护区面积总体增加。与 2000 年的生态建设投资相比，2015 年生态建设投资有所增加。在省级尺度，2000～2015 年森林覆盖率增加，其中热点地区为河北、江苏和广西。2000～2015 年自然保护区面积在广东、河北、山东明显扩大，2015 年辽宁、山东、广东和广西的 IKSDPTNYR 较高，2000～2015 年河北的 IKSDPTNYR 呈现下降趋势（图 6-6 和图 6-7）。

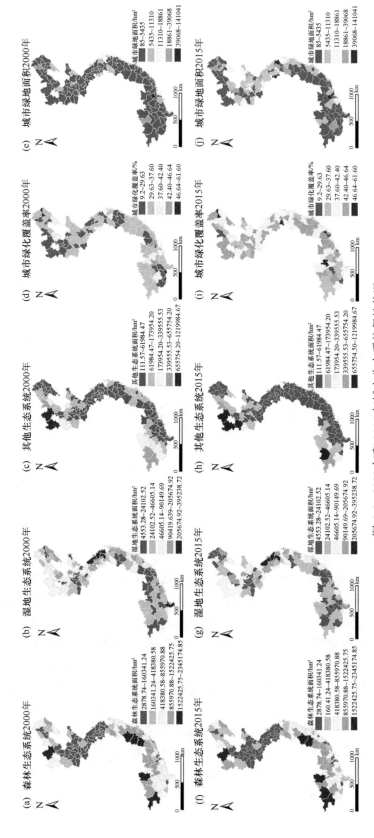

图 6-6 2000 年和 2015 年城市生态系统保护状况

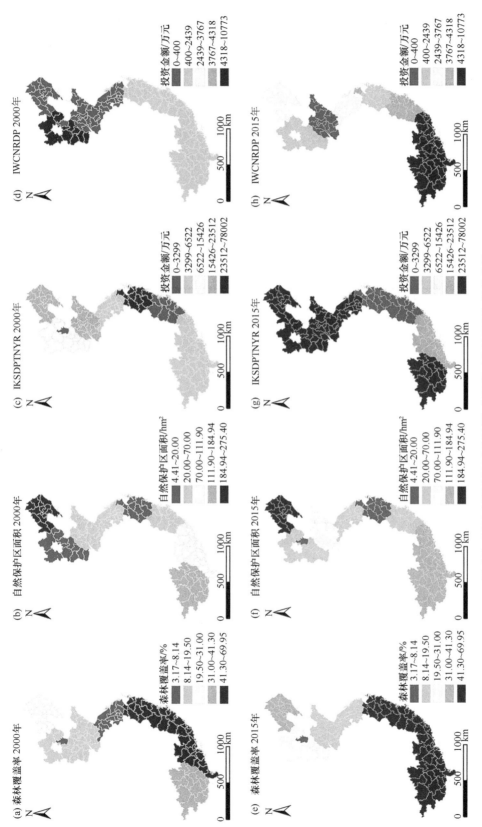

图 6-7　2000 年和 2015 年区域生态系统（省级尺度）保护状况

2015 年沿海地区城市经济增长类型与生态系统保护指标和建设用地分布比例具有一定相互关系,森林生态系统面积增长在一定尺度影响了区域经济增长(图 6-8)。一半以上的森林生态系统分布在低经济增长速度的低经济水平城市。经济水平较高的城市,其增长速度较快,森林生态系统规模较少,城市绿地较多,建设用地面积比例较高。

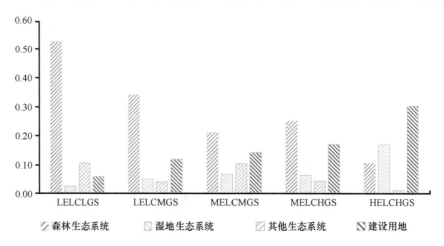

图 6-8　2015 年沿海地区城市尺度生态系统保护指标与建设用地比例分布

四、城市生态系统保护对区域经济增长的影响

(一)城市生态系统保护对区域经济增长的贡献

城市生态系统保护对经济增长影响的多层次模型结果如表 6-3 所示。模型 1 为零模型,模型 2 加入变量人力资本、就业人数、资本存量、建设用地面积、人口规模、外商直接投资和时间尺度的生态系统保护指标。模型 3 在模型 2 的基础上添加城市行政等级、到国家中心城市的距离、到省会城市的距离、到海洋的距离等变量。模型 4 在模型 3 的基础上添加区域尺度的生态系统保护指标(省级尺度)。从表 6-3 可看出,模型 4 中的城市尺度生态系统保护随机效应显著,区域尺度没有显著差异。

表 6-3　城市生态系统保护对经济增长影响的多层次模型结果

最终固定效应估计	模型 1	模型 2	模型 3	模型 4
固定效应				
截距	0.5467*	−0.6411*	−0.6003*	−0.5918**
时间尺度				
ln(外商直接投资)		0.0119	0.1071	0.0106
ln(人口规模)		0.0372	0.0422***	0.0382
ln(TSSOEOITNC)		1.1792*	1.1425*	1.1380*
ln(平均人力资本)		0.0144***	0.0145*	0.0146***
ln(就业人数)		0.00003	−0.0006	−0.0008
ln(固定资产投资)		0.2506*	0.2578*	0.2588*

最终固定效应估计	模型 1	模型 2	模型 3	模型 4
ln（建设用地面积）		0.1080*	0.1061*	0.1058*
ln（森林生态系统）		−0.0920*	−0.0795*	−0.0809*
ln（湿地生态系统）		−0.1302*	−0.1328*	−0.1322*
ln（其他生态系统）		0.0037	0.0054	0.0054
ln（城市绿化覆盖率）		−0.0021	−0.0013	−0.0014
ln（城市绿地面积）		0.0570*	0.0566*	0.0575*
城市尺度				
ln（到省会城市的距离）			0.0246	0.0308
ln（到海洋的距离）			−0.1100**	−0.1041**
ln（到国家中心城市的距离）			−0.1112*	−0.0640
ln（城市行政等级）			0.0615*	0.0589*
省级尺度				
ln（森林覆盖率）				0.0509
ln（自然保护区面积）				−0.1400**
ln（IKSDPTNYR）				0.0841
ln（IWCNRDP）				−0.0950
随机效应				
时间尺度				
σ^2	0.0098*	0.0002*	0.0002*	0.0002*
P_w	0.3082	0.0118	0.0155	0.0125
城市尺度				
σ^2	0.0141*	0.0159*	0.0125*	0.0119*
P_w	0.4434	0.5000	0.2983	0.9875
省级尺度				
σ^2	0.0079*	0.0009**	0.00023	0
P_w	0.2484	0.0283	0.0055	0

*、**和***分别为 1%、5%和 10%的显著性水平；

注：IWCNRDP：野生动物保护区和自然保护区发展计划投资；

IKSDPTNYR："三北"和"长江"重点防护林开发项目投资；

TSSOEOITNC：邻近城市经济产出的空间溢出效应。

模型 4 结果表明，森林和湿地生态系统保护对经济增长具有负向影响，城市绿地影响为正向影响；湿地生态系统保护对经济增长的负向影响高于森林生态系统保护对经济增长的负向影响，湿地生态系统保护每增加 1%则经济增长下降 13.22%。此外，每增加 1%的城市绿地，经济增长增加 5.75%。省级自然保护区面积与经济增长呈负相关关系。

（二）经济投入、城市等级和区位因素对经济增长的影响

多尺度回归结果表明，从整体上看，外商直接投资对整体 112 个城市经济增长影响不显著，但对沿海城市及省会周边城市经济增长具有积极影响，这表明了具备良好

的区位优势的沿海城市和省会周边城市外商直接投资对经济增长的作用显著。人口规模仅在省会周边城市具有影响,这表明人口规模对省会周边城市的影响比对其他城市更显著。在过去的几十年里,大量的流动人口集中在省会周边城市,如一线城市上海、广州、天津,以及新一线城市南京、苏州、杭州、东莞、沈阳等,人口增长显著促进了经济增长。全部样本城市和沿海城市的行政等级以及到海洋的距离均对经济增长产生显著影响,到省会城市、海洋和国家中心城市的距离代表了区位优势,距离越近越有利于经济增长;到国家中心城市的距离与非省会周边城市的经济增长有着显著关系,这可能的原因是天津、上海、广州作为国家中心城市分别引领着环渤海地区、长江三角洲地区和珠江三角洲地区的发展。

(三)城市生态系统保护演变对经济增长的影响

本研究的结果表明了森林和湿地生态系统的保护总体上会对经济增长产生负向影响。自改革开放以来,沿海地区已成为中国最具经济竞争力的区域。然而,在过去几十年里,经济产出导向的规划侧重于"增量规划"(Zhang et al.,2019),相关的不同部门分别对自然生态系统进行不同的保护与管理,忽视了生态系统的完整性,从而加速了自然生态系统的恶化。本研究中关于经济增长类型、经济产出和生态系统保护指标分布比例的结果也可以证明森林生态系统保护对区域经济增长的影响降低(图6-8)。本研究还表明湿地生态系统保护对经济增长的影响最大,高于森林生态系统保护对经济增长的影响,湿地生态系统保护在沿海地区较重要。湿地面积的减少可能对经济增长产生更大的负向影响,这是因为湿地面积减少对湿地价值具有负向影响(Chaikumbung et al.,2016)。此外,相比于非省会周边城市和内陆城市,湿地生态系统保护对省会周边城市和沿海城市的经济增长的负向影响较低,这表明了湿地生态系统保护的重要性。

沿海地区与中国其他地区相比城市绿化覆盖率最高,与 Chen 和 Wang(2013)的研究不同,在本研究中沿海地区所有城市绿化覆盖率的变异性较小,城市绿化覆盖率对经济增长没有影响。相比之下,城市绿地的正向影响表明城市绿地面积越大,经济增长越快。本研究中 2015 年我国沿海地区经济增长类型和生态系统保护指标分布比例的结果验证了城市绿地对经济增长的贡献。据统计,2000~2015 年,沿海地区城市绿地面积增加了 3.62 倍。国家花园城市政策已经促使地方政府提供更多的绿地,使其城市更具吸引力,从而促进其经济增长(Chen et al.,2017)。城市绿地的社会文化服务有利于人们享受社会、经济和环境福利,也带动了经济活动进入城市。值得注意的是,本研究的结果表明沿海城市或省会周边城市的城市绿地与经济增长的关系更为显著,这与沿海城市或省会周边城市往往为提高生活质量更重视城市绿地保护有关。

五、城市生态系统保护对经济增长影响的区域差异

(一)不同类型城市生态系统保护对经济增长影响的区域差异

模型 5、模型 6、模型 7 和模型 8 分析了省会周边城市、非省会周边城市、沿海城市和内陆城市等不同类型城市生态系统保护对经济增长的影响。回归结果如表 6-4 所

示。模型 5~模型 8 中的三个尺度的组内相关系数表明同一省（自治区）城市间变化超过 97%。从表 6-4 可看出，模型 5 和模型 6 中湿地生态系统保护对城市经济增长具有显著负向影响。省会周边城市的其他生态系统保护系数为正，非省会周边城市为负，针对省会周边城市，城市绿化覆盖率与经济增长呈负相关关系，但城市绿地面积与经济增长呈正相关关系。沿海城市湿地生态系统保护与经济增长的影响呈负相关关系，城市绿地对经济增长有积极影响。内陆城市湿地和森林生态系统保护与经济增长呈负相关关系，而其他生态系统的保护与经济增长呈正相关关系。省级自然保护区面积仅与省会周边城市的经济增长呈负相关关系。

表 6-4 城市生态系统保护对经济增长影响的区域差异结果

最终固定效应估计	模型 5	模型 6	模型 7	模型 8
固定效应				
截距	0.2605	−0.8966*	0.0014	−0.7629***
时间尺度				
ln（外商直接投资）	0.0258**	0.0058	0.0210***	0.0031
ln（人口规模）	0.0160	0.0343	0.1281*	−0.0168
ln（TSSOEOITNC）	0.3200*	1.5859*	0.3046*	1.4248*
ln（平均人力资本）	0.0119	0.0094	0.0217***	−0.0004
ln（就业人数）	0.0259***	−0.022**	−0.0103	0.0117
ln（固定资产投资）	0.2369*	0.2336*	0.2793*	0.2147*
ln（建设用地面积）	0.1686*	0.0788*	0.1669*	0.0538*
ln（森林生态系统）	−0.0307	−0.0041	−0.0785	−0.0757*
ln（湿地生态系统）	−0.1027*	−0.1375*	−0.1130*	−0.1285*
ln（其他生态系统）	0.0283***	−0.0404**	−0.0113	0.0275***
ln（城市绿化覆盖率）	−0.0176***	0.0034	−0.0155	0.0115
ln（城市绿地面积）	0.0492*	0.0414*	0.0642*	0.0367*
城市尺度				
ln（到省会城市的距离）	−0.0847	0.0968	0.0879	0.2180***
ln（到海洋的距离）	−0.0778**	−0.1199	0.0496	−0.2464**
ln（到国家中心城市的距离）	−0.0166	−0.2447***	−0.0415	−0.0991
ln（城市行政等级）	0.0544*	0.0271	0.0748*	0.1637*
省级尺度				
ln（森林覆盖率）	−0.0898	0.1606	0.0845	0.0413
ln（自然保护区面积）	−0.0734	−0.2603***	−0.0340	−0.2057
ln（IKSDPTNYR）	−0.0798	0.2433	−0.1302	0.0550
ln（IWCNRDP）	0.0554	−0.3598	0.0578	−0.1685
随机效应				
时间尺度				
σ^2	0.0001*	0.0002*	0.0002*	0.00011*
P_w	0.0233	0.0048	0.0027	0.0049
城市尺度				
σ^2	0.0042*	0.0417*	0.0732*	0.02223*

续表

最终固定效应估计	模型 5	模型 6	模型 7	模型 8
P_w	0.9767	0.9952	0.9973	0.9946
省级尺度				
σ^2	0	0	0	0.00001
P_w	0	0	0	0.00045

*、**和***分别为 1%、5%和 10%的显著性水平；

注：IWCNRDP：野生动物保护区和自然保护区发展计划投资；

IKSDPTNYR："三北"和"长江"重点防护林开发项目投资；

TSSOEOITNC：邻近城市经济产出的空间溢出效应。

（二）区域尺度生态系统保护对城市经济增长的影响

本研究回归结果表明自然保护区保护可能会降低经济增长。国家级自然保护区实际上由地方政府直接管理，由国家政府监督。地方政府倾向于优先考虑土地开发项目，以实现更大的经济增长，自然保护区越大，与土地开发项目的竞争就越激烈（Ma et al.，2019；Wu et al.，2011）。虽然一系列有关自然保护区保护的法律法规已经出台，但靠近保护区的地区有更多的土地覆盖变化溢出效应（Guerra et al.，2019）。自然保护区面积的不断减少逐步证明了这一趋势。值得注意的是，只有非省会周边城市的自然保护区面积与经济增长呈负相关关系。此外，与预期相反，省级尺度的森林覆盖率和生态建设投资对城市经济增长没有影响，这表明省级尺度的森林覆盖率和生态建设投资未能促进城市经济增长。

本研究进一步证实了生态系统保护对经济增长的影响有助于实现生态系统的可持续管理。本研究提出以下几个策略，以期更好地实现生态系统可持续管理的目标和生态系统保护。第一，生态系统保护应优先纳入空间规划。规划要加强城市绿地建设，以满足人们的需求，提高森林、湿地等生态系统的生态功能。森林生态系统的保护应协调好与城市绿地的关系（Lin et al.，2019）。此外，还需要加强省级自然保护区的生态系统管理。重视区域差异，沿海城市和省会周边城市需要更加注重湿地生态系统的保护。第二，要加强与周边城市的合作，特别是城市群和中心城市。除了城市群内部的合作外，城市群与周边城市的合作也需要加强。总体上看，应当加强长江三角洲地区和珠江三角洲地区湿地与森林生态系统的保护。北京–天津–河北地区和长江三角洲地区应实现最大化城市绿地面积。北京–天津–河北地区和长江三角洲地区平均绿化覆盖率有待提高。第三，应将自然生态系统与经济增长水平的异质性纳入生态系统管理。天津、苏州、深圳、上海、广州等经济增速较快的城市要加强"存量规划"，降低森林生态系统和其他生态系统的衰退，加强湿地生态系统保护。经济增速低的城市其湿地生态系统比例较小、森林生态系统比例最大，应当重视森林和湿地生态系统的保护。

前人的研究较少通过多尺度模型定量分析生态系统保护对经济增长的影响。本研究针对从城市和区域（省级）尺度研究了生态系统保护模式，并构建了基于生产函数模型的多尺度模型，定量评估了 2000～2015 年城市生态系统保护的经济效应。沿海地区森林、湿地等自然生态系统面积下降，绿化覆盖率和城市绿地面积增加，经济水平较高增长较快的城市对应有较多城市绿地面积和较少森林生态系统。湿地、森林生态系统保护和城市绿化在城市整体经济增长中起着至关重要的作用，森林、湿地和其他生态系统保护的区域差异对经济增长产生了不同的影响。湿地生态系统保护对不同地区具有明显负向影响，森林生态系统保护对内陆城市更为重要；城市绿地面积增加，可有效促进沿海城市及省会周边城市的经济发展；区域自然保护区保护降低了城市总体经济增长和内陆城市的经济增长。基于空间规划开展可持续生态系统管理需加强自然生态系统的协同保护，注重城市群内的生态系统保护，探索不同经济增长水平的城市生态系统的经济价值。

第四节 生态空间保护对大气 $PM_{2.5}$ 的去除作用和影响

一、研究现状与问题

在土地利用/覆被对大气质量影响的研究方面，荷兰学者 David Briggs 于 1997 年首次采用多元回归方法，探究了土地利用对荷兰阿姆斯特丹、英国哈德斯菲尔德、捷克布拉格大气 NO_2 浓度空间分布的影响（Briggs et al.，1997），并建立了土地利用因子（自变量）与大气污染物浓度（因变量）之间的定量关系土地利用回归模型。之后在欧洲相继开展了土地利用/覆被对大气烟尘、NO_x、$PM_{2.5}$、VOC 浓度空间分布影响的研究（Brauer et al.，2003；Briggs et al.，2000；Carr et al.，2002；Stedman et al.，1997），这些研究进一步表明不同类型的交通用地、交通强度、人口密度、家庭密度、土地覆被等对城市大气烟尘、NO_x、$PM_{2.5}$、VOC 浓度空间分布有显著影响。最近几年，大气污染物浓度空间分布与土地利用/覆被之间的关系已成为国内外的研究热点方向之一，而且研究的空间尺度逐步由城市扩展到区域乃至国家和大洲尺度。Eeftens 等（2012）研究了欧洲 20 个区域大气 $PM_{2.5}$ 和 PM_{10} 浓度与土地利用/覆被之间的关系，工业用地面积出现频次也较高，与大气 $PM_{2.5}$ 浓度呈正相关。我国研究人员于 2015 年开始开展了若干城市大气 $PM_{2.5}$ 浓度与土地利用/覆被之间的关系探究。在城市尺度上，Wu 等（2015）研究了北京市大气 $PM_{2.5}$ 浓度的空间变化与土地利用/覆被之间的关系。在区域尺度，杨婉莹等（2019）研究了长株潭城市群景观格局对大气 $PM_{2.5}$ 浓度空间变化的影响，欧维新等（2019）开展了长江三角洲城市土地利用格局与大气 $PM_{2.5}$ 浓度时空变化的关联分析研究。在全国尺度，Zhang 等（2018）分析了我国大气 $PM_{2.5}$、PM_{10} 和 NO_2 浓度时空变化与土地利用/覆被之间的关系。总体上，我国针对宏观尺度土地利用/覆被时空变化与大气质量变化的关系研究水平薄弱，有关交通强度因素对 $PM_{2.5}$ 浓度影响的研究缺乏，针对土地利用/覆被类型对大气质量影响因子的研究和景观指数对 $PM_{2.5}$ 浓度影响的研究较国外丰富，表现在研究地点不同、时空尺度不同、污染物不同，大气污染物时空变化的影响因素不同。同时，我国土地利用/覆被对大气质量的影响研究在城市尺度较为丰富，在区域尺度相对不足。

有关研究已经表明城市生态空间能改善当地大气质量（Jayasooriy et al.，2017）。林地植被对大气 $PM_{2.5}$ 的去除效率依赖于植被覆盖度、植被类型、大气 $PM_{2.5}$ 浓度以及气象条件（Abhijith et al.，2017）。Nowak 等（2013）调查了美国 10 个城市林地对大气 PM$_{2.5}$ 的去除量及其健康效应，其研究认为从人群健康效应角度，城市林地生态系统服务价值远高于乡村。McDonald 等（2007）的研究表明英国西米德兰兹郡的森林覆盖率从 3.7% 增加 16.5%，PM$_{10}$ 平均浓度可能降低 10%，伦敦地区城市树冠每年可消减 PM$_{10}$ 852～2121t。一些研究评价了城市树冠对大气颗粒物 PM$_{2.5}$ 浓度的影响，如 Nowak 等（2013）研究了美国 10 个城市林地树木对大气中 PM$_{2.5}$ 的去除量，发现不同城市的林地去除量存在差异，由于不同区域人口密度和森林覆盖具有区域差异且大气 PM$_{2.5}$ 浓度不同，城市林地去除大气颗粒物 PM$_{2.5}$ 存在差异。Nowak 等（2014）估算了美国各州森林对大气污染物（NO$_2$、O$_3$、PM$_{2.5}$、SO$_2$）的消减量，据估计 2010 年森林消减了 1740 万 t 的空气污染物，改善空气质量平均不到 1%，并发现大部分污染物消减发生在农村地区。也有研究表明，与绿色屋顶和绿色墙壁相比，林地的树冠具有更强的大气污染物清除能力（Jayasooriy et al.，2017）。我国研究者也取得一定的进展，其研究集中于大城市绿地对大气质量的影响。总体来讲，我国在城市林地植被对大气颗粒物去除方面开展了若干研究，为本研究思路提供了较好的借鉴。但我国幅员广阔，不同区域植被类型与特征不同，区域尺度林地植被对大气颗粒物的去除存在差异，这些有待进一步探究。

本研究以我国城镇化、工业化快速发展的江苏省为研究区域，研究识别江苏省大气 PM$_{2.5}$ 时空分布的主要影响因子，揭示江苏省 2000～2015 年土地利用/覆被和大气 PM$_{2.5}$ 浓度的时空演变规律及其影响因子，探究大气 PM$_{2.5}$ 浓度与生态空间格局尤其是与林地的相互关系，揭示江苏省林地时空分布变化对减缓大气 PM$_{2.5}$ 污染的影响，丰富人与自然相互作用的科学研究，为我国沿海地区国土空间优化和人居环境质量提升提供指导与借鉴。

二、生态空间保护对大气 PM$_{2.5}$ 去除作用和影响的研究方法

（一）大气 PM$_{2.5}$ 浓度影响因子识别方法

对于大气 PM$_{2.5}$ 浓度影响因子识别，首先计算了冬季（12 月至次年 1 月）和夏季（6～8 月）每个季节 PM$_{2.5}$ 监测站点的季节性平均降水量、平均风速和平均 PM$_{2.5}$ 浓度。本研究采用 ArcGIS 软件缓冲区分析方法（V11.0），利用江苏省环境监测站点数据和土地利用调查矢量数据，以环境监测站点为圆心，采用 GIS 空间分析技术，计算了 0.5 km、1.0 km、3.0 km、5.0 km 缓冲区内城市林地、城市公园、水体湿地、建设用地、交通用地、工业用地、耕地占总各自缓冲区土地面积的比例以及风速和降水。

采用偏最小二乘回归分析（partial least squares regression，PLSR），研究识别影响江苏省大气 PM$_{2.5}$ 时空分布的主要因子。分析不同尺度缓冲区内因变量（每个监测站点夏季和冬季的平均 PM$_{2.5}$ 浓度）与自变量（每个监测站点耕地、工业用地、建设用地、湿地、交通用地、林地/公园用地占比以及风速和降水）之间的关系。自变量对因变量的解释程度用模型中的变量投影重要性（variable importance of projection，VIP）表征。研究表明 VIP 越大，自变量对因变量的影响程度越大，影响因素的重要性越大。一些学者认为当 VIP 小于 0.8 时，表明自变量对因变量的贡献不重要。但是，也有学者认为当 VIP<0.5 时，一般表明自变量对因变量的贡献不重要；当 0.5≤VIP≤1.0，表明自变量对因变量

的贡献比较重要；当 VIP>1.0 时，表明自变量对因变量的贡献非常重要。采用 JMP 软件（V10.0）进行 PLSR 分析，并得到自变量的 VIP。

（二）林地植被对大气 $PM_{2.5}$ 的去除估算方法

基于江苏省 2000 年、2015 年大气 $PM_{2.5}$ 栅格数据和土地利用/覆被栅格数据，以及江苏省 2000 年、2015 年叶面积指数（LAI）和植被覆盖状况及大气参数等，采用大气颗粒物沉降模型，基于估算林地植被对大气 $PM_{2.5}$ 的去除量，分析林地时空变化对减缓大气 $PM_{2.5}$ 污染的影响，探讨 $PM_{2.5}$ 去除量和 NPP 之间的关系。

采用大气颗粒物沉降模型估算森林植被对大气 $PM_{2.5}$ 的去除：

$$F = V_d \times C \qquad (6\text{-}14)$$

式中，F 为单位叶面积单位时间内大气 $PM_{2.5}$ 的去除量，g/（$m^2 \cdot h$）；V_d 为大气 $PM_{2.5}$ 沉降到植被叶表面的速率，m/h（表 6-5，表 6-6）；C 为大气中 $PM_{2.5}$ 浓度，$\mu g/m^3$。本研究采用 $PM_{2.5}$ 浓度空间分布数据的每个栅格月均 $PM_{2.5}$ 浓度计算林地植被对大气 $PM_{2.5}$ 的去除量。根据江苏省风速和降水量，参照美国学者推荐的不同气候条件下不同植被类型 V_d（Nowak et al.，2006，2013，2014），确定本研究 V_d。鉴于植被叶面积随季节变化，根据每月的植被叶面积指数（LAI）和 $PM_{2.5}$ 沉降速率（V_d）计算每月大气 $PM_{2.5}$ 沉降到植被叶表面的总量。

表 6-5　不同风速条件下不同树种大气 $PM_{2.5}$ 沉降速率（Nowak et al.，2013）（单位：cm/s）

树种		风速/（m/s）				
		1.0	3.0	6.0	8.5	10.0
栎树	落叶阔叶乔木		0.831	1.757	3.134	
桤树	落叶阔叶乔木		0.125	0.173	0.798	
白蜡树	落叶阔叶乔木		0.178	0.383	0.725	
槭树	落叶阔叶乔木		0.042	0.197	0.344	
花旗松	常绿针叶乔木		1.269	1.604	6.040	
蓝桉	落叶阔叶乔木		0.018	0.029	0.082	
榕树	落叶阔叶乔木		0.041	0.098	0.234	
欧洲黑松	常绿针叶乔木	0.130	1.150		19.240	28.050
金柏树	常绿针叶乔木	0.080	0.760		8.240	12.200
槭树	落叶阔叶乔木	0.030	0.080		0.460	0.570
楸树	落叶阔叶乔木	0.040	0.390		1.820	2.110
杨树	落叶阔叶乔木	0.030	0.120		1.050	1.180
乔松	常绿针叶乔木	0.011				
加拿大铁杉	常绿针叶乔木	0.019				
日本铁杉	常绿针叶乔木	0.006				
欧洲云杉	常绿针叶乔木	0.019				
欧洲云山	常绿针叶乔木	0.038				
中位值		0.030	0.152	0.197	0.924	2.110
标准误差		0.012	0.133	0.281	1.610	5.257
最大值		0.057	0.442	0.862	5.063	14.542
最小值		0.006	0.018	0.029	0.082	0.570

表 6-6　不同风速条件下森林植被 PM$_{2.5}$ 沉降速率　　　（单位：cm/s）

风速/（m/s）	沉降速率		
	平均值	最小值	最大值
0	0.000	0.000	0.000
1	0.030	0.006	0.042
2	0.090	0.012	0.163
3	0.150	0.018	0.285
4	0.170	0.022	0.349
5	0.190	0.025	0.414
6	0.200	0.029	0.478
7	0.560	0.056	1.506
8	0.920	0.082	2.534
9	0.920	0.082	2.534
10	2.110	0.570	7.367
11	2.110	0.570	7.367
12	2.110	0.570	7.367
13	2.110	0.570	7.367

采用下列公式计算林地植被对大气 PM$_{2.5}$ 的去除率 P_i（%）：

$$P_i = Q_i / (Q_i + Q_t)$$
$$Q_t = C \times A \times H \times 365 \times 24 \tag{6-15}$$

式中，Q_i 为某区域林地植被对大气 PM$_{2.5}$ 的年去除量；Q_t 为某区域大气 PM$_{2.5}$ 年总量；C 为大气中 PM$_{2.5}$ 浓度，μg/m^3；A 为某区域面积，m^2；H 为大气边界层高度，m。本研究采用年均每小时混合层高度和大气 PM$_{2.5}$ 浓度，利用上述公式计算的去除量乘以 24h 和 365d 计算大气中 PM$_{2.5}$ 年总量（Colbeck and Harrison, 1985；Nowak and Greenfield, 2012）。

三、土地利用/覆被类型对大气 PM$_{2.5}$ 浓度的影响

利用江苏省环境监测站点数据和土地利用调查数据，以环境监测站点为圆心，计算 0.5 km、1.0 km、3.0 km、5.0 km 缓冲区内各类土地利用类型比例和气象气候因子，采用偏最小二乘回归（PLSR）法计算土地利用类型和气象因子变量投影重要性值（VIP），分析评价了土地利用和气象因子变量对冬季与夏季大气 PM$_{2.5}$ 浓度影响的重要性程度（图 6-9）。

冬季耕地 VIP 在 1.0 km 和 5.0 km 缓冲区内为 0.9～1.0，表明冬季耕地对大气 PM$_{2.5}$ 浓度在上述 2 个缓冲区具有比较重要影响。夏季耕地 VIP 均小于 0.6，对大气 PM$_{2.5}$ 浓度的影响显著性不高。国外的研究表明耕地与大气 PM$_{2.5}$ 浓度之间一般不存在显著的相关性。国内的一些研究也表明耕地与大气 PM$_{2.5}$ 浓度不存在显著相关性（李玉玲等，2016；杨婉莹等，2019），但也有研究表明耕地与大气 PM$_{2.5}$ 浓度呈显著正相关（刘炳杰，2018；史宇等，2016；谢舞丹和吴健生，2017）。

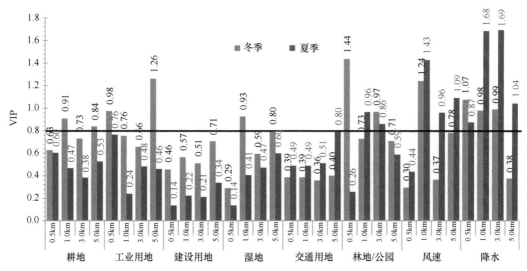

图 6-9 偏最小二乘回归（PLSR）法计算的变量投影重要性（VIP）

自变量包括气象因子和土地利用/覆被类型，缓冲区范围为以 PM$_{2.5}$ 监测点位为中心，

半径为 0.5 km、1.0 km、3.0 km、5.0 km 的圆形区域

冬季工业用地 VIP 在 0.5 km 和 5.0 km 缓冲区内分别为 0.98 和 1.26，这表明在上述 2 个缓冲区工业用地对大气 PM$_{2.5}$ 浓度有比较重要的影响且在 5 km 缓冲区内有非常重要的影响。在夏季仅 0.5 km 缓冲区内的工业用地对大气 PM$_{2.5}$ 浓度具有比较重要的影响，这说明紧邻工业用地周边区域与大气 PM$_{2.5}$ 浓度密切相关。国外的部分研究也表明工业用地与大气 PM$_{2.5}$ 浓度呈显著正相关，如纽约（Ross et al.，2007）、洛杉矶（Moore et al.，2007）、温哥华（Henderson et al.，2007）、匹兹堡（Tripathy et al.，2019）。国内的有关研究表明上海工业用地也与大气 PM$_{2.5}$ 浓度呈显著正相关（Liu et al.，2016）。但南昌工业用地与大气 PM$_{2.5}$ 浓度不存在显著相关性（李琪等，2019）。

夏季建设用地 VIP 均远低于 0.5，冬季 1.0 km、3.0 km、5.0 km 缓冲区内建设用地的 VIP 均低于 0.8，对大气 PM$_{2.5}$ 浓度影响显著性不高。Henderson 等（2007）研究了温哥华商业用地和住宅用地与大气 PM$_{2.5}$ 浓度之间的关系，其研究结果表明商业用地和住宅用地对大气 PM$_{2.5}$ 浓度具有显著的正相关影响。国内有关建设用地与大气 PM$_{2.5}$ 浓度的关系研究较为丰富，研究表明长江三角洲、武汉市、长株潭城市群建设用地对大气 PM$_{2.5}$ 浓度有显著的正相关影响（Lu et al.，2018；杨婉莹等，2019）；也有研究表明西安市住宅用地对大气 PM$_{2.5}$ 浓度有显著的负相关影响（江笑薇等，2017）；北京、江苏、京津冀建设用地对大气 PM$_{2.5}$ 浓度没有显著影响（李玉玲等，2016；史宇等，2016 许刚等，2016）；另有一些研究表明深圳市、浙江主要城市建设用地对大气 PM$_{2.5}$ 既有显著的正相关影响，也有显著的负相关影响，这取决于缓冲区大小（谢舞丹和吴健生，2017）。总体来说，建设用地对大气 PM$_{2.5}$ 的影响与研究区域、缓冲区大小有关。

夏季湿地的 VIP 基本低于 0.5，对大气 PM$_{2.5}$ 浓度影响显著性较低。冬季 1.0 km、3.0 km、5.0 km 缓冲区内的湿地对大气 PM$_{2.5}$ 浓度影响显著性较高。根据查阅的文献，国外仅斯德哥尔摩水体面积与大气 PM$_{2.5}$ 浓度呈显著负相关（Eeftens et al.，2012）。我国北京、上海、泰州、京津冀水体面积与大气 PM$_{2.5}$ 浓度呈显著负相关（Cai et al.，2020；

Liu et al., 2016)。但也有一些研究表明水体与大气 $PM_{2.5}$ 浓度不存在显著相关性（江笑薇等，2017；刘炳杰等，2018）。总体来说，在冬季湿地对大气 $PM_{2.5}$ 浓度的影响较大。

交通用地总体上对大气 $PM_{2.5}$ 浓度的影响不显著，仅夏季 5.0 km 缓冲区内交通用地对大气 $PM_{2.5}$ 浓度具有较大影响。国外的研究大多利用道路长度和类型、机动车数量和类型等交通强度指标，多数城市交通强度对大气 $PM_{2.5}$ 浓度具有显著的正相关影响（Eeftens et al., 2012）。国内的研究表明，北京市、京津冀地区、浙江主要城市交通用地对大气 $PM_{2.5}$ 浓度无显著影响（史宇等，2016；许刚等，2016），长株潭交通用地对大气 $PM_{2.5}$ 具有显著的正相关影响（许珊等，2015）。

林地和城市公园对大气 $PM_{2.5}$ 有较重要影响，尤其是冬季 0.5 km 缓冲区内林地和公园对大气 $PM_{2.5}$ 浓度的影响较大，这也表明冬季森林植被冠层对 $PM_{2.5}$ 有较好的去除效果。国外的研究大多表明林地和公园对大气 $PM_{2.5}$ 浓度有显著的负相关影响，如奥斯陆、斯德哥尔摩、赫尔辛基、哥本哈根、慕尼黑、巴塞罗那、雅典、日内瓦、南加州等城市绿地对大气 $PM_{2.5}$ 浓度有显著的负相关影响（Aguilera et al., 2015；Eeftens et al., 2012；Jones et al., 2020）。国内的大多数研究也表明林地对大气 $PM_{2.5}$ 浓度具有显著的负相关影响，如长江三角洲、武汉市、长株潭城市群、北京市、西安市、深圳市、合肥市等林地对大气 $PM_{2.5}$ 浓度具有显著的负相关影响（Lu et al., 2019；江笑薇等，2017；史宇等，2016）。但全国尺度林地对 $PM_{2.5}$ 浓度无显著的影响（Zhang et al., 2018；刘炳杰等，2018）。总体来讲，林地和公园对降低大气 $PM_{2.5}$ 浓度具有显著的作用。

风速和降水对大气 $PM_{2.5}$ 浓度影响较显著。降水对 $PM_{2.5}$ 浓度的影响总体上比风速对 $PM_{2.5}$ 浓度的影响大，这可能是由于季风湿润气候区的降水相对较多而风速较低。国内一些研究表明风速对大气 $PM_{2.5}$ 浓度有显著的抑制作用（Zhang et al., 2018），也有研究表明风速指数对大气 $PM_{2.5}$ 浓度有显著的正相关影响（Huang et al., 2017），但京津冀大气 $PM_{2.5}$ 浓度与风速之间缺乏显著的相关性（许刚等，2016）。刘炳杰等（2018）的研究表明，沿海地区以及西部高海拔地区风速对大气 $PM_{2.5}$ 浓度的影响是抑制作用，而中部地区则表现为促进作用。降水对京津冀大气 $PM_{2.5}$ 浓度无显著影响（许刚等，2016），全国尺度降水因子对大气 $PM_{2.5}$ 浓度具有显著的抑制作用（刘炳杰等，2018）。

总体上，江苏省土地利用/覆被类型对 $PM_{2.5}$ 浓度的影响小于风速和降水的影响。其中，林地、园地和工业用地对 $PM_{2.5}$ 浓度的影响相对较大，尤其是冬季 0.5 km 缓冲区内林地和公园，以及 5.0 km 缓冲区内的工业用地对大气 $PM_{2.5}$ 浓度具有较显著的影响，耕地、湿地、建设用地和交通用地对大气 $PM_{2.5}$ 浓度的影响相对较弱。

四、土地利用/覆被与大气 $PM_{2.5}$ 浓度时空演变

江苏省 2000 年和 2015 年大气 $PM_{2.5}$ 浓度空间分布如图 6-10 所示。2000 年 $PM_{2.5}$ 浓度最低值为 16.6 μg/m³，$PM_{2.5}$ 浓度最高值为 49.9 μg/m³，中位值为 33.6 μg/m³。2015 年 $PM_{2.5}$ 浓度最低值为 50.2 μg/m³，$PM_{2.5}$ 浓度最高值为 75.1 μg/m³，中位值为 62.7 μg/m³。2015 年最低、最高、中位值浓度分别是 2000 年的 3.0 倍、1.5 倍和 1.9 倍，最低浓度升高幅度最大，最高浓度升高幅度最小。2015 年 $PM_{2.5}$ 浓度最低值基本等于 2000 年 $PM_{2.5}$ 浓度最高值。结

果表明江苏省高速的经济发展导致大气污染，2000～2015 年大气 $PM_{2.5}$ 浓度大幅升高。

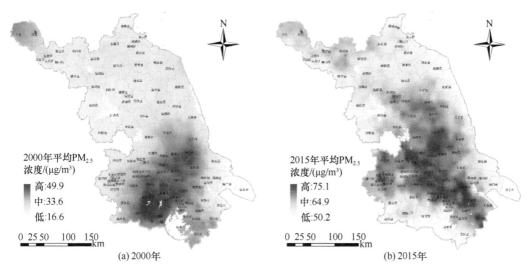

图 6-10　江苏省 2000 年和 2015 年大气 $PM_{2.5}$ 浓度的空间变化

江苏省 2000 年 $PM_{2.5}$ 高浓度区域差异相对较小，主要沿西南-东北走向分布于无锡、常州至泰州一带，苏州西部和南部、南通西部、镇江东部、徐州西北角大气 $PM_{2.5}$ 浓度相对较高，整体上江苏省南部中间地域大气 $PM_{2.5}$ 浓度相对较高。与 2000 年相比，2015 年江苏省大气 $PM_{2.5}$ 浓度空间分布发生较大变化，高浓度区域主要沿东南-西北走向分布于苏州东南部至泰州、扬州一带，然后逐渐降低向北部及西北延伸至徐州西北角，整体上从东南至西北的内陆地带大气 $PM_{2.5}$ 浓度较高。大气 $PM_{2.5}$ 浓度大幅升高的区域主要位于中部的泰州、扬州和盐城，东南部的苏州和南京。

江苏省大气 $PM_{2.5}$ 浓度的大幅升高及其空间差异主要受经济发展和工业迁移的驱动，与江苏省土地利用/覆被类型及其格局密切相关（图 6-11）。江苏省土地利用/覆被类型中占据主导地位的是耕地，江苏省农业发展以种植业为主，2015 年耕地面积占比为43.56%，其中水田 59.12%、水浇地 10.27%、旱地 30.59%，土地垦殖率较高。水域及水利设施用地占土地总面积的比例为 27.58%，与江苏省以水田、水浇地为主的耕地利用格局相一致。江苏省工业发达，城镇化水平较高，城乡发展迅速，城镇村及工矿用地占土地总面积的比例达 17.44%，交通用地为 4.12%。其他土地利用/覆被类型面积所占比例较小，林地和园地占比合计为 5.60%，林地 23.64%为常绿阔叶林、41.47%为落叶阔叶林、20.13%为常绿针叶林、10.49%为疏林地、4.21%为其他林地、灌木林只占 0.06%。设施农用地及盐碱地、沙地、裸地等未利用地占土地总面积的比例仅为 1.51%。

2000～2015 年江苏省城市化水平大幅提升，环太湖的苏州、无锡和常州（简称苏锡常）以及南京城市化提升幅度最大。苏锡常城市化带动了其东部的中小城市群的形成，同时中部和西北部城市发展也比较迅猛。苏锡常快速城市化的同时，也完成了产业结构的调整和升级，一些重污染企业向苏锡常的东部及北部转移。对比 2000 年和 2015 年的大气 $PM_{2.5}$ 浓度空间分布和土地利用/覆被类型空间分布，可看出城市化空间分布格局与大气 $PM_{2.5}$ 浓度空间分布格局基本一致，这表明城市化及产业结构调整、升级和转移导致了江苏省 2015 年大气 PM$_{2.5}$ 浓度空间分布格局的形成。

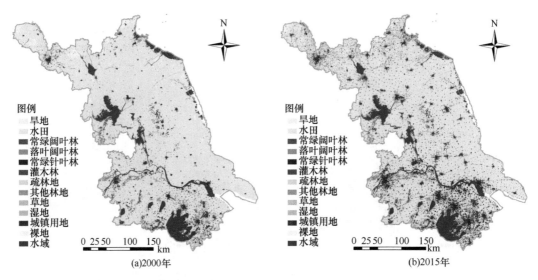

图 6-11　江苏省 2000 年和 2015 年土地利用/覆被空间格局及其变化

　　江苏省林地比例相对较低，主要分布在江苏省西南丘陵区宁镇、老山、茅山和宜溧山，防护林地主要分布于东部海岸带区域（图 6-11）。2000～2015 年林地面积减少的区域主要分布在南京、无锡、镇江和常州等城市，林地面积增加的区域主要分布在江苏省北部淮安地区和东部海岸地区。林地面积减少区域与大气 PM$_{2.5}$ 浓度高值区基本一致，林地面积增加区域基本与大气 PM$_{2.5}$ 浓度低值区基本一致。鉴于江苏省林地面积占比较低，林地面积变化本身对大气 PM$_{2.5}$ 浓度的直接影响幅度较小，林地面积变化本质上反映的是城市化等人类活动对环境的影响程度，林地面积的增减区域与大气 PM$_{2.5}$ 浓度低高区域也表现出空间的一致性（图 6-10 和图 6-12）。

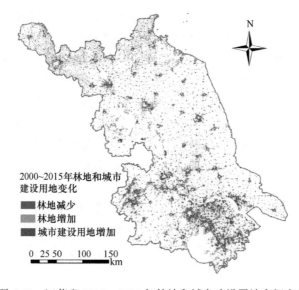

图 6-12　江苏省 2010～2015 年林地和城市建设用地空间变化

五、林地对大气 $PM_{2.5}$ 污染的减缓影响

本研究估算了 2015 年和 2000 年江苏省林地植被对大气 $PM_{2.5}$ 污染的减缓程度。首先测算每个栅格每月去除量，通过计算 12 个月加和测算每个栅格 $PM_{2.5}$ 年去除量，最后统计江苏省每个县辖区域每年大气 $PM_{2.5}$ 的去除量（图 6-13）。结果表明，江苏省西南区域包括南京、无锡、常州、淮安等，大气 $PM_{2.5}$ 去除总量较高。其原因主要是上述区域大气 $PM_{2.5}$ 浓度较高和森林覆盖率较高。江苏省西北区域、北部区域及沿海岸区域，$PM_{2.5}$ 去除总量相对较低，这主要是由于这些区域 $PM_{2.5}$ 浓度较低和森林覆盖率较低。总体上讲，大气 $PM_{2.5}$ 去除量与林地植被空间分布密切相关。

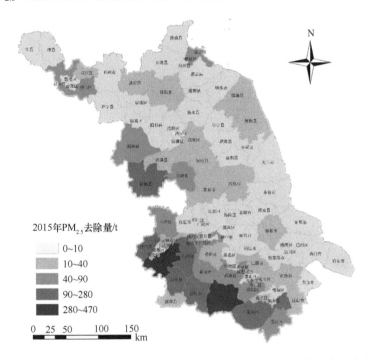

图 6-13 2015 年江苏省县域尺度林地植被对大气 $PM_{2.5}$ 的去除量空间分布

江苏省 2000 年和 2015 年各县（区）林地植被对大气 $PM_{2.5}$ 的平均去除率分别为 $0\sim$ 0.404% 和 $0\sim$0.399%，平均去除率分别为 0.032% 和 0.028%，林地植被去除大气 $PM_{2.5}$ 的总量分别达 1800 t 和 3013 t。美国学者的研究表明，美国 10 个城市森林植被对大气 $PM_{2.5}$ 的去除率为 $0.05\%\sim0.24\%$（Nowak et al.，2013），美国全国的森林植被对大气 $PM_{2.5}$ 的去除效率小于 1%（Nowak et al.，2014）。我国学者的研究表明 2000 年、2005 年和 2010 年北京城市绿地对大气 $PM_{2.5}$ 的去除量分别为 1861 t、2987 t 和 3852 t，对大气 $PM_{2.5}$ 的去除率分别为 0.07%、0.12% 和 0.19%（肖玉等，2015）。2015 年深圳市植被对大气 $PM_{2.5}$ 的去除量为 1000 t，去除率为 1%（Wu et al.，2019）。

2000~2015 年江苏省林地植被对大气 $PM_{2.5}$ 的去除量空间变化如图 6-14 所示，结果表明，$PM_{2.5}$ 去除量增加区域主要位于江苏省西南丘陵带，与林地面积增加区域基本一

致。苏锡常城市群和南京市区域 $PM_{2.5}$ 去除量增加区域与减少区域互相交错，一方面反映出苏锡常城市群和南京市在快速城市化过程中注重绿色空间保护与城市绿色基础设施建设，另一方面也表明上述区域不同程度的城市化水平导致城市林地面积减少区域具有区域差异。大气 $PM_{2.5}$ 去除量不仅与林地植被有关，而且与大气 $PM_{2.5}$ 浓度、风速和降水等因素有关，江苏省 2000～2015 年大气 $PM_{2.5}$ 去除量空间变化与林地植被空间变化规律基本一致。

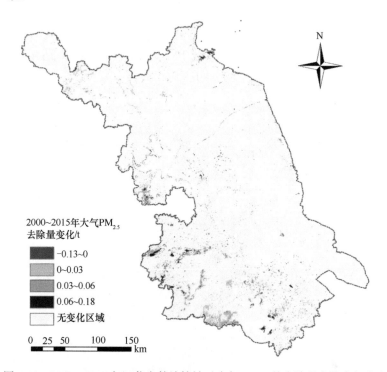

图 6-14　2000～2015 年江苏省林地植被对大气 $PM_{2.5}$ 的去除量变化空间分布

江苏省不同城市城区和乡村地区林地植被对大气 $PM_{2.5}$ 的去除量具有较大差异，如表 6-7 和图 6-15 所示。除苏州外，江苏省大部分城市乡村地区林地面积均高于城区林地面积，乡村地区林地植被去除 $PM_{2.5}$ 的总量高于城区，单位面积林地去除 $PM_{2.5}$ 的量通常也高于城区，其原因可能是乡村地区林地植被叶面积指数高于城区林地植被。苏州地区城区林地面积大于乡村，城区林地植被去除大气 $PM_{2.5}$ 的量也高于乡村地区。总体上讲，不同城市城区和乡村林地面积与 $PM_{2.5}$ 去除量显著相关，相关系数达 0.9159（图 6-16），这一方面说明林地对减缓大气 $PM_{2.5}$ 具有效果，另一方面也表明江苏省不同城市城区和乡村林地植被树木构成相似。

江苏省 2000～2015 年大部分城市城区和乡村地区林地面积占本区域土地总面积的比例均下降，南京市城区、常州市城区、苏州市城区、盐城市城区、宿迁市乡村地区林地面积比例增加，其中南京市城区林地面积比例增加了 7.2%。尽管大部分区域林地面积比例下降，但大部分区域 2000～2015 年林地植被对大气 $PM_{2.5}$ 的去除量增加（表 6-7），仅常州市城区、南通市城区、泰州市城区林地植被对大气 $PM_{2.5}$ 的去除量略下降。林地

表6-7　江苏省各城市土地利用/覆被变化与大气PM₂.₅浓度及其去除量

行政区		城市土地面积 2015年/%	林地面积 2015年/%	林地面积变化 2000~2015年/%	PM₂.₅去除总量 2015年/t	PM₂.₅去除总量变化 2000~2015年/t	单位面积林地大气PM₂.₅去除量 2015年/(g/m²)	PM₂.₅浓度 2015年/(μg/m³)	PM₂.₅浓度变化 2000~2015年/(μg/m³)
南京	城区	25.3	12.6	7.2	252.3	126.7	0.5	69.4	34.6
	乡村	8.1	10.3	0.3	486.6	219.4	1.2	64.1	29.5
无锡	城区	25.4	3.2	-0.7	93.1	29.3	0.6	67.2	28.8
	乡村	7.2	10.3	-0.8	490.5	129.9	1.1	65.3	24.2
徐州	城区	20.8	4.2	-1.7	31.5	13.8	0.6	63.6	30.4
	乡村	3.2	2.0	-1.3	82.0	36.8	0.6	64.3	30.7
常州	城区	28.1	0.3	0.3	2.5	-1.0	0.4	71.0	29.0
	乡村	8.7	5.2	-1.8	296.5	87.7	1.1	64.8	22.7
苏州	城区	15.4	2.3	0.5	256.9	101.9	1.3	65.8	28.8
	乡村	16.8	0.2	-1.0	106.6	35.2	0.7	67.7	33.0
南通	城区	30.5	0.1	0.0	0.4	-1.1	0.1	64.9	32.0
	乡村	2.4	0.0	-0.2	25.1	8.0	0.4	62.9	32.6
连云港	城区	12.0	7.4	-5.5	3.3	1.5	1.3	62.3	31.5
	乡村	3.0	0.6	-0.9	16.0	5.9	1.1	62.7	31.6
淮安	城区	8.4	0.2	-0.4	16.5	9.2	0.3	67.2	37.5
	乡村	2.5	2.4	-0.9	328.4	173.9	0.5	64.0	34.3
盐城	城区	6.2	0.5	0.3	3.1	1.1	0.2	66.6	34.9
	乡村	1.7	0.8	-0.5	54.3	26.2	0.5	63.6	31.0
扬州	城区	16.1	0.7	-0.9	5.6	1.2	0.1	71.3	36.3
	乡村	3.9	0.8	-0.4	60.7	32.2	0.8	68.6	35.2
镇江	城区	27.7	6.2	-3.2	22.3	7.1	0.9	67.4	30.1
	乡村	6.8	6.3	-1.7	246.5	102.7	0.9	68.8	29.5
泰州	城区	11.5	0.3	-0.2	1.0	-0.3	0.0	70.7	31.2
	乡村	3.6	0.5	-0.1	18.4	5.9	0.6	69.9	30.7
宿迁	城区	6.0	0.9	-0.4	10.1	4.9	0.3	63.7	32.9
	乡村	2.6	2.6	0.3	103.4	55.1	0.4	63.0	32.9

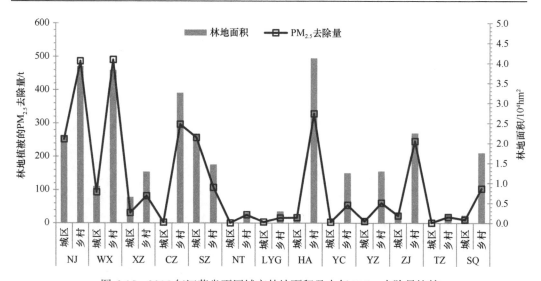

图 6-15 2015 年江苏省不同城市林地面积及大气 PM$_{2.5}$ 去除量比较

NJ 南京 WX 无锡 XZ 徐州 CZ 常州 SZ 苏州 NT 南通 LYG 连云港 HA 淮安 YC 盐城 YZ 扬州 ZJ 镇江 TZ 泰州 SQ 宿迁

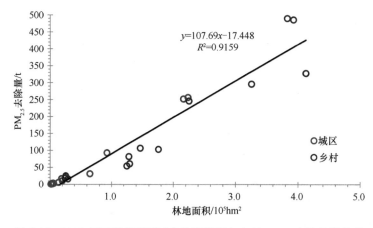

图 6-16 2015 年江苏省不同城市林地面积与大气 PM$_{2.5}$ 去除量的关系

植被对大气 PM$_{2.5}$ 的去除量增加的主要原因为大气 PM$_{2.5}$ 浓度增加；2000~2015 年江苏省不同城市城区和乡村大气 PM$_{2.5}$ 浓度升高的范围为 22.7~37.5 g/m^3，其中，常州市乡村地区大气 PM$_{2.5}$ 浓度升高幅度较小，淮安市城区大气 PM$_{2.5}$ 浓度升高幅度较大。

2015 年江苏省不同城市城区和乡村单位面积林地大气 PM$_{2.5}$ 去除量范围为 0.1~1.3 g/m^2，平均值和中位值分别为 0.63 和 0.6 g/m^2。乡村单位面积林地大气 PM$_{2.5}$ 去除量显著高于城区（图 6-16），前者平均值为 0.76 g/m^2，后者平均值为 0.51 g/m^2。2010 年美国各州森林植被单位面积大气 PM$_{2.5}$ 去除量为 0.16~0.35 g/m^2，平均值为 0.26 g/m^2（Nowak et al.，2014），低于江苏省各城市平均值（图 6-17），其原因可能为江苏省大气 PM$_{2.5}$ 浓度远高于美国各州大气 PM$_{2.5}$ 浓度。2003 年意大利 10 个城市森林植被单位面积大气 PM$_{10}$ 去除量为 0.19~1.47 g/m^2，平均值为 0.83 g/m^2（Manes et al.，2016）（图 6-17）；深圳市森林植被单位面积大气 PM$_{2.5}$ 去除量为 0.10~3.89 g/m^2，平均值为 1.60 g/m^2（Wu et al.，2019）；2000 年、2005 年和 2010 年北京市绿地单位面积大气 PM$_{2.5}$ 去除量分别为

2.23 g/m^2、2.46 g/m^2 和 3.36 g/m^2（肖玉等，2015）。由此可见，江苏省林地植被单位面积大气 PM$_{2.5}$ 去除量略低于深圳和北京，其主要原因为林地植被类型的差异和大气 PM$_{2.5}$ 浓度的差异。

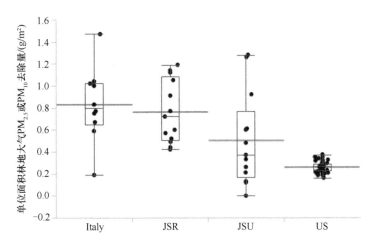

图 6-17　2015 年江苏省不同城市城区（JSU）和乡村（JSR）、2010 美国各州（US）单位面积林地大气 PM$_{2.5}$ 去除量，2003 年意大利 10 个城市（Italy）单位面积林地大气 PM$_{10}$ 去除量比较

大气质量不仅反映了人类活动对自然环境的影响，也反映了自然生态系统本身的调控能力。植被类型、植被覆盖率、植被净初级生产力（net primary productivity，NPP）反映了植被对大气污染的净化能力（Nowak et al.，2013，2014；Ozdemir，2019；Wu et al.，2019）。2015 年江苏省大气 PM$_{2.5}$ 浓度空间分布与 NPP 的关系如图 6-18 所示。江苏省 NPP 的范围为 5.08～49.25 gC/（m^2·a），平均值和中位值分别为 29.44 gC/（m^2·a）和 30.41 gC/（m^2·a）。当 NPP<19 gC/（m^2·a）时，大气 PM$_{2.5}$ 浓度随 NPP 升高表现为缓慢升高的趋势。当 NPP>19 gC/（m^2·a）时，大气 PM$_{2.5}$ 浓度随 NPP 升高表现为较快速下降的趋势。因此，在制定江苏省国土空间规划、城乡规划时，地方政府应重点提升植被的生态功能，提高植被

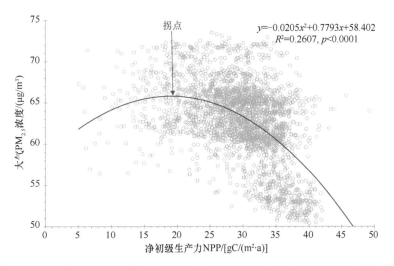

图 6-18　江苏省 2015 年植被净初级生产力（NPP）与大气 PM$_{2.5}$ 浓度的关系

尤其是林地的净初级生产力，当林地植被净初级生产力高于 19 gC/（m²·a），以便林地植被冠层能有效去除大气 PM$_{2.5}$，进而降低大气 PM$_{2.5}$ 浓度，加强林地植被对大气 PM$_{2.5}$ 污染的减缓效率。除此之外，NPP 与林地面积和林地植被类型密切相关，江苏省林地保护和生态建设应注重植被类型选择，这将有助于改善大气质量。

另外，林地植被的大气 PM$_{2.5}$ 去除量与 NPP 呈指数相关关系，相关系数为 0.3362（图 6-19）。林地植被的大气 PM$_{2.5}$ 去除量为 0.12～4.62 g/（m²·a），平均值和中位值分别为 1.13 g/（m²·a）和 0.99 g/（m²·a）。因此，为降低大气污染，改善大气质量，地方政府应大力提倡植树造林和加强林地保护。值得注意的，一些城市（如苏州、无锡、南京等）的植被 NPP、大气 PM$_{2.5}$ 去除量和去除率均较高，但是这些地区大气污染仍较严重，这主要与快速城市化和工业化导致的大气污染问题密切相关（Qiu et al., 2019；朱向东等，2018b）。因此，针对这些城市，除加强其植树造林和林地保护外，还应进一步优化其产业结构，加强污染源控制。

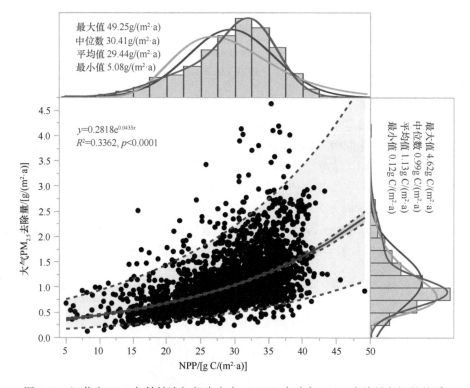

图 6-19　江苏省 2015 年植被净初级生产力（NPP）与大气 PM$_{2.5}$ 去除量之间的关系

本研究以我国城镇化、工业化快速发展的沿海省江苏省为研究区域，研究识别了江苏省大气 PM$_{2.5}$ 时空分布的主要影响因子，揭示了江苏省 2000～2015 年土地利用/覆被和大气 PM$_{2.5}$ 浓度的时空演变规律及其影响因子，研究分析了江苏省林地时空分布变化对减缓大气 PM$_{2.5}$ 污染的影响，并提出具有针对性的对策和建议，为我国沿海地区国土空间优化和人居环境质量提升提供指导和借鉴。研究结果表明，气象气候条件和土地利用/覆被类型等因子对大气 PM$_{2.5}$ 浓度具有影响。风速和降水因子对大气 PM$_{2.5}$ 浓度的影响高于土地利用/覆被因子，林地/公园用地和工业用地对PM$_{2.5}$浓度的影响显著性较高，冬季0.5 km缓冲区内林地/公园等类型和5.0 km缓冲区内工业用地对大气PM$_{2.5}$浓度具有较显著的影响。耕地、湿地、建设用地和交通用地对大气PM$_{2.5}$浓度的影响相对较弱。为提升江苏省大气质量，一方面需要优化城市国土空间，增加城市绿色空间和加强城市主城区绿色基础设施建设；同时要调整城市工业结构，消减工业污染源。2000～2015年，江苏省土地利用/覆被格局和大气PM$_{2.5}$浓度时空变化区域差异显著，快速工业化和城市化导致大气PM$_{2.5}$浓度倍增。基于大气PM$_{2.5}$浓度空间分布，2015年大气PM$_{2.5}$浓度最低、最高、中位值分别为2000年的3.0倍、1.5倍和1.9倍，2015年PM$_{2.5}$浓度的最低值基本等于2000年其最高值。江苏省土地利用/覆被格局时空演化与大气PM$_{2.5}$浓度空间变化基本一致，这表明快速工业化和城市化，以及产业结构调整升级和转移导致了江苏省2015年大气PM$_{2.5}$浓度的时空分布。研究发现，大气PM$_{2.5}$去除量时空分布与林地植被时空变化基本一致。2000～2015年林地植被的大气PM$_{2.5}$去除量增加区域主要分布在江苏省西南地区，此区域2015年的大气PM$_{2.5}$去除量也较高（90～470 t），其主要原因是此区域森林覆盖率及大气PM$_{2.5}$浓度均较高。尽管2000～2015年江苏省大部分地区林地面积比例下降，但大部分地区林地植被的大气PM$_{2.5}$去除量增加；2015年大气PM$_{2.5}$的平均去除率为0.028%，去除总量为3013 t，单位面积去除量平均值为0.66 g/m^2。与其他地区相比，江苏省各个城市单位面积大气PM$_{2.5}$平均去除量高于美国城市森林生态系统，低于北京和深圳。同时，研究结果也表明2015年江苏省大气PM$_{2.5}$浓度空间分布随NPP升高表现为先缓慢升高，然后较快速下降的趋势，拐点NPP为19 gC/（m^2·a）；江苏省不同城市的林地植被大气PM$_{2.5}$去除量范围为0.12～4.62 g/（m^2·a），大气PM$_{2.5}$去除量与NPP呈指数上升关系。

我国大气质量与人口分布和经济发展密切相关。城市化水平越高，人口密度越高，植被覆盖率越低，大气质量一般越差，人群健康水平越低，从而导致人群疾病负担增加。林地植被不仅能去除大气颗粒，还能去除大气NO$_x$、SO$_2$、O$_3$等污染物，改善大气质量，提高人群健康水平，具有重要的生态系统服务价值。据测算，2010年美国森林植被去除17.37（9.01～23.22）×10^6 t大气污染物（NO$_2$、O$_3$、PM$_{2.5}$、SO$_2$），产生的生态系统服务价值为6.84（1.50～13.05）×10^{9}美元；其中城市的森林生态系统的生态系统服务价值为4.66（0.98～8.96）×10^{9}美元，乡村的森林生态系统的生态系统服务价值为0.17（0.09～0.22）×10^{9}美元（Nowak et al.，2014）。因此，通过增加城市地区绿色空间，加强生态建设和绿色基础设施建设投资，能够降低城市人群暴露大气污染导致的医疗费用，对维护城市生态系统健康和人民健康水平具有重要意义。

林地生态系统除改善大气质量外，还具有多种重要的生态系统服务功能（Markevych et al.，2017）。城市高层建筑、密集的建筑群、水泥沥青硬化地面等，以及工业与商业聚集和强烈的人为活动等，将导致城区气温较周边乡村高的城市热岛问题；城市热岛问题可进一步加剧城市大气污染，导致城市人群健康问题。林地生态系统等绿色空间能够有效缓解和消减城市热岛问题，保护城市人群健康。城市绿色空间能降低城市交通噪声，保护人群身心健康；绿色空间可调节区域生态系统水循环，提升海绵城市功能，并且为人群提供了丰富的体育锻炼绿色空间，提升人群的身心健康，为人们社会交流提供了愉悦的场所，有利于增强凝聚力和实现社会和谐；同时，绿色空间有利于减缓全球气候变化，提升全球可持续发展能力，绿色基础设施建设。

林地生态系统服务与林地类型及其生态功能和空间尺度密切相关。绿色空间能有效消减大气污染物，提升城市的可持续发展（Salmond et al.，2016）。由于城市内土地资源有限，城市内道路两侧通常用于防护林地建设，但对局部环境和人体健康的影响还存在一些争议（Salmond et al.，2016）。规模成片的林地生态系统具有增加土壤有机质含量，提高碳固存的能力，以及提升区域大气质量等生态系统服务能力。绿色空间具有较高的生态系统服务价值，对我国生态文明建设具有重要实践意义。

绿色空间具有改善大气质量、降低噪声、缓解城市热岛、提升海绵城市功能、减缓全球气候变化等功能，同时为人群提供休憩、锻炼、社交的场所，具有重要的生态系统服务价值。综上所述，在城市内部应增加绿色空间，加强城市绿色基础设施建设，通过绿色交通网络构建实现绿色空间、居住空间、商服空间、产业空间的合理布局。在区域尺度应从国土空间规划和城乡规划视角，合理制定国土空间规划，增加林地面积，提高植被覆盖率，优化生态空间、生产空间和生活空间，实现人口聚集区和工业聚集区的有效分离，对于实现区域可持续发展具有重要的意义。

参 考 文 献

陈珂, 杨小军, 徐晋涛. 2007. 退耕还林工程经济可持续分析及后续政策研究. 林业经济问题, 27(2): 102-106.

陈利根, 龙开胜. 2007. 耕地资源数量与经济发展关系的计量分析. 中国土地科学, 21 (4): 4-10.

成六三. 2017. 退耕规模与粮食安全问题协调关系探讨——以武隆县为例. 西藏大学学报, 32(2): 102-108.

贺灿飞, 张腾, 杨晟朗. 2013. 环境规制效果与中国城市空气污染. 自然资源学报, 28(10): 1651-1663.

胡霞. 2005. 退耕还林还草政策实施后农村经济结构的变化——对宁夏南部山区的实证分析. 中国农村经济, (5): 63-70.

姜群鸥, 程雨薇, 薛筱婵, 等. 2015. 基于联立方程组的东北区粮食生产力和耕地变化影响要素分析. 农业工程学报, (24): 289-297.

江笑薇, 任志远, 孙艺杰. 2017. 基于 LUR 和 GIS 的西安市 $PM_{2.5}$ 的空间分布模拟及影响因素. 陕西师范大学学报(自然科学版), 45(3): 80-87.

孔忠东, 徐程扬, 赵伟, 等. 2007. 退耕还林工程的实施与产业结构调整的关系及后续政策建议. 北京林业大学学报(社会科学版), 6(4): 48-51.

李德煌, 夏恩君. 2013. 人力资本对中国经济增长的影响——基于扩展 Solow 模型的研究. 中国人口·资源与环境, 23(8): 100-106.

李国平, 石涵予. 2017. 退耕还林生态补偿与县域经济增长的关系分析——基于拉姆塞–卡斯–库普曼宏观增长模型. 资源科学, 39(9): 1712-1724.

李琪, 陈文波, 郑蕉, 等. 2019. 南昌市中心城区绿地景观对 $PM_{2.5}$ 的影响. 应用生态学报, 30(11): 3855-3862.

李玉玲, 刘红玉, 娄彩荣, 等. 2016. 江苏省 $PM_{2.5}$ 时空变化及土地利用影响研究. 环境科学与技术, 39(8): 10-21.

刘炳杰, 彭晓敏, 李继红. 2018. 基于 LUR 模型的中国 $PM_{2.5}$ 时空变化分析. 环境科学, 39(12): 5296-5307.

刘璨, 武斌, 鹿永华, 等. 2009. 中国退耕还林工程及其所产生的影响. 林业经济, (10): 50-53.

刘东生, 谢晨, 刘建杰, 等. 2011. 退耕还林的研究进展、理论框架与经济影响——基于全国 100 个退耕还林县 10 年的连续监测结果. 北京林业大学学报(社会科学版), 10(3): 74-81.

刘贤赵, 宿庆. 2006. 黄土高原水土流失区生态退耕对粮食生产的可能影响. 中国人口·资源与环境, 16(2): 99-104.

刘忠, 李保国. 2012. 退耕还林工程实施前后黄土高原地区粮食生产时空变化. 农业工程学报, 28(11): 1-7.

缪丽娟, 何斌, 崔雪锋, 等. 2014. 中国退耕还林工程是否有助于劳动力结构调整. 中国人口·资源与环境, 24(s1): 426-430.

欧维新, 张振, 陶宇. 2019. 长三角城市土地利用格局与 PM2.5 浓度的多尺度关联分析. 中国人口·资源与环境, 29(7): 11-18.

潘美玲. 2011. 金融发展对外商直接投资经济增长效应的比较分析——基于面板分位数回归技术. 生态经济, (12): 105-108.

秦元伟, 闫慧敏, 刘纪远, 等. 2013. 生态退耕对中国农田生产力的影响(英文). 地理学报: 英文版, (3): 22-34.

邱晓华, 郑京平, 万东华, 等. 2006. 中国经济增长动力及前景分析. 经济研究, (5): 4-12.

史宇, 林兰钰, 罗海江, 等. 2016. 基于 GIS 的北京市林地覆被与 PM$_{2.5}$ 分布关联性分析. 生态环境学报, 25(12): 1960-1966.

陶然, 徐志刚, 徐晋涛. 等. 2004. 退耕还林, 粮食政策与可持续发展. 中国社会科学, (6): 25-38.

王静. 2012. 中国土地利用变化与可持续发展研究. 北京: 中国财政经济出版社.

王庶, 岳希明. 2017. 退耕还林、非农就业与农民增收——基于 21 省面板数据的双重差分分析. 经济研究, (4): 106-119.

王秀红, 申建秀. 2013. 中国生态退耕重要阶段耕地面积时空变化分析. 中国农学通报, 29(29): 133-137.

魏强, 佟连军, 吕宪国. 生态系统服务对区域经济增长的影响研究——以黑龙江省为例. 人文地理, 2014, 29(5): 109-112.

肖玉, 王硕, 李娜, 等. 2015. 北京城市绿地对大气 PM$_{2.5}$ 的削减作用. 资源科学, 37(6): 1149-1155.

谢舞丹, 吴健生. 2017. 土地利用与景观格局对 PM$_{2.5}$ 浓度的影响——以深圳市为例. 北京大学学报(自然科学版), 53(1): 160-170.

谢旭轩, 马训舟, 张世秋, 等. 2011. 应用匹配倍差法评估退耕还林政策对农户收入的影响. 北京大学学报(自然科学版), 47(4): 759-767.

徐晋涛, 陶然, 徐志刚, 等. 2004. 退耕还林: 成本有效性、结构调整效应与经济可持续性——基于西部三省农户调查的实证分析. 经济学: 季刊, 4(1): 139-162.

许刚, 焦利民, 肖丰涛, 等. 2016. 土地利用回归模型模拟京津冀 PM$_{2.5}$ 浓度空间分布. 干旱区资源与环境, 30(10): 116-120.

许广月. 2009. 耕地资源与经济的增长关系: 基于中国省级面板数据的实证分析. 中国农村经济, (10): 21-30.

许珊, 邹滨, 蒲强, 郭宇. 2015. 土地利用/覆盖的空气污染效应分析. 地球信息科学学报, 17(3): 290-299.

闫梅, 黄金川, 彭实铖, 等. 2011. 中部地区建设用地扩张对耕地及粮食生产的影响. 经济地理, 31(7): 1157-1164.

杨婉莹, 刘艳芳, 刘耀林, 等. 2019. 基于 LUR 模型探究城市景观格局对 PM$_{2.5}$ 浓度的影响——以长株潭城市群为例. 长江流域资源与环境, 28(9): 2251-2261.

杨旭东, 李敏, 杨晓勤, 等. 2002. 试论退耕还林的经济理论基础. 北京林业大学学报(社会科学版), 1(4): 19-22.

姚清亮, 陆贵巧, 杜剑, 等. 2009. 关于承德市退耕还林工程生态效益评价研究. 河北农业大学学报, 32(6): 57-61.

姚文秀, 王继军. 2011. 退耕还林(草)工程对吴起县农村经济发展的影响. 水土保持研究, 18(2): 71-79.

易福金, 陈志颖. 2006. 退耕还林对非农就业的影响分析. 中国软科学, (8): 31-40.

张军, 吴桂英, 张吉鹏, 等. 2004. 中国省际物质资本存量估算: 1952—2000. 经济研究, (10): 35-44.

张曙霄, 戴永安. 2012. 异质性、财政分权与城市经济增长——基于面板分位数回归模型的研究. 金融研究, (1): 103-115.

张雁, 雷激, 覃开阳, 等. 2005. 广西田东县生态退耕经济效益研究. 中国土地科学, 19(4): 24-28.

朱向东, 贺灿飞, 李茜, 等. 2018a. 地方政府竞争、环境规制与中国城市空气污染. 中国人口·资源与环境, 28(6): 103-110.

朱向东, 贺灿飞, 刘海猛, 等. 2018b. 环境规制与中国城市工业 SO_2 减排. 地域研究与开发, 37(4): 131-137.

Abhijith K V, Kumar P, Gallagher J, et al. 2017. Air pollution abatement performances of green infrastructure in open road and built-up street canyon environments - a review. Atmospheric Environment, 162: 71-86.

Aguilera I, Eeftens M, Meier R, et al. 2015. Land use regression models for crustal and traffic-related $PM_{2.5}$ constituents in four areas of the SAPALDIA study. Environmental Research, 140: 377-384.

Barbier E B. 2002. The role of natural resources in economic development. Australian Economic Papers, 42(3): 197-212.

Brauer M, Hoe G, van Vliet P, et al. 2003. Estimating long-term average particulate air pollution concentrations: application of traffic indicators and geographic information systems. Epidemiology, 14: 228-239.

Briggs D J, Collins S, Elliot P, et al. 1997. Mapping urban air pollution using GIS: a regression-based approach. International Journal of Geographical Information Science, 11: 699-718.

Briggs D J, de Hoogh C, Gulliver J, et al. 2000. A regression-based method for mapping traffic-related air pollution: application and testing in four contrasting urban environments. Science of the Total Environment, 253: 151-167.

Cai J, Ge Y H, Li H C, et al. 2020. Application of land use regression to assess exposure and identify potential sources in $PM_{2.5}$, BC, NO_2 concentrations. Atmospheric Environment, 223: 117267.

Capello, R. 2009. Spatial spillovers and regional growth: a cognitive approach. European Planning Studies, 17(5): 639-658.

Carlos A G, Rosa I M D, Pereira H M. 2019. Change versus stability: are protected areas particularly pressured by global land cover change? Landscape Ecology, 34: 2779-2790.

Carr D, von Ehrenstein O, Weiland S, et al. 2002. Modeling annual benzene, toluene, NO_2, and soot concentrations on the basis of road traffic characteristics. Environmental Research Section A, 90: 111-118.

Chaikumbung M, Doucouliagos H, Scarborough H. 2016. The economic value of wetlands in developing countries: A meta-regression analysis. Ecological Economics, 124: 164-174.

Chen W Y, Hu F Z Y, Li X, et al. 2017. Strategic interaction in municipal governments' provision of public green spaces: A dynamic spatial panel data analysis in transitional China. Cities, 71: 1-10.

Chen W Y, Wang D T. 2013. Economic development and natural amenity: An econometric analysis of urban green spaces in China. Urban Forestry and Urban Greening, 12(4): 435-442.

Colbeck I, Harrison R M, 1985. Dry deposition of ozone: some measurements of deposition velocity and of vertical profiles to 100 m. Atmospheric Environment, 19(11): 1807-1818.

Costanza R, Groot R D, Sutton P, et al. 2014. Changes in the global value of ecosystem services. Global Environmental Change, 26: 152-158.

Donovan G H, Butry D T. 2010. Trees in the city: valuing street trees in Portland, Oregon. Landscape and Urban Planning, 94(2): 77-83.

Eeftens M, Beelen R, de Hoogh K, et al. 2012. Development of land use regression models for $PM_{2.5}$, $PM_{2.5}$ adsorbance, PM_{10} and PM_{coarse} in 20 European study areas; results of the ESCAPE Project. Environmental Science & Technology, 46: 11195-11205.

Feng Z, Yang Y. 2005. Grain-for-green policy and its impacts on grain supply in West China. Land Use Policy, 22(4): 301-312.

Goldsmith R W. 1951. A perpetual inventory of national wealth. In Studies in income and wealth, 14: 5-73. NBER.

Gómez B E, de Groot R, Lomas P L, et al. 2010. The history of ecosystem services in economic theory and practice: From early notions to markets and payment schemes. Ecological Economics, 69(6): 1209-1218.

Guerra C A, Rosa I M D, Pereira H M. 2019. Change versus stability: are protected areas particularly pressured by global land cover change? Landscape Ecology, 34(12): 2779-2790.

He C F, Huang Z J, Wang R. 2014. Land use change and economic growth in urban China: a structural equation analysis. Urban Studies, 51(13): 2880-2898.

Henderson S B, Beckerman B, Jerrett M, et al. 2007. Application of land use regression to estimate long-term concentrations of traffic-related nitrogen oxides and fine particulate matter. Environmental Science & Technology, 41: 2422-2428.

Huang L, Zhang C, Bi J. 2017. Development of land use regression models for $PM_{2.5}$, SO_2, NO_2 and O_3 in Nanjing, China. Environmental Research, 158: 542-552.

Jayasooriy V M, Ng A W M, Muthukumaran S, et al. 2017. Green infrastructure practices for improvement of urban air quality. Urban Forestry & Urban Greening, 21: 34-47.

Jones R R, Hoek G, Fisher J A, et al. 2020. Land use regression models for ultrafine particles, fine particles, and black carbon in Southern California. Science of the Total Environment, 699: 134234.

Koenker R. 2004. Quantile Regression for Longitudinal Data. Journal of Multivariate Analysis, 91: 74-89.

Li H, Dennis W Y, Liao F H, et al. 2015. Administrative hierarchy and urban land expansion in transitional China. Applied Geography, 56: 177-186.

Lin Y Y, Qiu R Z, Yao J X, et al. 2019. The effects of urbanization on China's forest loss from 2000 to 2012: Evidence from a panel analysis. Journal of Cleaner Production, 214: 270-278.

Liu C, Henderson B H, Wang D F, et al. 2016. A land use regression application into assessing spatial variation of intra-urban fine particulate matter ($PM_{2.5}$) and nitrogen dioxide (NO_2) concentrations in City of Shanghai, China. Science of the Total Environment, 565: 607-615.

Liu H X, Han B L, Wang L. 2018. Modeling the spatial relationship between urban ecological resources and the economy. Journal of Cleaner Production, 173: 207-216.

Liu J G, Li S X, Ouyang Z Y, et al. 2008. Ecological and socioeconomic effects of China's policies for ecosystem services. Proceedings of the National Academy of Sciences of the United States of America, 105(28): 9477-9482.

Liu T, Hu W Y, Song Y, et al. 2020. Exploring spillover effects of ecological lands: A spatial multilevel hedonic price model of the housing market in Wuhan, China. Ecological Economics, 170: e106568.

Liu Y B, Yao C S, Wang G X, et al. 2011. An integrated sustainable development approach to modeling the eco-environmental effects from urbanization. Ecological Indicators, 11(6): 1601-1608.

Long H L, Heilig G K, Wang J, et al. 2006. Land use and soil erosion in the upper reaches of the Yangtze River: some socio-economic considerations on China's Grain-for-Green Programme. Land Degradation & Development, 17(6): 589-603.

Lu D B, Mao W L, Yang D Y, et al. 2018. Effects of land use and landscape pattern on $PM_{2.5}$ in Yangtze River Delta, China. Atmospheric Pollution Research, 9: 705-713.

Ma Z J, Chen Y, Melville D S, et al. 2019. Changes in area and number of nature reserves in China. Conservation Biology, 33(5): 1066-1075.

Manes F, Marando F, Capotorti G, et al. 2016. Regulating Ecosystem Services of forests in ten Italian Metropolitan Cities: Air quality improvement by PM_{10} and O_3 removal. Ecological Indicators, 67: 425-440.

Markevych I, Schoierer J, Hartig T, et al. 2017. Exploring pathways linking greenspace to health: Theoretical and methodological guidance. Environmental Research, 158: 301-317.

McDonald A G, Bealey W J, Fowle D, et al. 2007. Quantifying the effect of urban tree planting on concentrations and depositions of PM10 in two UK conurbations. Atmospheric Environment, 41: 8455-8467.

Moore D K, Jerrett M, Mack W J, et al. 2007. A land use regression model for predicting ambient fine particulate matter across Los Angeles, CA. Journal of Environment Monitoring, 9: 246-252.

Nowak D J, Crane D E, Stevens J C. 2006. Air pollution removal by urban trees and shrubs in the United States. Urban Forestry & Urban Greening, 4: 115-123.

Nowak D J, Greenfield E J. 2012. Tree and impervious cover change in U.S. cities. Urban Forestry and Urban Greening, 11: 21-30.

Nowak D J, Hirabayashi S, Bodine A, et al. 2013. Modeled $PM_{2.5}$ removal by trees in ten U.S. cities and associated health effects. Environmental Pollution, 178: 395-402.

Nowak D J, Hirabayashi S, Bodine A, et al. 2014. Tree and forest effects on air quality and human health in the United States. Environmental Pollution, 193: 119-129.

Ozdemir H. 2019. Mitigation impact of roadside trees on fine particle pollution. Science of the Total Environment, 659: 1176-1185.

Petrosillo I, Zaccarelli N, Semeraro T, et al. 2009. The effectiveness of different conservation policies on the security of natural capital. Landscape and Urban Planning, 89(1-2): 50-56.

Qiu G, Song R, He S W. 2019. The aggravation of urban air quality deterioration due to urbanization, transportation and economic development – panel models with marginal effect analyses across China. Science of the Total Environment, 651: 1114-1125.

Ross Z, Jerrett M, Ito K, et al. 2007. A land use regression for predicting fine particulate matter concentrations in the New York City region. Atmospheric Environment, 41: 2255-2269.

Salmond J A, Tadaki M, Vardoulakis S, et al. 2016. Health and climate related ecosystem services provided by street trees in the urban environment. Environmental Health, 15: 95-111.

Stedman J R, Vincent K J, Campbell G W, et al. 1997. New high resolution maps of estimated background ambient NO_x and NO_2 concentrations in the UK. Atmospheric Environment, 31: 3591-3602.

Steenberg J W N, Duinker P N, Charles J D. 2013. The neighbourhood approach to urban forest management: The case of Halifax, Canada. Landscape and Urban Planning, 117: 135-144.

Steenberg J W N, Duinker P N, Nitoslawski S A. 2019. Ecosystem-based management revisited: Updating the concepts for urban forests. Landscape and Urban Planning, 186: 24-35.

Tripathy S, Tunno B J, Michanowicz D R, et al. 2019. Hybrid land use regression modeling for estimating spatio-temporal exposures to $PM_{2.5}$, BC, and metal components across a metropolitan area of complex terrain and industrial sources. Science of the Total Environment, 673: 54-63.

Tzanopoulos J, Mouttet R, Letourneau A, et al. 2013. Scale sensitivity of drivers of environmental change across Europe. Global Environmental Change, 23(1): 167-178.

Wang J, He T, Lin Y F. 2018a. Changes in ecological, agricultural, and urban land space in 1984~2012 in China: Land policies and regional social-economical drivers. Habitat International, 71: 1-13.

Wang J, Lin Y F, Zhai T L, et al. 2018b.The Role of Human Activity in Decreasing Ecologically Sound Land use in China. Land Degradation and Development, 29: 446-460.

Wang Y T, Sun M X, Wang R Q, et al. 2015. Promoting regional sustainability by eco-province construction in China: A critical assessment. Ecological Indicators, 51: 127-138.

Weyerhaeuser H, Wilkes A, Kahrl F, et al. 2005. Local impacts and responses to regional forest conservation and rehabilitation programs in China's northwest Yunnan province. Agricultural Systems, 85(3): 234-253.

Wu J S, Li J C, Peng J, et al. 2015. Applying land use regression model to estimate spatial variation of $PM_{2.5}$ in Beijing, China. Environmental Science and Pollution Research, 22: 7045-7061.

Wu J S, Wang Y, Qiu S J, et al. 2019. Using the modified i-Tree Ecomodel to quantify air pollution removal by urban vegetation. Science of the Total Environment, 688: 673-683.

Wu R D, Zhang S, Yu D, et al. 2011. Effectiveness of China's nature reserves in representing ecological diversity. Frontiers in Ecology and the Environment, 9(7): 383-389.

Yao W J, Kinugasa T, Hamori S. 2013. An empirical analysis of the relationship between economic development and population growth in China. Applied Economics, 45(33): 4651-4661.

Young A. 2000. Gold Into Base Metals: Productivity Growth in the People's Republic of China During the Reform Period. Nber Working Papers, 111(6): 1220-1261.

Zhang T, Sun B, Li W, et al. 2017. The economic performance of urban structure: From the perspective of Polycentricity and Monocentricity. Cities, 68: 18-24.

Zhang Y N, Long H L, Tu S S, et al. 2019. Spatial identification of land use functions and their tradeoffs/ synergies in China: Implications for sustainable land management. Ecological Indicators, 107: e105550.

Zhang Z Y, Wang J B, Hart J E, et al. 2018. National scale spatiotemporal land-use regression model for $PM_{2.5}$, PM_{10} and NO_2 concentration in China. Atmospheric Environment, 192: 48-54.

Zhao J, Chen S, Jiang B, et al. 2013. Temporal trend of green space coverage in China and its relationship with urbanization over the last two decades. Science of the Total Environment, 442: 455-465.

Zhu P Y, Zhang Y Q. 2006. Demand for Urban Forests and Economic Welfare: Evidence from the Southeastern U.S. Cities. Journal of Agricultural and Applied Economics, 38(2): 279-285.

第七章　生态空间用途管制与分区保护研究

生态系统是地球陆地表面上相互作用、相互依存的地貌、水文、植被、土壤、气候等自然要素之间及其与人类活动之间相互作用而形成的统一整体。面向国家生态文明建设战略，生态保护与可持续管理成为解决我国资源、生态、环境问题的重要手段之一。明确生态保护与空间治理方式，科学认知不同尺度生态空间保护对象，划定多尺度生态保护红线，实现生态空间用途管制与分区保护，是实现资源持续利用、协调发展与保护矛盾冲突、推动我国经济社会与生态保护协调、健康发展的重要举措，是保障国土生态安全和生态系统可持续管理的有效途径。本章在明确不同尺度生态空间保护对象和认知生态保护红线内涵的基础上，从生态空间保护和监管的规划调控和政策引导维度，面向生态系统管理理论方法和实践，重点关注县、市级尺度生态保护红线划定和生态空间用途管制分区研究，以及在全国（区域）尺度生态空间保护分区研究。

第一节　生态保护红线与生态保护分区的认知

一、生态保护红线与生态空间保护分区

（一）生态保护红线与生态空间保护分区研究

生态保护红线是指对维护区域国土空间持续利用和生态安全，提升国土空间生态功能和改善环境质量，保障生态系统健康和人类生活具有关键作用的必须严格保护的最小空间范围与最高或最低数量限值。即生态保护红线所划定的区域是具备较强生态系统服务，对维护区域生态安全和生态过程及其人类生活需求具有重要意义，长期不得占用的生态基础设施用地范围，是具有基础性支持功能的生态空间及其生态系统服务用地，对保障生态系统稳定、社会经济发展和居民身心健康意义重大。

生态保护红线的划定使生态空间保护上升到了基础设施高度，同时强调了不同类型生态空间之间的有效连接和生态空间作为一个网络体系的特征（Weber et al.，2006；Davies et al.，2015）。生态基础设施用地是生态空间的一部分，是将生态系统服务的思想与生态系统的基础性价值和生态系统结构相结合，其核心是突出自然环境对人类及其生物的生命支撑功能，突出生态系统提供生态功能构成的网络结构。同时，生态保护红线的划定是为生态空间用途管制和空间治理服务。

宏观（区域/全国）层面以生态空间保护分区为主，通过划定具有基础性支持功能的生态空间保护类型区，制定的各个生态空间保护区的保护管理标准及其控制引导措施，生态空间保护分区是实施区域层面生态空间保护和管理的综合性政策。中观–微观（市/县级）层面以生态保护红线划定为主，以生态基础设施用地空间管控为基础，实施生态基础设施用地许可和禁入的法定空间管控，对不同类型生态基础设施用地限定其一定发展权。

（二）生态保护红线划定与生态空间保护分区

在综合分析自然资源禀赋、自然地理、土地利用与交通等社会经济条件和生态系统支撑条件的基础上，宏观（区域/全国）层面生态空间保护分区是基于自然地理区划、生态功能区划、生态系统服务供需及生态风险状况，按照地理分异原则、生态系统等级性原则、区域内相似性和区际间差异性原则等生态区划基本原则，划分生态空间保护分区；中观–微观（市/县级）尺度生态保护红线划定是根据不同类型生态空间对维护关键生态系统过程所起的作用及其在不同生态功能区的重要性程度（生态系统服务、生态功能重要性、生境风险与生境质量等评估），确定生态空间用途管制类型区及其生态基础设施用地类型、空间位置与范围，构建由生态空间用途管制类型区或生态源地核心斑块和生态廊道组成的生态安全格局网络体系，以此划定生态保护红线弹性范围。在具体划定的过程中，不仅依据生态空间生态功能重要性程度，而且也考虑生态空间的生态系统服务供需状况、植被与土壤状况及其与河流（溪流）的连接状况等，对具有重要生态功能的生态空间进行划定。生态保护红线和生态空间保护区范围内的土地，包括野生动物栖息地、生物多样性保护区核心区、自然保护区核心区、水源涵养地（水源地保护区）核心区，包括生态功能重要性程度高且连续分布的高郁闭度林地、高植被覆盖度的草地，以及河流、溪流及其两侧的生态空间。在城市生态系统中，对于城市公园、绿地、水域和湿地，以及对区域生态系统具有重要作用的排洪用地、废物处理用地等（吴伟和付喜娥，2009；Weber et al.，2006；Davies et al.，2015），根据区域状况，也将其划定为生态保护红线。

生态保护红线划定和生态空间保护分区具有尺度性。国家级生态保护区包括国家公园、国家自然保护区、国家天然林保护区、国家生物多样性保护区、国家水源地保护区、国家重大生态建设工程区、国家文化遗产等，以及对保障国家和区域生态安全具有关键作用的水流、森林、山岭、草原、荒地、湿地等自然生态空间（吴伟和付喜娥，2009；Weber et al.，2006；Davies et al.，2015），同时也包括国家重要生态功能区、生态敏感区、生态脆弱区所需保护的生态保护空间。区域级生态保护红线和生态空间保护区包括对保障区域生态安全具有关键作用自然保护区、野生动物栖息地、生物多样性保护区、水源地保护区、森林公园、河流、湖泊、海岸线、连续大片的湿地、森林、草地等，以及区域重要生态功能区、生态敏感区、生态脆弱区等划定的最基本生态保护空间。市/县（区）级生态保护红线将落实到地块，包括各类生态基础设施用地，如城市绿地、公园、河流、湖泊、农田、林地、草地、湿地、水库、海滨等，同时也包括防护林、洪水调蓄地、废物处理地等（吴伟和付喜娥，2009；Weber et al.，2006；Davies et al.，2015）。生态保护红线划定一方面可维系生态系统自然过程，另一方面可改善人居环境质量，如调节空气与降低热岛效应等。

二、生态空间分区管制

生态空间分区管制制度是针对不同区域实施差别化空间管制措施。针对宏观（区域/全国）层面的生态空间保护类型区，通过制定各个生态空间保护区的生态保护管理标准及其控制引导措施实施区域层面生态空间保护管理；针对中观–微观（市/县级）尺度的生态空间管制区，应实施弹性分区与刚性分区相结合的分区管制制度，实行准入和限制其发展权及其转用许可制度，严格控制各类开发利用活动占用和扰动生态保护红线范围内的生态基础设施用地，制订生态空间用途管制条例，强化空间管制。同时，应健全和完善生态空间用途管制的法律法规体系。生态空间用途管制立法的核心是管制规则，其实体性内容是关于发展权的限制。由于生态空间用途管制具有强烈的地域性，区域与区域之间管制规则存在较大差别，生态空间用途管制也是一个持续的动态过程。借鉴国外生态空间分区管制实施经验也证明，除了规划和法律法规强制性手段外，其他经济或辅助措施可作为对行政管制的补充。因此，在生态空间管制制度实施的过程中，应加强建立和完善生态补偿制度、土地开发许可制度、土地登记制度、土地征用制度、土地租税费制度等，应建立和健全生态补偿机制，实施区域间生态补偿，明确保护主体责任、投入机制和管理制度，将生态空间管制行政措施与辅助措施结合，促进生态空间、农业空间和城市空间的合理分配和有效利用，以此构建多目标融合的多层面多尺度生态空间管制体系。

第二节 盐城市大丰区生态空间用途管制

江苏省盐城大丰区地处江苏省中部，位于盐城市东南，120°13′E～120°56′E、32°56′N～33°36′N。东临黄海，南与东台市接壤，西与兴化市毗邻，北与亭湖区、射阳县交界，总面积451.2万亩，海岸线112 km，拥有珍禽自然保护区和麋鹿保护区等国家级自然保护区。研究区大丰区生态保护红线划定是在收集大丰区土地利用数据、遥感影像数据、社会经济统计数据和其他相关数据的基础上，通过生态质量评估和生态退化风险评估，基于划定的斑块–基质–廊道的生态网络，构建区域生态安全格局，并衔接相关规划所划定的生态空间保护范围。

一、生态安全格局构建

（一）珍禽自然保护区和麋鹿保护区生境质量评估

利用InVEST模型开展自然保护区生境质量综合评估，保护区内各区域生境适宜度、生境风险及综合生境质量具有空间差异。大丰区珍禽自然保护区南、北两段中部区域的生境适宜度较高，东部沿海滩涂的生境适宜度处于中等偏上水平；生境适宜度低的区域主要为盐碱地，较高区域为河流和坑塘水面。麋鹿保护区北部滩涂区域生境适宜度较高，中部旱地区域适宜度最低，南部及西北部地区草地、沟渠区域，其生境适宜度处于中等水平。大丰区自然保护区生境风险均较低，自然保护区北段养殖坑塘水面区域距建设用地较近，生境风险相对较高；麋鹿保护区大部分区域生境风险较低，仅西北部区域靠近盐城市海昌集团及部分水工建筑用地，生境风险处于较高水平。综合生境适宜度、生境质量和生境风险，大丰区自然保护区北段和南段及麋鹿保护区生境质量总体较高，生境风险均较低，中部盐碱地区域生境质量较低，条状及零星分布的水工建筑用地、村庄等建设用地区域生境质量较低、生境风险较高。

综合生境质量和生境风险，利用生境风险指数修正生境质量即综合生境质量。大丰区珍禽自然保护区北段和南段及麋鹿保护区综合生境质量如图 7-1 所示，北段和南段珍禽自然保护区河流生境质量最高，保护区北段西北部和中西部地区的水田、旱地等农用地综合生境质量为中下水平；麋鹿保护区中部农用地综合生境质量较低，宜限制过度的农业开发，采取相应措施进行生态恢复。

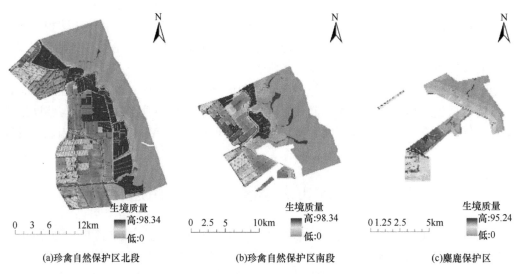

图 7-1   自然保护区不同区段综合生境质量空间分布

（二）生态源地识别

基于大丰区及其自然保护区不同区段生境质量和生境风险，选取综合生境质量斑块高的区域为初始生态源地，将上述保护区纳入生态源地，将麋鹿保护区及珍禽自然保护区的一级管制区（核心区和缓冲区）作为一级生态源地，将珍禽自然保护区的二级管制区（实验区）及其他源地作为二级生态源地，并将其确定为大丰区生态源地。

大丰区东部沿海地区生态源地较为集中且斑块较大，西部地区生态源地分布较少且斑块较为零碎，主要分布于大中镇西北角和草堰镇。生态源地面积为 85114.67 hm²，其中水域有 17174.80 hm²，滩涂 34706.21 hm²，草地 1565.05 hm²，林地 1947.99 hm²，其他用地 29720.62 hm²。一级生态源地包括大丰麋鹿保护区、珍禽自然保护区大丰段核心区和缓冲区，面积为 37459.70 hm²。

（三）生态廊道与生态安全格局构建

综合考虑大丰区自然地理环境，从人为干扰程度和景观通达性两个方面设置参数构建基本阻力值，利用最小累计阻力模型计算生态阻力面。大中镇、大丰港等城镇建成区域属生态阻力面高值区，西团镇、新丰镇北部因处于各生态源地之间的中间区域，受距离影响累计阻力较高，亦处于生态阻力面高值区（图7-2）。最小费用路径分析可在源地之间构建针对目标物种扩散的最佳生态廊道，该路径可有效降低外界干扰。基于 Linkage Mapper 插件构建的大丰区生态廊道 15 条，沟通了东、西、南、北四个片区，空间上形成四横两纵，内部网络连通的廊道格局。其中，20 km 以上的生态廊道 8 条，应作为重点保护廊道。根据生态廊道的阻力可分为诸多小区，生态廊道即为各阻力峰值区之间的分界线，穿过阻力低值区，其为全局网络的主干部分。

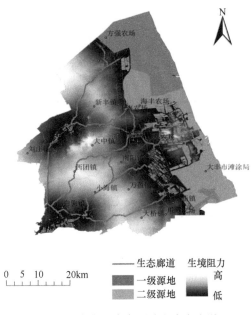

图 7-2　大丰区生态源地和生态廊道

综合上述生态源地和生态廊道，构建形成"四横两纵十二组团"的区域生态安全格局，如图7-3所示。大丰区生态源地主要是湿地珍禽国家级自然保护区、沿海滩涂、水田连片区、连片林地等，按空间位置分为 12 个组团（表7-1），除珍禽国家级自然保护区及麋鹿保护区外，大部分生态源地为农田和林地。

连接生态源地的生态廊道共 15 条（表7-2），呈现"四横两纵"内部网络空间格局，其中自然廊道为河流，东部为生态源地密集区，源地间廊道较短，西部地区廊道分布零散，廊道相对较长。大于 20 km 的生态廊道 8 条，不同类型生态廊道构成 12 个生态源地组团间生物流动的大通道，其保障和支撑大丰区生态系统过程和循环与生物沟通的连续性，应重点保护。

图 7-3　大丰区生态安全格局

表 7-1　大丰区主要生态源地名录

源地编号	源地名称	类型	面积/hm²
1	草堰镇中南部水田连片区	农田	1215.80
2	草堰镇东北部水田连片区	农田	196.50
3	大中镇西北部坑塘、水田连片区	水域、农田	789.60
4	方强农场水田连片区	农田	787.60
5	珍禽自然保护区北段	多类型	46408.10
6	海丰农场南部林地	森林	506.80
7	珍禽自然保护区南段	多类型	18550.20
8	大中农场水田连片区	农田	2601.50
9	草庙镇北林地园地连片区	森林	963.50
10	珍禽自然保护区南段西侧林地、草地连片区	森林、草地	1731.40
11	麋鹿保护区	多类型	2708.40
12	大丰滩涂局中部滩涂连片区	湿地	5057.10

表 7-2　大丰区主要生态廊道名录

廊道编号	初始源地	目标源地	廊道长度/km	廊道类型
1	草堰镇东北部水田连片区	大中镇西北部坑塘、水田连片区	34.60	自然廊道
2	草堰镇中南部水田连片区	海丰农场南部林地	48.20	人工廊道
3	草堰镇东北部水田连片区	海丰农场南部林地	36.60	人工廊道
4	草堰镇东北部水田连片区	大中农场水田连片区	30.40	人工廊道
5	草堰镇东北部水田连片区	草庙镇北林地园地连片区	30.00	自然廊道
6	大中镇西北部坑塘、水田连片区	方强农场水田连片区	31.60	自然廊道

廊道编号	初始源地	目标源地	廊道长度/km	廊道类型
7	大中镇西北部坑塘、水田连片区	珍禽自然保护区北段	29.60	人工廊道
8	大中镇西北部坑塘、水田连片区	海丰农场南部林地	35.70	人工廊道
9	海丰农场南部林地	珍禽自然保护区北段	12.40	人工廊道
10	海丰农场南部林地	大中农场水田连片区	7.08	人工廊道
11	方强农场水田连片区	珍禽自然保护区北段	7.60	人工廊道
12	大中农场水田连片区	草庙镇北林地园地连片区	1.95	人工廊道
13	大丰滩涂局中部滩涂连片区	珍禽自然保护区南段	15.06	人工廊道
14	大丰滩涂局中部滩涂连片区	大中农场水田连片区	10.16	人工廊道
15	大丰滩涂局中部滩涂连片区	海丰农场南部林地	2.42	人工廊道

二、生态保护红线划定

大丰区生态源地总面积 851.15 km²，其中水域有 171.75 km²，滩涂 347.06 km²，草地 15.65 km²，林地 19.48 km²，其他用地 297.21 km²，上述生态源地均纳入大丰区生态空间管制范围。一级生态源地包括大丰麋鹿保护区、盐城珍禽国家级自然保护区大丰段核心区和缓冲区，面积 374.59 km²；二级生态源地 476.56 km²，主要包括珍禽自然保护区（大丰）实验区，以及 9 块主要生态源地，包括草堰镇中南部水田连片区、草堰镇东北部水田连片区、大中镇西北部坑塘水田连片区、方强农场水田连片区、海丰农场南部林地、大中农场水田连片区、草庙镇北林地园地连片区、珍禽自然保护区南段西侧林地草地连片区、大丰滩涂局中部滩涂连片区，其中包含了大丰林海省级森林公园保护区域。

大丰区具有自然生态廊道 3 条，总长度约 96.20 km，人工生态廊道 12 条，总长度约 237.17 km，其中大于 20 km 的廊道共计 276.70 km。廊道对大丰区具有重要景观意义，参考相关研究按廊道宽度 1 km 计算（近似于缓冲区），廊道面积为 333.37 km²。生态源地与廊道总面积为 1184.52 km²，确定为生态保护红线范围，其占大丰区土地总面积达 39.38%。其中一级生态源地 374.59 km² 和 8 条大于 20 km 的生态廊道（面积约 276.70 km²）作为生态空间用途管制一级区；二级生态源地和低于 20 km 的生态廊道作为生态空间用途管制二级区，如表 7-3 所示。其中，连接草堰镇东北部水田连片区和大中镇西北部坑塘水田连片区的生态廊道为通榆河自然生态廊道，包含了通榆河（大丰）清水通道一、二级维护区和饮用水水源一、二级保护区。结合主要生态源地与重点保护生态廊道名录，确定大丰区生态空间保护名录（表 7-3），落实生态保护红线的面积和空间管理，构建生态保护红线用途管制制度体系，完善与生态保护红线用途管制相适应的准入制度，出台生态保护红线用途管制办法，在环境影响评价、排污许可、节能评估审查、用地预审、水土保持方案、入河（湖、海）排污口设置、水资源论证和取水许可等制度完善和实施过程中，强化细化生态保护红线用途管制要求。

表7-3 大丰区生态空间保护名录

生态保护空间	保护空间类型	生态源地（初始源地）	目标源地（生态廊道）	廊道长度/km	廊道类型	总面积	生态源地（面积/km²）	生态廊道（面积/km²）
一级生态保护空间	一级生态源地	大丰麋鹿国家级自然保护区核心区				27.08	27.08	
		珍禽自然保护区（大丰）核心区和缓冲区				347.51	347.51	
	一级生态廊道（大于20km生态廊道）	草堰镇东北部水田连片区	大中镇西北部坑塘、水田连片区	34.60	自然廊道（通榆河，包含通榆河（大丰）清水通道一、二级维护区和饮用水水源一、二级保护区）	34.60		34.60
		草堰镇中南部水田连片区	海丰农场南部林地	48.20	人工廊道	48.20		48.20
		草堰镇东北部水田连片区	海丰农场南部林地	36.60	人工廊道	36.60		36.60
		草堰镇东北部水田连片区	大中农场水田连片区	30.40	人工廊道	30.40		30.40
		草堰镇东北部水田连片区	草庙镇北林地园地连片区	30.00	自然廊道	30.00		30.00
		大中镇西北部坑塘、水田连片区	方强农场水田连片区	31.60	自然廊道	31.60		31.60
		大中镇西北部坑塘、水田连片区	珍禽自然保护区北段	29.60	人工廊道	29.60		29.60
		大中镇西北部坑塘、水田连片区	海丰农场南部林地	35.70	人工廊道	35.70		35.70
小计						651.29	374.59	276.70
二级生态保护空间	二级生态源地	珍禽自然保护区（大丰）实验区				318.18	318.18	
		草堰镇中南部水田连片区				12.16	12.16	
		草堰镇东北部水田连片区				1.96	1.96	
		大中镇西北部坑塘、水田连片区				7.90	7.90	
		方强农场水田连片区				7.88	7.88	
		海丰农场南部林地				5.07	5.07	

续表

面积/km²

生态保护空间类型	保护空间类型	生态保护空间区域范围					面积/km²		
		生态源地	生态廊道				总面积	生态源地	生态廊道
			初始源地	目标源地	廊道长度/km	廊道类型			
二级生态保护空间	二级生态源地	大中农场水田连片区					26.01	26.01	
		草庙镇北林地、园地连片区（包含大丰林海省级森林公园保护区域）					9.63	9.63	
		珍禽自然保护区南段西侧林地、草地连片区					17.31	17.31	
		大丰滩涂局中部滩涂连片区					50.57	50.57	
		其他零碎生态源地					19.89	19.89	
	二级生态廊道（小于20 km生态廊道）		海丰农场南部林地	珍禽自然保护区北段	12.40	人工廊道	12.40		12.40
			海丰农场南部林地	大中农场水田连片区	7.08	人工廊道	7.08		7.08
			方强农场水田连片区	珍禽自然保护区北段	7.60	人工廊道	7.60		7.60
			大中农场水田连片区	草庙镇北林地园地连片区	1.95	人工廊道	1.95		1.95
			大丰滩涂局中部滩涂连片区	珍禽自然保护区南段	15.06	人工廊道	15.06		15.06
			大丰滩涂局中部滩涂连片区	大中农场水田连片区	10.16	人工廊道	10.16		10.16
			大丰滩涂局中部滩涂连片区	海丰农场南部林地	2.42	人工廊道	2.42		2.42
小计							533.23	476.56	56.67
合计							1184.52	851.15	333.37

三、生态保护红线用途管制措施

针对大丰区滩涂、水域、林地及珍禽自然保护区、麋鹿保护区等生态保护红线区域提出用途管制措施。

（一）自然保护区保护

1. 保护通则

（1）严格执行《中华人民共和国环境保护法》《中华人民共和国自然保护区条例》及省关于自然保护区的有关规定，严格控制沿海滩涂湿地的开发性建设。加大对现有国家级麋鹿保护区、珍禽（丹顶鹤）自然保护区的建设和管理力度。

（2）核心区禁止任何旅游活动；严禁擅自进入保护区的核心区、缓冲区从事生产生活活动。

（3）自然保护区土地以环境保护、科学研究和文化教育为目的，主要用于有代表性的自然生态系统、珍稀濒危野生动植物物种的天然集中分布区、有特殊意义的自然遗迹等保护对象所在的陆地、陆地水域的保护，禁止作经济之用。不允许在区内进行任何经营活动。只允许在对其进行科学研究工作的计划范围内进行勘察。

（4）不允许在区内进行开垦、开矿、采石、挖沙、砍伐、放牧、涉猎、捕捞、采药、烧荒等有碍于保护目的的各种土地利用活动；但是法律和行政法规另有规定的除外。

（5）为保证自然保护区的公共价值，在区内限制土地使用者的权利，在不破坏自然资源的前提下，土地使用者必须固定生产生活活动范围，鼓励逐步退出。

（6）不允许在区内建立污染、破坏或者危害区内自然环境和自然资源的设施。

（7）自然保护区内的土地受到破坏并能够复垦恢复的，有关单位和个人应当负责复垦，恢复利用。

（8）区内影响自然环境和自然资源保护的其他用地或现状用途不适宜的其他用地，应按要求调整到适宜的用途类型区。

2. 准入细则

（1）调节自然保护区保护与旅游的关系，依据法律规定和实际情况把旅游开发力度控制在适当的水平上，依法开发生物产品，做到旅游与保护"双赢"。

（2）加强自然保护区生物多样性保护工作。组织开展全市生物物种资源调查，整理编目，编制生物物种资源保护利用规划，加强野生动植物物种资源及其原生境、栽培植物野生近缘种、家畜家禽近缘种的就地保护和生物物种资源收集保存库（圃）的建设，建立生物多样性保护和生态安全监管体系，有效保护珍稀动植物资源和典型生态系统类型，严格监管外来物种引入的转基因物种扩散。市镇财政对生物多样性保护和五种资源管理所需资金列入财政预算，建立稳定的投入机制，并逐步加大投入力度。

（3）保护与改善保护区生态环境，确保丹顶鹤和麋鹿生境安全；兴建引水工程，确保大旱之年麋鹿的饮水安全。

（4）做好保护区及周边地区垃圾、污水的无害化处理。保护区内的服务行业，推广绿色消费，如使用清洁能源，避免人为破坏；改善保护区周边生态环境，优化野外放养区域的生态环境。对周边地区的镇和滩涂优先规划建设环境优美乡镇、生态村、开发有机食品生产基地，为麋鹿野生种群提供良好的生存环境。

（5）搞好保护区人工生态建设和麋鹿文化建设，进一步提升生态文化内涵，加强对当地居民和游客的环境保护教育，树立人与自然和谐相处的意识。

（二）滩涂保护

1. 保护通则

（1）严格按照《江苏省滩涂开发利用管理办法》《江苏沿海滩涂围垦及开发利用项目管理办法》《江苏省沿海滩涂围垦开发利用规划纲要》《盐城市沿海滩涂围垦开发总体规划（2016—2030）》等保护和开发利用滩涂。

（2）禁止任何单位或个人未取得滩涂开发利用许可证开发利用滩涂。

（3）禁止拆除或者损坏护滩、保岸、促淤工程设施。

（4）禁止危害滩涂完整和堤防安全。

（5）禁止损毁护滩防浪作物或者砍伐堤防防护林。

（6）禁止在滩涂上割青、放牧。

（7）禁止在滩涂设置或者扩大排污口倾倒废液、废渣或者其他废弃物污染滩涂。

2. 准入细则

（1）滩涂围垦工程达到国家规定的安全标准，在垦区内移民并设置居民点或者进行重要设施建设的，必须报经县级以上人民政府批准；未达到安全标准的，不得设置居民点或者进行重要设施建设。

（2）促淤和围垦滩涂必须符合开发利用滩涂总体规划的要求，经主管滩涂开发利用工作的部门审查同意，并按照有关法律、法规、规章的规定报请有关部门审批。

（三）水域保护

1. 保护通则

（1）严格执行《关于加强通榆河水污染防治的决定》和《大丰区人民政府关于印发〈大丰市集中式饮用水水源地环境保护专项行动实施方案〉的通知》。

（2）禁止在市区饮用水源一、二级保护区及其平交河道上游 5 km 两侧各 1 km 范围内新建水污染企业，通榆河以西一律不得新上化工、电镀、造纸、印染等六大类水污染项目。

（3）禁止围湖造田围海造田。禁止向一切水域倾倒垃圾和废渣。保护水环境，保证区内水质符合规定用途的水质标准。

（4）禁止在水源地保护区内建立污染、破坏或者危害水资源环境的设施。对于已经建立的设施，其污染物排放超过规定排放标准的，应当依法限期治理、搬迁或关闭。在水资源保护区内一切向水域排放污染物的企业，都应建立净化设施并改为循环用水。

（5）原有农用地可保持现状（需生态退耕的除外），鼓励逐步退出。

2. 准入细则

（1）加强对化工、造纸等重点行业的污染治理工作，严格控制面上小化工、小造纸等污染企业的发展，对不符合产业政策的企业坚决实行关停并转迁。

（2）保证所有企业分类进入工业集中区和海洋经济开发区，全市主要河流达到省划定的水功能区划标准。

（3）强化通榆河、新团河沿线各镇职责，加大农业面源污染治理，加强对重点污染企业的监督。

（4）加强水质自动监测站建设，提高预警能力。

（5）巩固和完善饮用水源保护区沿河两岸防护林建设，进行取水口禁入区的划定和隔离。

（6）加强对进入饮用水源一级保护区的船舶管理，强制安装油水分离器，严格执行载运危险货物船只的进出港申报制度，落实水上交通事故、危险货物泄漏事故的应急措施。

（四）林地保护

1. 保护通则

（1）依据《中华人民共和国森林法》《全国林地保护利用规划纲要（2010—2020 年）》《江苏省林地保护利用规划（2010—2020 年）》《大丰市林地保护利用规划（2010—2020 年）》《大丰市重点林地保护利用规划（2013—2020 年）》等有关法律、规划保护、利用区内林地资源。

（2）林地必须用于发展林业和生态建设，不得擅自改变用途。

（3）禁止毁林开垦和毁林采矿、采砂、采土、采石、采种、采脂和违反操作技术规程采脂、挖笋、掘根、剥树皮及过度修枝等其他毁林行为以及一切非林业活动。禁止在幼林地和特种用途林内砍柴、放牧。

（4）在农业综合开发、耕地占补平衡、土地整理过程中，不得挤占林地。

（5）严禁擅自改变重点公益林的性质、面积、范围或降低保护等级。严格控制勘查、开采矿藏和工程建设占用征收重点公益林地。除国务院及其有关部门和省级人民政府批准的基础设施建设项目外，不得占用征收国家级公益林地，严禁占用征收国家自然保护区核心区内的林地。

2. 准入细则

Ⅰ级保护林地：国家和省重要生态功能区内予以特殊保护和严格控制生产活动的区域，主要包括大丰麋鹿国家级自然保护区内国家级重点公益林地。按照以下准入细则实施保护：

（1）全面封禁保护，禁止生产性经营活动，禁止改变林地用途。

（2）严格控制人为因素对禁止开发区域自然生态的干扰，严禁任何有悖于保护目的的各项林地利用活动。

（3）禁止开发区域内各类建设项目确需占用林地的，要组织论证评估，尽量缩小使用林地规模。

Ⅱ级保护林地：国家和省重要生态调节功能区内予以保护和限制经营利用的区域，包括省级重点公益林地、省级森林公园和沿海防护基干林带内的林地。按照以下准入细则实施保护：

（1）局部封禁管护，鼓励和引导抚育性管理，改善林分质量和森林健康状况，禁止商业性采伐。

（2）除必需的国家级、省级基础工程建设占用外，不得以其他任何方式改变林地用途，严格控制建设工程占用林地。

（3）适度支持环境友好型的特色产业、服务业、公益性建设及资源环境承载能力较强的中心城镇建设使用林地。

（4）禁止可能威胁生态系统稳定、生态功能正常发挥和生物多样性保护的各类林地利用方式和资源开发活动。

（5）严格控制林地转为建设用地，逐步减少城市建设、工矿建设和农村建设使用林地数量。

（6）通过生态脆弱区和退化生态系统修复治理，积极扩大和保护林地，逐步增加森林比重。

Ⅲ级保护林地：维护区域生态平衡和保障主要林产品生产基地建设的重要区域，包括除Ⅰ、Ⅱ级保护林地以外的地方生态公益林地、大中型河堤商品林地和国家、地方规划建设的丰产优质用材林等培育基地。按照以下准入细则实施保护：

（1）严格控制占用征收林地。

（2）适度保障能源、交通、水利等基础设施和城乡建设用地，从严控制商业性经营设施建设用地，限制勘查、开采矿藏和其他项目用地。

（3）重点商品林地实行集约经营、定向培育，建立生产原料林基地。

（4）公益林地在确保生态系统健康和活力不受威胁或损害的前提下，允许适度经营和更新采伐。

（5）鼓励建设高标准森林公园、郊野公园，建设宜居环境；加强粮食产区、水源区、沿海区域生态林和农田林网建设，构建生态屏障。

第三节　烟台市生态空间用途管制

一、生态保护红线划定

基于烟台市所划定的生态源地和一、二级生态廊道，构建"两横两纵十组团"生态安全格局网络体系，将其确定为烟台市生态保护红线初始范围。由于各类农业和开发建设活动对海岸带的影响，依据陆海统筹思想，将烟台市海岸带高风险区域纳入到生态保护红线初始范围，对其进行重点保护。

基于烟台市土地利用规划的建设用地空间管制禁止建设区（包含国家级地质公园、主要水源地及自然保护区、河流水库等重要生态功能区，其面积共计 202.81 km^2），以及生态环境安全控制区（包括自然保护区、森林公园、湿地公园、国际重要湿地、海岸生态防护林带等区域，其面积共计 1419.07 km^2），作为烟台市生态功能极其重要或极为敏感实行强制性保护区域，应纳入生态保护红线内进行重点管控和保护。烟台市主要自然保护区、森林公园见表 7-4、表 7-5，主要分布于市域中部山地丘陵区和北部沿海地区。

表 7-4　烟台市自然保护区名录

名称	所在市县	面积/km²	保护类型	级别
长岛国家级自然保护区	长岛县	51.10	候鸟及海岸湿地	国家级
栖霞牙山国家级自然保护区	栖霞市	17.90	自然生态系统	国家级
海阳招虎山国家级自然保护区	海阳市	106.67	自然生态系统	国家级
昆嵛山国家级自然保护区	牟平区	245.05	自然生态系统	国家级
蓬莱艾山省级自然保护区	蓬莱市	100.46	自然生态系统	省级
烟台市沿海防护林省级自然保护区	烟台市	167.00	自然生态系统	省级
莱州大基山省级自然保护区	莱州市	118.00	自然生态系统	省级
栖霞崮山市级自然保护区	栖霞市	18.00	自然生态系统	市级
龙口之莱山省级自然保护区	龙口市	102.27	湿地、自然生态系统	省级
莱阳龙门寺市级自然保护区	莱阳市	11.73	自然生态系统	市级
招远罗山省级自然保护区	招远市	113.50	自然生态系统	省级
牟平山昔山省级自然保护区	牟平区	118.14	自然生态系统	省级

表 7-5　烟台市主要森林公园名录

名称	所在市县	面积/ km²	级别
长岛县国家级森林公园	长岛县	57.00	国家级
昆嵛山国家级森林公园	牟平区	245.06	国家级
招远罗山国家级森林公园	招远市	4.80	国家级
牙山国家级森林公园	栖霞市	101.40	国家级
招虎山国家级森林公园	海阳市	17.63	国家级
艾山国家级森林公园	蓬莱市	3.30	国家级
文峰山省级森林公园	莱州市	1.87	省级
山合山卢寺省级森林公园	福山区	2.48	省级
龙口省级森林公园	龙口市	4.80	省级
玉泉寺国家级森林公园	牟平区	26.00	国家级
龙口南山国家级森林公园	龙口市	9.49	国家级
龙门寺市级森林公园	龙口市	11.70	市级
牟平杨子荣市级森林公园	牟平区	20.00	市级
羊郡市级森林公园	莱阳市	8.70	市级

　　基于烟台市生态安全格局网络体系和生态高风险区，衔接烟台市土地利用规划划定的禁止建设区、生态环境安全控制区，确定烟台市生态保护红线范围。考虑此范围内含有较多耕地，将其与基本农田保护区规划衔接，扣除生态保护红线内基本农田，最终划定生态保护红线范围为 3446.13 km²，如图 7-4、表 7-6 所示，从而形成烟台市生态保护红线名录（表 7-7）。

　　由于生态廊道对烟台市全局生态安全格局具有重要意义，一级生态廊道 353.20 km，二级生态廊道 371.46 km，廊道按宽度为 1 km 计算（近似于缓冲区），廊道面积为 724.66 km²，生态保护红线总面积为 4170.79 km²，占烟台市土地总面积的比例为 24.87%，其中林地和水域面积较大，分别为 970.40 km² 和 638.27 km²，莱州市和牟平区生态保护红线范围面积较大，均高于 500 km²。目前烟台市生态保护红线范围内交通用地、城镇村用地及其他用地等非生态空间面积为 535.98 km²，应引导非生态空间逐步退出，加强生态保护和修复工作。

　　针对烟台市生态保护红线名录范围内土地，应加强生态源地与生态斑块的连通性，加快形成海岸带生态廊道，扩大水源涵养林、沿海防护林、陆域和海域动植物的天然空间，

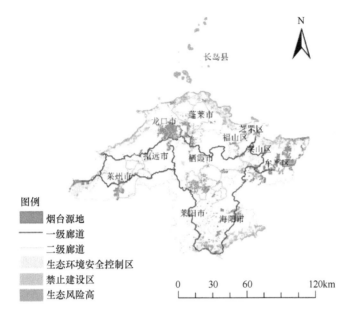

图 7-4　烟台市生态保护红线范围

表 7-6　烟台市生态保护红线面积（按行政区）

行政区	面积/km²	生态空间占比/%
芝罘区	58.89	32.86
福山区	207.93	29.25
牟平区	506.11	33.29
莱山区	133.44	40.62
长岛县	51.78	87.38
龙口市	357.73	39.70
莱阳市	249.72	14.43
莱州市	551.22	28.59
蓬莱市	300.98	26.49
招远市	240.35	16.77
栖霞市	301.99	14.97
海阳市	485.99	25.44
合计	3446.13	24.87

维护自然风貌，提高生态系统功能，完善网络状的生态安全格局。针对禁止建设区和生态环境安全控制区内的自然保护区、森林公园、湿地公园、国际重要湿地等，应采取重点保护，针对生境质量低、生态风险高的区域，应及时开展生态修复工程。

二、生态保护红线用途管制措施

综合考虑资源环境承载能力、主体功能定位、空间开发需求和粮食安全等，确定烟台市生态空间用途管制通则。针对海岸带保护区、湿地保护区、水资源保护区、森林资源保护区等不同类型区，细化生态空间用途管制措施，分类制订各区域准入条件，包括允许、限制、禁止的用地类型清单（表 7-8），准入条件和管制细则制定依据现有法律法规及相关制度进行制定。

表 7-7　烟台市生态保护红线名录

类型	保护空间	一级生态保护红线	二级生态保护红线	生态保护红线范围 生态廊道 初始源地	目标源地	廊道长度/km	廊道类型	面积/km² 总面积	保护区面积	生态廊道
生态源地	莱州市西部沿海滩涂	全部生态源地	—					3446.13	49.7	
	莱州市南部林地								80.1	
	招远市西部农田连片区								58.4	
	市域北部生态用地集中区								418.2	
	福山区西南部水库								22.8	
	芝罘区中部林地								21.1	
	昆嵛山国家森林公园及周边林地								177.14	
	牟平区西部园地连片区								122.1	
	栖霞市南部园地连片区								146.0	
	市域南部农田连片区								794.8	
自然保护区	长岛国家级自然保护区、栖霞牙山国家级自然保护区、莱阳招虎山国家级自然保护区、海防护林省级自然保护区、蓬莱艾山省级自然保护区、烟台市沿海自然保护区、栖霞崮山市级自然保护区、莱州大基山省级自然保护区、龙口之莱山省级自然保护区、莱阳龙门寺市级自然保护区、招远罗山省级自然保护区、牟平山昔山市级自然保护区、牟平山昔山省级自然保护区	自然保护区核心区、缓冲区	自然保护区实验区						1330.93	
森林公园	长岛县国家级森林公园、昆嵛山国家级森林公园、牙山国家级森林公园、艾山国家级森林公园、招远罗山国家级森林公园、艾峰山省级森林公园、山合山户寺省级森林公园、玉泉寺国家级森林公园、龙口市级森林公园、南山市级森林公园、龙口户寺市级森林公园、牟平杨羊郡市省级森林公园、于家国家级森林公园	森林公园核心景区	森林公园非核心景区						514.22	

续表

面积/km²

类型	保护空间	一级生态保护红线	二级生态保护红线	生态保护保护红线范围图				面积/km²		
				初始源地	目标源地	廊道长度/km	廊道类型	总面积	保护区面积	生态廊道
城市水源地	门楼水库、老岚水库、高陵水库、龙泉水库、高格庄水库	城市水源地一级保护区	城市水源地二级保护区						—	
重要生态功能区	庙岛群岛海豹自然保护区、崑嵛林公园、竹林寺自然保护区、战山水库汇水区及其一级保护区、高陵水库及其汇水区、门楼水库汇水区及其一级保护区、莱州大基山自然保护区、王屋水库汇水区及其一级保护区、龙门口水库及其汇水区、城子水库及其汇水区、沐浴水库及其汇水区、桃园水库及其汇水区、各区/市牟市土壤侵蚀高度敏感区	水库及其一级汇水区、土壤侵蚀高度极敏感区	自然保护区、汇水区、土壤侵蚀高度敏感区						—	
生态廊道	生态廊道			莱州市西部沿海滩涂	莱州市南部林地	26.7	人工廊道	26.7		26.7
				莱州市南部林地	招远市西部农田连片区	6.1	人工廊道	6.1		6.1
				招远市北部农田生态用地集中区	市域北部生态用地集中区	10.9	人工廊道	10.9		10.9
				市域北部生态用地集中区	栖霞市南部园地连片区	55.4	人工廊道	55.4		55.4
				福山区西南部生态用地集中区	福山区西南部水库	69.5	人工廊道	69.5		69.5
				芝罘区中部林地	芝罘区中部林地	20.9	自然廊道	20.9		20.9
				昆嵛山国家森林公园及周边林地	牟平区中部林地	53.5	自然廊道	53.5		53.5
				牟平区西部园地连片区	牟平区西部农田连片区	14.4	人工廊道	14.4		14.4
				牟平区南部园地连片区	市域南部农田园地连片区	27.9	人工廊道	27.9		27.9
				栖霞市南部园地连片区	栖霞市南部水库	30.1	人工廊道	30.1		30.1
				栖霞市南部园地连片区	市域南部农田园地连片区	69.2	人工廊道	69.2		69.2
				其他生态廊道				371.46		371.46
小计								4202.16	3446.13	756.06

表 7-8　烟台生态保护红线区域各类管制区允许、限制、禁止的用地类型

分类	海岸带保护区		湿地保护区		水资源保护区		森林资源保护区						
	长岛国家级自然保护区	龙口依巣省级自然保护区	长岛国家级自然保护区	省、市级湿地保护区	饮用水源一级保护区	饮用水源二级保护区	长岛县国家级森林公园	昆嵛山国家级森林公园	招远罗山国家级森林公园	牙山国家级森林公园	招虎山国家级森林公园	艾山国家级森林公园	省、市级森林公园
生态林	◀	◀	√	√	◀	◀	◀	◀	◀	◀	◀	◀	◀
生产林	√	√	√	√	√	√	√	√	√	√	√	√	√
天然草地	◀	◀	√	√	◀	◀	◀	◀	◀	◀	◀	◀	◀
人工草地	√	√	√	√	√	√	√	√	√	√	√	√	√
河流、湖泊	◀	◀	◀	◀	◀	◀	◀	◀	◀	◀	◀	◀	◀
沼泽、滩涂	◀	◀	◀	◀	◀	◀	◀	◀	◀	◀	◀	◀	◀
城市生态用地	×	√	√	√	○	○	◀	◀	◀	◀	◀	◀	◀
沙地、裸地盐碱地	×	×	×	×	×	×	×	×	×	×	×	×	×
基本农田	×	×	×	×	×	×	○	○	○	○	○	○	○
一般耕地	×	×	○	○	○	√	√	√	√	√	√	√	√
园地	×	×	○	○	×	×	×	×	×	×	×	×	○
城市与建制镇	×	×	×	×	×	×	×	×	×	×	×	×	○
村庄用地	×	×	×	×	×	×	×	×	×	×	×	×	○
工矿用地	×	√	√	√	√	√	◀	◀	◀	◀	◀	◀	√
风景名胜用地	√	√	◀	√	√	√	◀	◀	◀	◀	◀	◀	◀
古迹保存用地	√	√	√	√	√	√	◀	◀	◀	◀	◀	◀	◀
墓地	×	×	×	×	×	×	○	○	○	○	○	○	○
军事用地	×	×	×	√	○	√	○	○	○	○	○	○	√
特殊用地	×	×	×	○	×	√	○	○	○	○	○	○	○
铁路用地	○	○	○	√	○	√	○	○	○	○	○	○	√
公路用地	○	○	○	√	○	√	○	○	○	○	○	○	√

续表

分类	海岸带保护区		湿地保护区		水资源保护区		森林资源保护区						
	长岛国家级自然保护区	龙口依岛省级自然保护区	长岛国家级自然保护区	省、市级湿地保护区	饮用水源一级保护区	饮用水源二级保护区	长岛县国家级森林公园	昆嵛山国家级森林公园	招远罗山国家级森林公园	牙山国家级森林公园	招虎山国家级森林公园	艾山国家级森林公园	省、市级森林公园
农村道路	○	○	○	√	○	√	○	○	○	○	○	○	√
机场用地	×	×	×	×	×	×	×	×	×	×	×	×	×
港口码头用地	×	×	×	×	×	×	×	×	×	×	×	×	×
管道运输用地	√	√	√	√	√	√	√	√	√	√	√	√	√
沟渠	○	○	○	√	○	√	○	○	○	○	○	○	√
水工建筑用地	○	○	○	√	○	√	○	○	○	○	○	○	√
设施农林牧地	○	○	○	√	○	√	○	○	○	○	○	○	√
养殖场用地	×	×	×	○	×	○	×	×	×	×	×	×	○
田坎	○	○	○	○	○	○	○	○	○	○	○	○	○

注：▲主导用途；√允许零星用地使用用途；×不允许使用用途；○准许为现状用途使用，鼓励向本区主导用途转变。

第四节　全国生态空间分区保护

一、全国生态空间分区与保护措施

区划是集中体现因地制宜国土开发和区域发展思想、科学认识地理环境的经典方法。科学划定全国生态空间保护区，有助于从整体开展全国生态空间保护管理与生态补偿。基于全国自然地理区划、全国生态功能区划、全国生态系统服务供需状况和生态系统风险，按照地理分异原则、生态系统等级性原则、区域内相似性和区际差异性原则等生态区划基本原则，划分我国生态空间保护区。具体如下：

（1）青藏高原高寒荒漠、半荒漠生态安全区。

（2）内蒙古高原—大小兴安岭生态安全区。

（3）西北干旱荒漠生态脆弱区。

（4）青藏高原高山草原、草甸生态脆弱区。

（5）东北平原—辽东半岛农业生态敏感区。

（6）横断山区—云贵高原生态敏感区。

（7）四川盆地农业生态敏感区。

（8）河西走廊—黄土高原生态风险区。

（9）江南丘陵生态风险区。

（10）长江中游平原生态风险区。

（11）环渤海—华北平原生态高风险区。

（12）东部沿海生态高风险区。

（一）青藏高原高寒荒漠、半荒漠生态安全区

三江源是长江、黄河、澜沧江的源头汇水区，具有重要的水源涵养功能作用，被誉为"中华水塔"。青藏高原高寒荒漠、半荒漠生态安全区是我国最重要的生物多样性资源宝库和最重要的遗传基因库之一，有"高寒生物自然种质资源库"之称。

1. 重要生态功能区的保护措施

针对本区重要生态功能区藏西北羌塘高原荒漠生态功能区、阿尔金草原荒漠化防治生态功能区实行重点保护。阿尔金草原荒漠化防治生态功能区保存着完整的高原自然生态系统，拥有许多极为珍贵的特有物种，须控制放牧和旅游区域范围，防范盗猎，减少人类活动干扰。藏西北羌塘高原荒漠生态功能区，高原荒漠生态系统保存较为完整，拥有藏羚羊、黑颈鹤等珍稀特有物种，需加强草原草甸保护，严格草畜平衡，防范盗猎，保护野生动物。

2. 区域生态空间保护措施

（1）维护现有自然生态系统完整性，努力恢复高原山地天然植被，减少水土流失。

（2）加大退牧还草、退耕还林和沙化土地防治等生态保护工程的实施力度，对部分生态退化比较严重、靠自然难以恢复原生态的地区，实施严格封禁措施。

（3）加大防沙治沙、鼠害防治和黑土滩治理力度，使生态环境得到有效恢复。

（4）加大对天然草地、湿地水源和生物多样性集中区的保护力度。

（5）加大牧业生产设施建设力度，逐步改变牧业粗放经营和超载过牧，走生态经济型发展道路。

（6）加强生态监测及预警服务，严格控制雪域高原人类经济活动，保护冰川、雪域、冻原及高寒草甸生态系统，遏制生态退化。

（二）内蒙古高原—大小兴安岭生态安全区

内蒙古高原—大小兴安岭生态安全区总体生态安全状况良好，内蒙古高原生态资产高值区主要集中于呼伦贝尔草原等地，大小兴安岭提供了重要水源涵养功能。科尔沁沙地、呼伦贝尔草原、毛乌素沙地和阴山北麓—浑善达克沙地等是我国最重要的防风固沙区。

1. 重要生态功能区保护措施

本区重要生态功能区包括大小兴安岭森林生态功能区、呼伦贝尔草原草甸生态功能区、科尔沁草原生态功能区、浑善达克沙漠化防治生态功能区、阴山北麓草原生态功能区等属我国重要生态功能区等。大小兴安岭森林生态功能区森林覆盖率高，具有完整的寒温带森林生态系统，是松嫩平原和呼伦贝尔草原的生态屏障，要加强天然林保护和植被恢复，大幅度调减木材产量，对生态公益林禁止商业性采伐，植树造林，涵养水源，保护野生动物。呼伦贝尔草原草甸生态功能区以草原草甸为主，产草量高，但草原生态系统脆弱，要禁止过度开垦、不适当樵采和超载过牧，退牧还草，防治草场退化沙化。科尔沁草原生态功能区土地沙漠化敏感程度极高，应根据沙化程度采取针对性强的治理措施。浑善达克沙漠化防治生态功能区是北京乃至华北地区沙尘的主要来源地，要采取植物和工程措施，加强综合治理。阴山北麓草原生态功能区为沙尘暴的主要沙源地，要封育草原，恢复植被，退牧还草，降低人口密度。

2. 区域生态空间保护措施

（1）加大原始森林生态系统保护力度，严禁开发利用原始森林。

（2）加强林缘草甸草原的管护和退化生态系统的恢复重建。

（3）发展生态旅游业和非木材林业产品及特色林产品加工业，走生态经济型发展道路。

（4）实施退耕还林还草工程，对已经发生退化或沙化的天然草地，实施严格的休牧、禁牧政策，通过围封改良与人工补播措施恢复植被。

（5）强化湿地管理，合理营建沙地灌木林，重点突出生态监测与预警服务，从保护源头遏止生态退化。

（6）加大林草过渡区资源开发监管力度，严格执行林草采伐限额制度，控制超强采伐。

（7）实行围封、禁牧和退耕还草，控制农垦范围北移，禁止滥挖滥采野生植物。

（8）以草定畜，推行舍饲圈养，划区轮牧、退牧、禁牧和季节性休牧。

（9）建立以"带""片""网"相结合为主的防风沙体系，加强对流动沙丘的固定。

（10）加强退化草：地恢复重建的力度及优质人工草场建设。

（三）西北干旱荒漠生态脆弱区

西北干旱荒漠生态脆弱区大多为干旱的戈壁及盆地，植被多分布于阿尔泰山、天山等山地。该地区山地的生态安全状况好于盆地地区，但总体来看，整个区域生态条件脆弱，易受到破坏。

1. 重要生态功能区的保护措施

本区重要生态功能区包括阿尔泰山地森林草原生态功能区、塔里木河荒漠化防治生态功能区。阿尔泰山地森林草原生态功能区，森林茂密，水资源丰沛，是额尔齐斯河和乌伦古河的发源地，要禁止非保护性采伐，合理更新林地；保护天然草原，以草定畜，增加饲草料供给，实施牧民定居。塔里木河荒漠化防治生态功能区是南疆主要用水源，要合理利用地表水和地下水，调整农牧业结构，加强药材开发管理，禁止过度开垦，恢复天然植被，防止沙化面积扩大。

2. 区域生态空间保护措施

（1）加大天然林保护力度，保障必要生态用水，保护和恢复自然生态系统。

（2）以水资源承载力评估为基础，重视生态用水，合理调整绿洲区产业结构，以水定绿洲发展规模，发展节水农业，限制水稻等高耗水作物的种植，提高水资源利用效率。

（3）保护自然本底，禁止毁林开荒、过度放牧，积极采取禁牧休牧措施，保护绿洲外围荒漠植被。

（4）实施以草定畜，划区轮牧，对草地严重退化区要结合生态建设工程组织重建与恢复。

（四）青藏高原高山草原、草甸生态脆弱区

1. 重要生态功能区的保护措施

本区重要生态功能区包括三江源草原草甸湿地生态功能区、若尔盖草原湿地生态功能区、藏东南高原边缘森林生态功能区、甘南黄河重要水源补给生态功能区等。三江源草原草甸湿地生态功能区，是长江、黄河、澜沧江的发源地，有"中华水塔"之称，是全球大江大河、冰川、雪山及高原生物多样性最集中的地区之一，其径流、冰川、冻土、湖泊等构成的整个生态系统对全球气候变化有巨大的调节作用，要封育草原，治理退化草原，减少载畜量，涵养水源，恢复湿地，实施生态移民。若尔盖草原湿地生态功能区湿地泥炭层深厚，对黄河流域的水源涵养、水文调节和生物多样性维护有重要作用，要停止开垦，禁止过度放牧，恢复草原植被，保持湿地面积，保护珍稀动物。藏东南高原边缘森林生态功能区天然植被仍处于原始状态，要加强自然生态系统的保护。甘南黄河

重要水源补给生态功能区，是青藏高原东端面积最大的高原沼泽泥炭湿地，在维系黄河流域水资源和生态安全方面发挥着重要作用，要加强天然林、湿地和高原野生动植物保护，实施退牧还草、退耕还林还草、牧民定居和生态移民。

2. 区域生态空间保护措施

（1）以维护现有自然生态系统完整性为主，全面封山育林，强化退耕还林还草政策，恢复高原山地天然植被，减少水土流失。

（2）退化严重区域退牧还草，划定轮牧区和禁牧区，适度发展高寒草原牧业。

（3）严禁沼泽湿地疏干改造，严格草地资源和泥炭资源的保护。

（4）对已遭受破坏的草甸和沼泽生态系统，结合有关生态工程建设措施，组织重建和恢复。

（5）加强生态监测及预警服务，严格控制雪域高原人类经济活动，保护冰川、雪域、冻原及高寒草原草甸生态系统，遏制生态退化。

（五）东北平原—辽东半岛农业生态敏感区

东北平原—辽东半岛农业生态敏感区包括东北平原、三江平原以及辽东半岛，由于土壤肥沃，降水适宜，该地区农业较为发达，人类对土地的利用强度较大，整体上属于生态敏感区。

1. 重要生态功能区的保护措施

本区重要生态功能区包括长白山森林生态功能区、三江平原湿地生态功能区等。长白山森林生态功能区，拥有温带最完整的山地垂直生态系统，是大量珍稀物种资源的生物基因库，要禁止非保护性采伐，植树造林，涵养水源，防止水土流失，保护生物多样性。三江平原湿地生态功能区，原始湿地面积大，湿地生态系统类型多样，要扩大保护范围，控制农业开发和城市建设强度，改善湿地环境。

2. 区域生态空间保护措施

（1）加强现有湿地资源和生物多样性的保护，禁止疏干、围垦湿地，开展退耕还湿生态工程，严格限制耕地扩张。

（2）禁止对长白山森林砍伐，继续实施退耕还林工程，加强对已受到破坏的低效林和新迹地的森林生态系统进行恢复与重建。

（3）合理调度流域水资源，严格控制新上蓄水工程，保障河口生态需水量。

（4）严格限制泥炭开发。

（5）加强长白山天然林保护和自然保护区的建设与监管力度。

（六）横断山区—云贵高原生态敏感区

横断山区—云贵高原生态敏感区地形以山地为主，属中亚热季风湿润气候区，降水充沛，植被丰富，发育了以岩溶环境为背景的特殊生态系统，如典型喀斯特岩溶地貌景观生态系统、喀斯特森林生态系统、热带高山针叶林生态系统、亚热带高山峡谷区热性灌丛草地生态系统、湖泊河流水体生态系统、亚热带高山高寒草甸及冻原生态系统、喀斯特岩溶山地特有和濒危动植物栖息地等。

1. 重要生态功能区保护措施

本区重要生态功能区包括桂黔滇喀斯特石漠化防治生态功能区、川滇森林及生物多样性生态功能区等。桂黔滇喀斯特石漠化防治生态功能区属于以岩溶环境为主的特殊生态系统，要封山育林育草，种草养畜，实施生态移民，改变耕作方式。川滇森林及生物多样性生态功能区的原始森林和野生珍稀动植物资源丰富，是大熊猫、羚牛、金丝猴等重要物种的栖息地，要保护森林、草原植被，在已明确的保护区域保护生物多样性和多种珍稀动植物基因库。

2. 区域生态空间保护措施

（1）扩大自然保护区范围，加快建设和管理力度，加强热带雨林和季雨林的保护。

（2）对生态退化严重区采取封禁措施，对中度、轻度石漠化地区，改进种植制度和农艺措施。

（3）全面改造坡耕地，严格退耕还林、封山育林政策，严禁破坏山体植被，保护天然林资源，严禁捕杀野生动物。

（4）推广封山育林育草技术，有计划有步骤地营建水土保持林、水源涵养林和人工草地，快速恢复山体植被，全面控制水土流失。

（5）开展和加强小流域和山体综合治理，合理利用当地水土资源、草山草坡，采用补播方式播种优良灌草植物，提高山体林草植被覆盖度，控制水土流失，增强区域减灾防灾能力。

（6）防治外来物种入侵与蔓延。

（7）强化生态保护监管力度，快速恢复山体植被，逐步实现石漠化区生态系统的良性循环。

（七）四川盆地农业生态敏感区

四川盆地特别是成都平原，土壤肥沃，适宜农业耕作。但由于大面积高强度地耕作，土地质量退化，这使得该地区整体生态安全状况处在敏感级——不安全级。

1. 重要生态功能区保护措施

本区重要生态功能区包括三峡库区水土保持生态功能区、秦巴生物多样性生态功能区等。三峡库区水土保持生态功能区，是我国最大的水利枢纽工程库区，须加强植树造林，恢复植被，涵养水源，保护生物多样性。秦巴生物多样性生态功能区是许多珍稀动植物的分布区，须减少林木采伐，恢复山地植被，保护野生物种。

2. 区域生态空间保护措施

（1）加大天然林的保护和自然保护区建设与管护力度。

（2）禁止陡坡开垦和森林砍伐，加大退耕还林力度。

（3）恢复已受到破坏的低效林和迹地。

（4）优化乔灌草植被结构和三峡库岸防护林带建设。

（5）加强地质灾害防治力度。

（八）河西走廊—黄土高原生态风险区

1. 重要生态功能区保护措施

本区重要生态功能区包括祁连山冰川与水源涵养生态功能区、黄土高原丘陵沟壑水土保持生态功能区、大别山水土保持生态功能区、秦巴生物多样性生态功能区等。祁连山冰川与水源涵养生态功能区冰川储量大，对维系甘肃河西走廊和内蒙古西部绿洲的水源具有重要作用，须加强围栏封育天然植被，降低载畜量，涵养水源，防止水土流失，重点加强石羊河流域下游民勤地区的生态保护和综合治理。黄土高原丘陵沟壑水土保持生态功能区须控制开发强度，以小流域为单元综合治理水土流失，建设淤地坝。大别山水土保持生态功能区须实施生态移民，降低人口密度，恢复植被。秦巴生物多样性生态功能区生物多样性丰富，是许多珍稀动植物的分布区，须减少林木采伐，恢复山地植被，保护野生物种。

2. 区域生态空间保护措施

（1）强化监管力度，停止一切导致生态功能继续恶化的人为破坏活动，建立自然保护区。

（2）改变牧业生产经营方式，对甘南和河西走廊的退化草地实行休牧、轮牧和围栏封育措施。

（3）控制绿洲规模，严格保护绿洲–荒漠过渡带。

（4）调整产业结构，严格限制高耗水农业品种种植面积。

（5）在黄土高原丘陵沟壑区实施退耕还灌还草还林。

（6）控制地下水过度利用，防止地下水污染。

（九）江南丘陵生态风险区

江南丘陵生态风险区地貌类型以丘陵为主，具有重要的水源涵养、土壤保持和生物多样性保护等功能。

1. 重要生态功能区保护措施

本区重要生态功能区包括南岭山地森林及生物多样性生态功能区、武陵山区生物多样性及水土保持生态功能区、海南岛中部山区热带雨林生态功能区。南岭山地森林及生物多样性生态功能区是湘江、赣江、北江、西江等的重要源头区，有丰富的亚热带植被，禁止非保护性采伐，保护和恢复植被，涵养水源，保护珍稀动物。武陵山区生物多样性及水土保持生态功能区拥有多种珍稀濒危物种，须扩大天然林保护范围，巩固退耕还林成果，恢复森林植被和生物多样性。海南岛中部山区热带雨林生态功能区是热带雨林、热带季雨林的原生地，是我国小区域范围内生物物种十分丰富的地区之一，也是我国最大的热带植物园和最丰富的物种基因库之一，须加强热带雨林保护，遏制山地生态环境恶化。

2. 区域生态空间保护措施

（1）加强自然保护区的建设。

（2）加强花岗岩等矿产资源开发监管力度以及土壤侵蚀综合治理。

（3）禁止污染工业向水源涵养地区转移。

（4）对人口超出资源环境承载力的区域，要加大人口增长的控制力度，改变粗放经营方式，发展生态旅游和特色产业，走生态经济型发展道路。

（5）坡耕地实施梯田化，发展水源涵养林，积极推广草田轮作制度，广种优良牧草，发展草畜沼肥"四位一体"生态农业，改良土壤，减少地表径流，促进生态系统良性循环。

（6）强化山地林木植被法制监管力度，全面封山育林、退耕还林，加强林产业经营区可持续的集约化丰产林建设。

（7）加强退化生态系统的恢复并加大重建力度，通过人工抚育，恢复和扩大常绿阔叶林面积，提高森林植被水源涵养功能，退化严重地段，实施生物措施和工程措施相结合的办法，控制水土流失。

（十）长江中游平原生态风险区

长江中游平原生态风险区正处于经济上升时期，对资源利用需求较大，生态空间保护措施主要包括以下几方面。

（1）严格禁止围垦，实行平垸行洪、退田还湖、移民建镇，扩大湖泊面积，提高其洪水调蓄的能力。

（2）适度发展生态水产养殖，控制水土流失。

（3）湖泊与地势低洼地区建设成为长江中游流域洪水调蓄重要生态功能区，迁移区内人口，避免行蓄洪造成重大损失。

（4）以湿地生物多样性保护为核心，加强区内湿地自然保护区的建设与管理，保护相应自然文化景观，处理好湿地生态保护与经济发展的关系。

（十一）环渤海—华北平原生态高风险区

环渤海—华北平原生态高风险区人口密度高，对土地的开发利用强度较大。生态空间保护措施主要包括以下几方面。

（1）加强水源地林–灌–草生态系统保护的力度，通过自然修复和人工抚育措施，加快生态系统保水保土功能的提高。

（2）水源地上游地区加快产业结构的调整，控制污染行业，鼓励节水产业发展，严格水利设施的管理等。

（3）合理调配黄河流域水资源，保障黄河入海口的生态需水量。

（4）严格保护河口新生湿地。

（5）采取措施遏制海水倒灌，禁止在湿地内开垦或随意变更土地用途的行为，防止农业发展对湿地的蚕食，以及石油资源开发和生产对湿地的污染。

（十二）东部沿海生态高风险区

东部沿海生态高风险区包括长江三角洲地区、珠江三角洲地区等我国大部分沿海地区，人口密度较高，生态空间保护主要措施如下。

（1）加大红树林的管护，恢复和扩大红树林生长范围。

（2）禁止砍伐红树林，在红树林分布区停止一切导致生态功能继续退化的人为破坏活动，包括在红树林区挖塘、围堤、采砂、取土，以及狩猎、养殖、捕鱼等。

（3）加强滨海区域生态防护工程建设，合理营建堤岸防护林，构建近海海岸复合植被防护体系，缓减台风、潮汐对堤岸及近海海域的破坏。

（4）加强湿地及水域生态监测，强化区域水污染监管力度，严格控制陆源污染，防止水体污染，如迁移红树林分布区的倾倒废弃物场和排污口等。

二、全国重大生态建设工程区生态保护和修复

根据《全国生态环境保护与建设规划（2013—2020年）》，强化主体功能区在国土空间开发保护中的基础作用，实施国家重大生态建设工程，对国家重大生态建设工程区域加强生态保护和修复。具体包括以下几个重大工程。

（1）国家生态安全屏障保护修复重大工程：推进青藏高原、黄土高原、云贵高原、秦巴山脉、祁连山脉、大小兴安岭和长白山、南岭山地地区、京津冀水源涵养区、内蒙古高原、河西走廊、塔里木河流域、滇桂黔喀斯特地区等关系国家生态安全的核心地区生态修复治理。

（2）国土绿化行动重大工程：开展大规模植树增绿活动，集中连片建设森林，加强"三北"、沿海、长江和珠江流域等防护林体系建设，加快建设储备林及用材林基地建设，推进退化防护林修复，建设重要生态空间和连接各生态空间的生态廊道。开展农田防护林建设，开展太行山绿化，开展盐碱地、干热河谷造林试点示范，开展山体生态修复。

（3）国家国土综合整治重大工程：开展重点流域、海岸带和海岛综合整治，加强矿产资源开发集中地区地质环境治理和生态修复。推进损毁土地、工矿废弃地的复垦，修复受自然灾害、大型建设项目破坏的山体、矿山废弃地。加大京杭大运河、黄河明清故道沿线的综合治理力度。推进边疆地区的国土综合开发、防护和整治。

（4）天然林资源保护重大工程：将天然林和可以培育成为天然林的未成林封育地、疏林地、灌木林地全部划入天然林，对难以自然更新的林地通过人工造林恢复森林植被。

（5）新一轮退耕还林还草和退牧还草重大工程：实施具备条件的25°以上坡耕地、严重沙化耕地和重要水源地15°～25°坡耕地退耕还林还草。

（6）防沙治沙和水土流失综合治理重大工程：实施北方防沙带、黄土高原区、东北黑土区、西南岩溶区以及"一带一路"沿线区域等重点区域水土流失综合防治，以及京

津风沙源和石漠化综合治理，推进沙化土地封禁保护、坡耕地综合治理、侵蚀沟整治和生态清洁小流域建设。

（7）河湖与湿地保护恢复重大工程：对全国重点河流湖泊进行特殊保护。加强长江中上游、黄河沿线及贵州草海等自然湿地保护，对功能降低、生物多样性减少的湿地进行综合治理，开展湿地可持续利用示范。加强珍稀濒危水生生物、重要水产种质资源等重要渔业水域保护。推进京津冀"六河五湖"、湖北"四湖"、钱塘江上游、草海、梁子湖、汾河、滹沱河等重要河湖和湿地的生态保护与修复，推进城市河湖生态化治理。

参 考 文 献

吴伟, 付喜娥. 2009. 绿色基础设施概念及其研究进展综述. 国际城市规划, 24(5): 67-71.

Davies C, Macfarlane R, Mcgloin C, et al. 2015. Green Infrastructure Planning Guide. Newcastle: Newcastle University.

Weber T, Sloan A, Wolf J. 2006. Maryland's green infrastructure assessment: development of a comprehensive approach to land conservation. Landscape and Urban Planning, 77: 94-110.